新疆北部区域
矿区生态修复关键技术及实践

徐俏　徐海量　王占和　主编

中国林业出版社
China Forestry Publishing House

图书在版编目（CIP）数据

新疆北部区域矿区生态修复关键技术及实践 / 徐俏，徐海量，王占和主编. -- 北京 : 中国林业出版社，2023.12

ISBN 978-7-5219-2570-8

Ⅰ. ①新… Ⅱ. ①徐… ②徐… ③王… Ⅲ. ①矿山—生态恢复—研究—新疆 Ⅳ. ①X322.245

中国国家版本馆CIP数据核字（2024）第016757号

责任编辑：贾麦娥
装帧设计：刘临川

出版发行：中国林业出版社
（100009，北京市西城区刘海胡同7号，电话83143562）
电子邮箱：cfphzbs@163.com
网址：https://www.cfph.cn
印刷：河北京平诚乾印刷有限公司
版次：2023年12月第1版
印次：2023年12月第1次
开本：710mm × 1000mm 1/16
印张：16.75
字数：318千字
定价：158.00元

新疆北部区域
矿区生态修复关键技术及实践

主　编

徐　俏　徐海量　王占和

其他编写人员

中国科学院新疆生态与地理研究所

张　鹏　王　佳　王楚含　阿曼妮萨·库尔班

杨永强　赵万羽　李　君　郜冠奎　张　西　苑塏烨

新疆维吾尔自治区地质环境监测院

王雪野　朱建华　郑远馨　古丽给娜·沙塔尔　陈伟楠

新疆维吾尔自治区国土综合整治中心

林　涛　苗志国　赵建国　郝　哲

新疆维吾尔自治区阿尔泰山国有林管理局

徐福军　黎泽民　倪德兵　赵善超　徐志扬　杨荒源

特约编辑

塔世根·加帕尔

“新疆典型地区（天山北坡—西线）矿山生态修复方法标准研究”
的部分研究成果
（项目编号：E2400115）
项目主持人：徐海量研究员
（中国科学院新疆生态与地理研究所）

新疆维吾尔自治区自然资源厅委托项目
“新疆典型地区矿区生态修复方法标准研究”
的部分研究成果
（项目编号：E1400121）
项目主持人：徐海量研究员
（中国科学院新疆生态与地理研究所）

内容提要

本书系统总结和梳理了多年来新疆北部区域矿山生态修复工作取得的成功经验和科研成果。从生态、地貌、土壤、植物等不同学科，多角度探析不同地貌类型矿区存在的生态问题和生态修复的不利条件和限制因素，通过现场调查与科学观察、典型案例分析，明确新疆矿区生态修复的方向和目标，首次尝试在干旱区唯有创造局部的水、土和种子的富集区才能实现生态修复，探索并提出了“有取有舍”的修复思路和适合新疆北部矿区特点的生态修复技术；本着“师法自然”的原则，原创性地集成了微地形营造、泥浆拌种喷播、乡土草本植物种的选择等关键技术，并明确了针对矿区破坏的生态评价指标。研究成果不仅可为新疆矿区生态修复工作提供思路和依据，也可供从事矿产资源开发与环境保护的管理人员、从事矿区生态修复与环境治理科研的高等院所科研人员，以及从事矿区生态环境治理的工程技术人员提供参考。

前 言

矿产资源是自然资源的重要组成部分，是人类社会发展的重要物质基础，是工业的粮食、经济发展的动力，同时，也是一种不可再生的自然资源。矿产资源的开发在对国民经济发展发挥重大作用的同时，也对生态与环境造成很大影响，尤其矿产资源开发、加工和使用会在一定程度上破坏、改变自然环境，造成大气、水体和土壤污染，并给生态与环境以及人类健康带来直接和间接、近期和远期、急性和慢性的不利影响。因此，矿区受损生态系统修复就成为保障矿产资源开发的同时又保护生态与环境的重要措施，已经成为研究的热点。在当今矿区生态与环境压力空前、国家绿色发展战略和“碳达峰、碳中和目标”的驱动下，矿区受损生态修复迎来了巨大的发展机遇。

新疆维吾尔自治区矿产资源较为丰富，矿产种类全、储量大、开发前景广阔。目前新疆已发现的矿种有152种，占全国已发现矿种的82.56%；新疆拥有丰富的油气资源及煤炭资源，金属矿产有铁、铜、铅、锌、镍、稀有金属等，非金属矿产有耐火黏土、芒硝、盐类等。查明有资源储量的矿种有98种，储量居全国首位的有12种，居前五位的有56种，居前十位的有72种。

新疆北部区域蕴藏着丰富多种的能源与矿产资源，既有广泛分布的油、气与煤炭，又有丰富的金属、非金属矿产，为发展工矿业提供可靠的动力和原材料，以其储量丰富、种类齐全、存量可观、潜力巨大的矿产资源优势，已建成能源矿产国际化通道、拓展矿产资源利用空间的优势地缘位置，奠定了其在新疆未来发展中的战略地位。然而，作为我国重要的矿产资源大省，新疆拥有大量的废弃矿区，尤其在主要固体矿产资源分布的新疆北部区域，遗留矿山生态修复的重要性日益突显，在建矿山和目前处于生产状态的矿山所存在的生态问题也关乎美丽中国建设目标的实现。如何平衡矿产资源的开发利用和生态环境保护之间的关系是新疆北部区域乃至全疆矿山生态修复工作的难点之一。

在习近平生态文明思想科学指引下，在新疆维吾尔自治区党委、政府领导下，新疆在矿山受损生态修复方面也做了大量工作，生态修复技术得到了显著提升。

但由于处于干旱和极干旱地区，干旱缺水、风沙大、土层瘠薄、植被稀疏等诸多不利的自然因素和经济基础差、底子薄、资金和人才短缺、交通运输线长等诸多不利的人文因素，成为新疆矿区生态修复的不利条件和限制因素，矿区生态环境修复技术有待提升。为了兼顾矿产资源的有效利用、生态环境的保护，以及当地经济的可持续发展，对矿区开展生态修复工程，矿区生态修复工作已成为解决因采矿活动造成生态环境问题最有效的途径，必不可缺的环节。然而生态修复作为废弃矿山修复的一种新的技术，在矿山生态修复成熟经验、理论研究、制度规范和技术标准等方面存在很大的空白。急需开展大量的研究工作，解决废弃矿山生态修复的关键技术问题。例如，在矿区受损生态修复过程中，如何识别与诊断矿区存在的生态问题及破坏程度，是矿区受损生态修复的关键问题之一。如何实现水分、土壤和种子的局部富集从而达到生态修复的目标，是众多企业在进行废弃矿区生态修复时迫切需要解决的核心问题。如何选择乡土植物，乡土植物间的配比如何确定？等种种问题，也均需要从理论上进行突破，制定新的修复方法、技术、手段和措施等。

矿区生态环境修复涉及环境科学与技术、矿业工程、水资源、环境、生态等多个学科，需要多学科领域专家的共同参与、联合攻关。中国科学院新疆生态与地理研究所、新疆维吾尔自治区地质环境监测院、新疆维吾尔自治区国土综合整治中心等单位联手合作，共同承担完成了新疆典型地区（天山北坡）矿区受损生态修复方法标准研究（2021年）、新疆维吾尔自治区阿尔泰山国有林管理局阿勒泰分局苏木达依列克河受损矿区地质环境恢复与修复治理项目（2022年）、新疆维吾尔自治区阿尔泰山国有林管理局青河分局天保二期河道边坡生态修复等应用研究项目（2022年）。还完成了新疆维吾尔自治区山水林田湖草沙冰生态保护修复工程生态问题识别、诊断技术与生态系统评估标准等研究项目。选择新疆北部区域的不同生态类型区域，在查明不同区域内主要矿山所存在的生态环境问题的基础上，针对已有生态修复工程开展评估和研究，提出适宜不同生态类型的植被的修复方法、关键技术和修复标准，为自治区矿区受损生态系统修复工作提供了一定的工作积累和实践经验，在此基础上撰写《新疆北部区域矿区生态修复关键技术及实践》一书，旨在通过科技出版与传播的实际行动来践行党的十九大报告提出的“绿水青山就是金山银山”的理念和“节约资源和保护环境”的基本国策，总结多年来新疆北部区域矿山生态修复工作已经取得的科研成果，明确新疆矿区生态修复的方向和目标，探索适合新疆矿区特点和生态修复需求的修复技术，通过现场调查与科学观察、典型案例分析，集成提出废弃矿山生态修复工作的高水平、低成本、可推广、易复制的几个关键技术以及验收适宜指标，为新疆乃至全国干旱、半干旱环境下的矿区生态修复工作提供科学参考依据与实践支撑，促进矿区生态环境修复事业的发展，也为我国矿区生态环境修复理论与技术在国际上全面实现领先奠定基础。

全书共11章，第1章介绍新疆北部区域概况及矿产资源与矿点的分布及其特点，第2章综合评述矿区受损生态系统修复的国内外研究进展，第3章为新疆北部区域内不同地貌类型下的矿区生态问题的识别与诊断提供较规范性的方法和标准，第4章探究矿区受损生态修复的微地形营造机理，第5章、第6章和第7章分别介绍矿区生态修复的三种关键技术，即矿区微地形集雪模型构建及应用、矿区泥浆拌种喷播方法及应用、乡土草本植物种的选择及应用，第8章介绍新疆北部区域不同地貌部位矿区受损生态修复措施，第9章分析新疆北部区域矿山生态修复的3个典型案例，第10章研讨矿区生态修复标准的选取及评估，第11章就今后新疆矿区生态修复工作进行几点思考及展望。

中国科学院新疆生态与地理研究所徐俏博士参编了第2、4、5、6、7、9、11章；徐海量研究员参编了第4、5、6、7章；赵万羽研究员参编了第1章；阿曼妮萨·库尔班硕士参编了第3、9、10章；张鹏参编了第6、9章；王佳工程师、杨永强硕士等参编了图件部分内容，新疆维吾尔自治区地质环境监测院王占和高级工程师、朱建华工程师等参编了第1、8、11章。全书由徐俏博士统稿。

本书的出版得到了许多单位、同行及专家的大力相助，没有他们的通力协助、努力和奉献，本书是无法总结和提炼的。在此表示衷心的感谢！

尽管我们很想尽可能多和全面地介绍矿区生态修复领域的关键技术，限于篇幅和水平有限，书中难免存在不足和疏漏之处，敬请各位读者批评指正。

2023年10月5日

目 录

第2章 矿区受损生态系统修复的国内外研究进展

第3章 矿区生态问题的识别与诊断

第4章　矿区生态修复的微地形营造机理研究

第5章　矿区生态修复关键技术1——矿区微地形集雪模型构建及应用

第6章　矿区生态修复关键技术2——矿区泥浆拌种喷播方法及应用

第7章　矿区生态修复关键技术3——乡土草种的选择及应用

第11章 矿区生态修复的思考及展望

参考文献

附 录

第 1 章 新疆北部区域矿产资源概况及矿点分布特点

新疆维吾尔自治区，简称新疆，位于亚欧大陆腹部，中国西北边陲，处于“丝绸之路”经济带核心区，是推进习近平总书记“一带一路”倡议向西开放的前沿，曾是古丝绸之路的重要通道，现代又成为第二座“亚欧大陆桥”必经之地，战略定位十分重要。总面积为$166 \times 10^4 km^2$，占中国国土面积的1/6，是中国最大的省级行政区，周边与蒙古国、俄罗斯、哈萨克斯坦、吉尔吉斯斯坦、塔吉克斯坦、阿富汗、巴基斯坦、印度等八个国家接壤，边境线5600km，是中国边境线最长、开放口岸最多的省区。新疆地域辽阔，地质构造复杂、地貌类型多样，山地众多，山与山相连，山脉与盆地相间，构成一幅“三山夹两盆地”的地貌景观：北有阿尔泰山脉，南是昆仑山脉，中部为天山山脉，以天山山脉为界将新疆分为南北两大部分，天山以北称为北疆，天山以南称为南疆（新疆维吾尔自治区地方志编纂委员会，2022）。后来又因历史称呼、气候和地貌等原因将北疆中的哈密盆地和吐鲁番盆地称为东疆。

1.1 新疆北部区域概况

本书提到的新疆北部区域是指阿尔泰山和天山之间的除吐鲁番盆地与哈密盆地之外的区域。地理坐标介于东经79° 57′ ~ 91° 32′，北纬43° 23′ ~ 49° 10′之间，这里草地面积广阔，资源丰富，是我国重要的草地牧区之一。

1.1.1 区域自然概况

1.1.1.1 区域位置

本研究区域为新疆北部的阿尔泰山南坡—天山北坡，包括阿尔泰山山地、天山山地的北部、准噶尔盆地、准噶尔西部山地。行政区域上包括阿勒泰地区（阿勒泰市、布尔津县、哈巴河县、吉木乃县、福海县、富蕴县和青河县）、乌鲁木齐市、昌吉回族自治州（昌吉市、呼图壁县、玛纳斯县、阜康市、吉木萨尔县、奇台县、木垒哈萨克自治县）、伊犁哈萨克自治州直属县市（伊宁市、奎屯市、霍尔果斯市、伊宁县、巩留县、新源县、尼勒克县、特克斯县、昭苏县、察布查尔锡伯自治县、霍城县）、塔城地区（塔城市、乌苏市、沙湾市、额敏县、托里县、裕民县、和布克赛尔蒙古自治县）、博尔塔拉蒙古自治州（博乐市、阿拉山口市、精河县、温泉县）、克拉玛依市以及新疆北部范围内的自治区直辖县级市（石河子市、五家渠市、北屯市、双河市、可克达拉市、胡杨河市，原新疆生产建设兵团第八师、第六师、第十师、第九师、第四师、第七师的各团场）（新疆维吾尔自治区统计局，2022）。研究区域新疆北部地区总人口约为1200万人，占全疆总人口的46.4%（新疆维吾尔自治区统计局，2022）。总土地面积约$39.2 \times 10^4 km^2$，约占新疆总土地面积的23.54%。

1.1.1.2 地形地貌

新疆地域辽阔、山地众多、山与山相连，山系与盆地相间，构成一幅“三山夹两盆地”的地貌景观，由北向南依次为阿尔泰山脉、天山山脉、昆仑山山脉，三大山脉之间为准噶尔盆地和塔里木盆地，丰富的山地资源造就了冰峰险地、壮美山峦、山涧急流，以及极具特色和垂直多变的自然景观带。新疆不同区域分布有不同地貌类型的众多矿山，我们选择新疆北部地区不同地貌类型和不同生态类型区域内的主要矿山为重点的阿尔泰山南坡—天山北坡为研究区域，称其为新疆北部区域，就地貌单元来讲，由准噶尔盆地、准噶尔盆地北缘的阿尔泰山山脉、准噶尔盆地南缘的天山山脉和准噶尔西部山地构成研究区域的地貌框架结构（杨利普，1987）。这一区域的总体地貌轮廓为山地与盆地结构。盆地中心区域广阔，四周被山地所环绕。天山和阿尔泰山山体高大浑厚，冰川、流水、风力、重力、干燥剥蚀等外营力作用使天山和阿尔泰山山地地貌呈阶梯状分布，同时具有山地、台地、丘陵、山间盆地、山前倾斜平原等多种地貌类型（中国科学院新疆综合考察队，1978）。

准噶尔盆地北缘的阿尔泰山山脉分布于额尔齐斯河以北。阿尔泰山系是亚洲中部大山系之一，位于中国新疆北部和蒙古国西部，西北部延伸到哈萨克斯坦和俄罗斯境内，西北—东南走向，宽250 ~ 350km，长约2000km，约1/4在我国境内。中国新疆境内的阿尔泰山山脉为这个阿尔泰山山系的中段南坡，延伸长度约750km，西北段宽约70km，东南段宽约80km，面积约5.89 × $10^4$$km^2$。由阿尔泰山、阿尔曼太山、北塔山及东部的哈甫提克山、呼洪德雷山等组成。山地山脊线平均海拔2000 ~ 3500m，山势由西北向东南逐渐降低（新疆百科全书编纂委员会，2002）。阿尔泰山东、西、北三面分别与蒙古国、哈萨克斯坦和俄罗斯相接。整个区域地势呈北高南低，西高东低，从北部的阿尔泰山脊线到南部丘陵平原层层下降，具有明显的阶梯状地形特点，垂直带状分布明显。山地大致可分高山和亚高山带、中山带、低山丘陵带和山前缓坡平原带三个地貌区域。海拔2600m以上为高山带，年积雪时间长达8个月或以上，极高山有现代冰川分布；该区域地表覆盖着风化残积岩屑，并有花岗岩体组成的角峰、冰川，山高严寒，强度石质化。海拔2300 ~ 2600m为分布范围较窄的亚高山带；海拔1400 ~ 2300m为中山带，为寒武纪变质岩系与海西宁花岗岩侵入体组成，地形起伏大，河流切割强烈，多形成很深的狭谷；海拔1000 ~ 1400m为低山带，以干旱剥蚀为主，有较多的断陷小盆地，如铁列克、海流滩、吐尔洪、冲乎尔等，盆地内第四纪沉积物覆盖较厚；海拔800 ~ 1000m为低山丘陵带，相对高度小于100m，低山丘陵—洪积冲积荒漠平原，为阿尔泰山脉向准噶尔盆地过渡的地貌类型，在构造上属额尔齐斯地向斜褶皱带的一部分。在构造运动的作用下，阿尔泰山隆升幅度区域差异明显，西北段隆升大于东南段。受此影响山地河流顺坡流向东南，但山麓平原的断裂带则由东南向西北倾斜，致使河流出山后急剧折向西北。

准噶尔盆地南缘的天山山脉，横亘于新疆中部，占天山山系总长度的2/3以上。天山山系位于亚欧大陆腹地，平均海拔4000m，是世界七大山系之一。东起中国新疆星星峡戈壁，西至乌兹别克斯坦的克孜勒库姆沙漠，近东西向延伸，横跨中国、哈萨克斯坦、吉尔吉斯斯坦和乌兹别克斯坦四国，全长2500km，南北宽250 ~ 350km。人们习惯将中国新疆境内的天山称之为东天山，将中亚地区的天山称之为西天山。在中国新疆境内的天山，即东天山，西起中国与吉尔吉斯斯坦边界，东至哈密市以东的星星峡戈壁，东西绵延1700km，山体高大雄伟，山脊线平均海拔4000m以上。天山山体由山地、山间盆地和谷地及山前平原组成，面积约57 × $10^4$$km^2$，占新疆国土总面积的34.5%。山地有丰富的矿藏，独特的自然景观（胡汝骥，2004）。天山山脉自东向西延伸有博格达山、依连哈比尔尕山、婆罗科努山、科古琴山、阿拉套山等；婆罗科努山向西南延伸为乌孙山。科古琴山和乌孙山之间构成伊犁楔形谷盆地，随着该谷地向西延伸逐渐变宽并降低高度。博格达山及以东的山地称之为天山北坡东段山地，婆罗科努山以西的山地和伊犁谷地等区域为天山北坡西段。天山北坡山地现代地貌过程垂直带状分布明显。天山北坡海拔2600m以上为高山带。其中海拔3800～4200m为永久冰雪覆盖的极高山，无人类活动，是天山北坡的重要水源地。高山带山区堆积了大量古代冰川沉积物，并保留了多种冰川侵蚀地形——古冰斗、冰槽谷、冰坎等。海拔1500～2700m为流水侵蚀、堆积的中山带。这里河网密布，河谷阶地发育。海拔1300～1500m为干旱剥蚀低山带。年降水量200～400mm，外营力以干燥剥蚀作用为主。海拔520～1300m为山前缓坡平原区，随海拔降低依次发育了山前冲积砾质倾斜平原、冲洪积及冲积细土平原、风积平原、冲洪积（冲湖积）细土平原等地貌类型。天山北坡西部伊犁楔形谷盆地的西部低地主要由丘陵和山前倾斜平原构成。丘陵地带海拔650～1300m，沟梁相间，形成丘陵间谷地。它是山前古老洪积—冲积平原或冲积高阶地被侵蚀切割所形成，具有深厚的黄土堆积。山前倾斜平原海拔650～750m的区域，受风蚀和流水的冲刷，由山沟各水系搬运来的黄土状物质构成洪积—冲积扇相接而成。

准噶尔西部山地是古代夷平面分割的块状山地。夷平面是地表形态发展演变历史中的一种地质地貌现象，具有时间和空间分布特点。它是地壳处于相对稳定状态下，经过漫长地质时期的侵蚀、剥蚀作用，将山地夷平成起伏平缓地面的结果。这种夷平面虽然经过后来长期的破坏丢失了原来的形态，然而其残体仍有大量遗迹可循。它们或出露于地表，或埋藏于地下（胡汝骥，2004）。准噶尔西部山地中，有一部分地块状山上升到不同的高度，形成了高原。有一部分下沉，形成了山间盆地。北为塔尔巴哈台山，东延为萨吾尔山，南有巴尔鲁克山、玛依勒山等，最高峰为萨吾尔山的木斯岛山，海拔3806m。各山脉间有盆地或谷地相隔，如霍布克山间谷地及博尔塔拉谷地与塔城山间盆地。准噶尔西部山地地形地貌垂直分布带依托不同山地发育。如塔城盆地南部的巴尔鲁克山区山地海拔2400m以上为高山区。海拔1400～2400m为中山带，以侵蚀—剥蚀作用为主，仅成较窄的条带。低山带海拔1000～1400m。山前倾斜平原区海拔500～1000m。堆积地形，覆盖着风积黄土，宽低谷洼处，土层厚，为耕垦灌溉或旱作农牧业区域。

准噶尔盆地位于天山与阿尔泰山之间，北界为阿尔泰山南麓线，南界为天山北麓线，西界为准噶尔西部山地东麓连线，东界为木垒哈萨克自治县。盆地东西长700km，南北宽450km。该盆地地形复杂，常见有各种古结晶岩低山与缓丘组合，砾石戈壁平原，洼地—丘状固定沙地，流动沙丘地以及片状沙漠地。其中，盆地中部、南部是我国第二大沙漠——古尔班通古特沙漠。沙漠北缘至阿尔泰山前地貌为准噶尔盆地北部平原。该区域风蚀作用明显，有大片风蚀洼地；沙漠南缘至天山山前地带为准噶尔盆地南部平原。该区域为天山北坡诸多并行的内流河的下游或尾闾区域，受多种因子的作用，在此地形成砾质和土质冲积、冲洪积（冲湖积）和风积平原等地貌类型。其中，部分地势平坦区域依赖从天山流下的河水灌溉在该平原区形成大片绿洲农田，是北疆人口主要承载区。

1.1.1.3 区域气候

新疆北部区域总体属于温带干旱、半干旱大陆性气候。夏季干燥炎热，光热资源丰富，冬季寒冷。春季升温快而不稳，秋季降温迅速，山区温暖雪厚，夏季凉爽。降水量多集中在春夏两季。新疆北部区域平均气温4 ~ 9℃，其中，盆地6 ~ 8℃，天山北坡2200m以上为4 ~ 9℃，冬季逆温层厚度约2500m。日照时数2700 ~ 3100小时，其中，盆地3000小时左右，山地略少。冬季1月平均气温-12℃，夏季7月平均气温22 ~ 25℃（杨利普，1987）。新疆北部区域的年平均降水量为150 ~ 200mm，其中，山地年均降水量为400 ~ 500mm，盆地边缘年均降水量为150 ~ 200mm，盆地中心年均降水量为100mm左右；降水分布集中，每年夏季降水量占全年降水总量的60% ~ 70%，夏季降水强度较大。冬季平原积雪一般在20 ~ 30cm，最深可达80cm以上；山区积雪比平原积雪要深得多。准噶尔盆地古尔班通古特沙漠中心降水量100mm，冬季最大积雪深度20cm以上，干燥度2 ~ 10。新疆北部区域的西北部多大风天气。如阿拉山口每年大风日高达165天；年大风日数达100天的还有天山山区的艾肯达坂和奎先达坂。新疆北部区域灾害性天气种类繁多，出现频繁，尤以干旱、寒潮、大风、冻害、霜冻、暴雨洪水等为多。盆地海拔800m以下，冬季冻害频率高，山区冬季有雪霜，昭苏等地夏季有冰雹。特别是北疆北部冬半年受西伯利亚冷气团，乃至北冰洋气团暴发南下入侵影响，常出现较为强烈的风暴雪、寒潮霜冻现象。

高大宽厚的天山、阿尔泰山、半封闭型的准噶尔盆地，以及西部、西北部和东南部多处地势低洼的山地缺口、深谷、低山等地形地貌，存在多条与中亚各国、俄罗斯和蒙古国直接相连的气流通道，造就了该区域气候的多样性变化。来自西伯利亚的北冰洋的冷湿气流对新疆北部区域的北部和东北部影响较大，来自地中海途经中亚的暖湿气流对其西部和南部的气候特征影响最为明显。从大区域气候特征看：新疆北部区域气候分为阿尔泰山山地气候区、天山山地气候区、准噶尔盆地气候区和伊犁谷地气候区。阿尔泰山和天山山区气候类型为寒温带大陆性气候，气候寒冷湿润。准噶尔盆地气候区为中温带大陆性气候，包括准噶尔盆地、天山和阿尔泰山山前、准噶尔西部山地及塔城盆地、博尔塔拉谷地、卡拉麦里山地盆地，气候温暖干燥。伊犁谷地属于中温带大陆性气候，西面来自海洋的潮湿气流直入区内，气候温和而湿润，昼夜温差大，夏热而少酷暑，冬冷而少严寒。新疆北部区域的各个不同地域光热资源区域之间差异明显。准噶尔盆地南部平原和伊犁谷地西部光热资源最丰富，日平均≥0℃的年积温为3000～3600℃。准噶尔盆地北部的阿勒泰地区和西部的塔城地区和伊犁谷地东部日平均≥0℃的年积温为2500～3000℃，阿勒泰地区东部青河县和伊犁谷地南部的昭苏县日平均≥0℃的年积温低于2000℃。年日照时数的分布规律是：从北向南随纬度的降低略有减少，北部的阿勒泰为3001小时，而南部的乌鲁木齐为2821小时；从西向东增加，天山北坡最西部的霍城县为2828小时，天山北坡东边的奇台县为3095小时。无霜期准噶尔盆地南部平原150～190天，伊犁谷地150～180天，准噶尔盆地西缘和北缘为140～150天，而青河县、昭苏县为100～120天。

（1）新疆北部区域气温

阿尔泰山、天山山地大部分地区及西部一些局部高山山地年平均气温在0℃以下。阿尔泰山海拔3100m以上的后山山区平均气温常年在0℃以下，终年积雪；阿尔泰山部分低山、天山西部低山区域及北疆西部一些山地年平均气温0～2℃。阿尔泰山东部低山和两河平原两侧、阿尔泰山西北部山前丘陵地带及西部的一些山地年平均气温为2～4℃。准噶尔盆地北缘荒漠区夏季气候炎热干燥，冬季寒冷。乌伦古湖四周、额尔齐斯河流域的西部、准噶尔盆地西缘大部分地区及天山山前地带年平均气温为4～6℃。准噶尔盆地中心地带从东边的木垒到西边的沙湾、克拉玛依西部地区受盆地中心古尔班通古特沙漠气候影响，年平均气温6～8℃，而且带幅很宽。艾比湖四周至乌苏北部、玛依湖西部区域、伊犁谷地平原受中亚暖气流影响较大，年平均气温为8～10℃。北疆地区年平均气温最高区域出现在达坂城地区和伊犁谷地霍城县西部，年平均气温为10～13℃。伊犁谷地气候温和而湿润，平原谷底年平均温度为7～9℃。新疆北部区域年平均气温表现为随海拔升高而降低的南北梯度变化特点，尤其是阿尔泰山，这种整体带状均匀分布特征十分明显。伊犁谷地虽然地域较小，但气温的带状分布特征也十分明显。准噶尔西部山地由于山体较小且分散，温度的梯度变化只是围绕几个高山地有所表现。从南北纵向看，年平均气温盆地中间高，盆地南北两端低，与巨大山体地形地貌变化一致。从东西横向看，整体表现为西高东低。

（2）新疆北部区域降水

新疆北部区域深居内陆，远离海洋，来自东南部和南部的暖湿气流受秦岭山脉和青藏高原阻挡，在本区域的降水形成过程很微弱。该地区位于北半球中纬度地带盛行西风环流地区，由于准噶尔盆地西部和西北部地势低洼的山地缺口、深谷、低山，构成来自地中海和中亚的暖湿气流和西伯利亚冷湿气流入侵的通道，来自西部的湿气流通过这些通道可以顺利到达东部，构成新疆北部区域的降水来源。在本区域的西部、北部及山区形成相对较多的降水，使得本区域成为全疆较湿润的地区，越向东冷湿气流减弱。

新疆北部区域内，降水量大于150mm的区域分布在阿尔泰山、伊犁谷地、准噶尔西部山地和天山北坡山地。整个伊犁河谷地带及天山北坡中山带和高山带、整个阿尔泰山山地及额尔齐斯河流域部分河谷平原地带、准噶尔西部整个塔城盆地以及萨吾尔山西部大部分地区降水量在150mm以上，充足或适当的降水是实施矿山生态恢复与生态修复必要的水分保障条件。其他大部分地区降水量均在50～150mm，降水量较少，区域包括整个准噶尔盆地东、南、北部的平原及山前地带、盆地西缘博尔塔拉蒙古自治州大部分地区。从总体上来看，新疆北部区域的年降水量>150mm、50～150mm和<50mm三个梯度的降水量分布情况较为明显。

新疆北部区域内，降水量地区分布不均匀，山区降水多于平原降水，阿尔泰山和天山西部山区降水多于东部山区降水。准噶尔盆地北缘降水量随海拔的增加而增加，平原荒漠区降水量在100mm以下，平原河谷带降水量在150mm左右，低山带降水量一般为200～300mm，中山带降水量为300～500mm，后山高山带降水量可达600～800mm。新疆北部区域的南部天山北坡山地的年平均降水量多在500mm以上。最大降水集中在5、6两月，以2月最少。伊犁谷地气候区为温带大陆山地谷地气候，包括伊犁谷地、南北天山山地及其山间盆地。其中，伊犁谷地年降水量为150～300mm，总体降水较多，比较湿润，是中国干旱区中的湿岛。

（3）新疆北部区域积雪

新疆北部区域是我国主要的农牧业生产基地之一。年度四季分明，夏季温高气爽，冬季寒冷多雪。受西伯利亚气流影响，常在当年10月至翌年4月形成降雪天气；1月极端最低气温达-20℃，积雪期长达120天，平均积雪最大深度60cm，山区可达150cm。虽然地处欧亚内陆干旱区，但是天山山区冰川面积与储水量丰富（天山冰川面积为4865km^2，储水量1800×10^8m^3以上），季节性积雪深厚，积雪期长，每年积雪的多寡、积雪覆盖的时间和变化规律与多种自然因素有关。

新疆北部区域普遍受西伯利亚寒冷气流的影响，冬季积雪丰厚，积雪厚度20～40cm，冻土较深。区域内北部的降雪量多于南部的降雪量，山地降雪多于平原降雪。阿尔泰山区冬季积雪深度可达60cm，比天山北坡和伊犁河流域山区的冬季积雪深度还要大。盆地中心沙漠地带冬季最大积雪深度20cm以上。伊犁河流域谷地平原一般积雪深度达20mm，年均积雪日数84～107天。阿尔泰山由于地处较高的纬度，在相同的海拔高度上稳定积雪期要比天山北坡的稳定积雪期长15～20天，最大积雪深度在140cm以上。积雪时间长达160天，仅比我国积雪时间最长的大兴安岭和长白山的积雪时间短10天左右。在阿尔泰山，一般9月中、下旬开始降雪，翌年4月下旬和5月上旬终止，降雪期7～8个月，最大积雪深度在富蕴县为

54cm，在青河县为81cm，阿尔泰山后山林区达150～180cm。山地积雪是山区河流径流的重要补给来源。

山地积雪对河流径流的作用：

①对山地降水有调蓄或重新分配作用。例如，3～5月需水季节，河流水量主要来自冲积扇及低山带冬雪消融，5～6月，河流水量主要来自中、高山带的冬、春融雪水。

②对河流的补给作用。因为积雪消融是从低山逐渐转向高山，融水补给径流历时较长，对平原灌溉用水十分有利。

新疆北部区域的平原冬季积雪有以下作用：

①把冬季降水作固态储存，春季消融后为植物利用，具有季节性调节水库的作用。

②把冬季低效益水源变为春季高效益水源。

③对越冬作物有保温作用（在20～40cm雪层保护下，冬麦可安全越冬）。

④在缺水的农牧区，储存积雪作为饮用水。

1.1.1.4 区域水文

新疆北部区域水资源总量$366.05\times10^8m^3$，占全疆水资源总量的45%。其中，塔城地区、阿勒泰地区和伊犁哈萨克自治州直属县市水资源量为$297.88\times10^8m^3$，占新疆区域水资源总量的81.4%，是水资源较为丰富的地区。新疆北部区域共有大小河流387条，约占全疆河流总数的2/3。较大的河流有伊犁河、额尔齐斯河、玛纳斯河、乌伦古河等。从水系分布的区域看：位于区域北部准噶尔盆地北缘的阿勒泰地区地表径流主要有额尔齐斯河、乌伦古河和吉木乃县诸小河三大水系，有大小河流56条。阿尔泰山区河网密度较大，径流较丰富。阿尔泰山区水资源丰富，地表水年径流量$123\times10^8m^3$。地表水水质较好，含盐量在0.1～0.2g/L。受降水（降雨和降雪）的影响，河流径流量年内变化与年际变化都很大，5～8月的径流量占全年径流总量的29%～82%，变异系数CV值在0.3～0.5，为新疆高值区。阿尔泰山地地下水属裂隙型，主要由雨水和融雪水下渗补给。平原区地下水资源主要由额尔齐斯河和乌伦古河补给，浅层地下水补给量为$21.64\times10^8m^3$，其中，额尔齐斯河占88%，乌伦古河占12%，地下水对维持本地区生态与环境的稳定有巨大作用。额尔齐斯河是我国唯一流入北冰洋的河流，也是新疆唯一的外流型河流，其源头位于我国阿尔泰山西南坡富蕴县林区。流经阿勒泰市、北屯市、布尔津县、哈巴河县后，流入哈萨克斯坦境内斋桑湖，再向北经俄罗斯的鄂毕河注入北冰洋，全长4248km。额尔齐斯河在我国境内段长约546km，流域面积$5.7\times10^4km^2$，年径流量多达$119\times10^8m^3$。额尔齐斯河水质优良，上游至下游平均矿化度介于0.065～0.136g/L，水化学类型为HCO_3-Ca型，pH值7.3左右。

位于准噶尔盆地南缘的天山北坡水系包括艾比湖水系、玛纳斯湖水系，以及天山北坡东部逐小河，全部为准噶尔盆地内流区水系。北天山水系都为顺山地南北坡下流的小河，河流多发源于高山冰川基岩裂隙水，流经山地到达准噶尔盆地南缘平原低洼地带，或汇聚于山前平原水库，大部分消耗于绿洲农田。其水分的产生、运移、耗散过程只在新疆境内的准噶尔盆地区域内完成。河水向下运移过程中，越往下游，矿化度越高。位于新疆北部区域西部伊犁谷地的伊犁河水系，为中亚腹地内流区水系。水源主要靠降水和融雪补给，春季为洪水期，秋后为枯水期。主要河流有喀什河、特克斯河和巩乃斯河。伊犁河是伊犁谷地重要的河流，径流来源于伊犁谷地东南北三面的高、中山冰川小溪，经过谷地，从西部流出国境，进入哈萨克斯坦共和国境内，最后汇入巴尔喀什湖，河流全长1235.6km，流域面积$1.512\times10^5km^2$。其中，中国境内河长442km，流域面积$5.67\times10^4km^2$。年径流量$165\times10^8m^3$（新疆百科全书编纂委员会，2002），水资源充沛，为发展绿洲农业和天山北坡经济带奠定了基础。我国境内的伊犁河流域下游的霍城县地表水水质总体良好，综合级别属Ⅱ类标准；水质均略呈碱性；水化学类型基本上均为重碳酸盐类钙组二型，矿化度一般在300mg/L左右，能够满足工农林牧渔各业的用水要求。位于准噶尔盆地西部的塔城地区主要河流有额敏河、白杨河、和布克河3大水系，其中，额敏河为中亚区域的内流区水系。

新疆北部区域山地与盆地相间分布的地貌结构及伊犁河流域、额敏河流域、额尔齐斯河流域向西敞开的半封闭型盆地的地貌类型决定了水资源空间分布的不平衡。山地水资源量远大于丘陵平原区的水资源量，西部的水资源量大于东部的水资源量。天山东段的河网密度和水量远小于西段的河网密度和水量，阿尔泰山山地东段的水资源量远不如西段的水资源量丰富。特别是天山北坡和阿尔泰山西南坡和准噶尔西部山地等2500m以上的中、高山地区平均降水量可达600mm，加上有许多高山冰雪，使得河流补给条件较好，径流较为丰富，达$384.06\times10^8m^3$，为新疆地表总径流的44%。天山和阿尔泰山河流流量随季节变化大，每年春夏6～8月为丰水期，秋冬季12月至翌年2月为枯水期。

1.1.2 区域生态环境概况

1.1.2.1 新疆北部区域土壤概况

新疆北部区域土壤（按土纲分类）总体分布情况：按中国土纲分类体系分类划分，新疆北部区域土壤从高海拔山地到盆地中心依次分布有高山土、半淋溶土、淋溶土、钙层土 、盐碱土、干旱土、漠土等。

山地土壤类型分布：阿尔泰山、天山及准噶尔西部山地，高低悬殊，气温、降水等自然条件有很大差异，形成了多种多样的土壤类型。山地土壤类型垂直分布带谱发育完整，自下而上依次为棕钙土、栗钙土、（灰）棕色针叶林土、黑钙土、亚高山草甸土、高山草甸土、高山（冰沼）寒漠土。由于山地海拔高度和干湿程度不同，阿尔泰山、天山及准噶尔西部山地的土壤垂直带谱结构和土带分布高度也有一定变化（新疆维吾尔自治区农业厅，新疆维吾尔自治区土壤普查办公室，1996）。

（1）阿尔泰山山地土壤类型及成土过程

阿尔泰山山体高大，相对高差2800 ~ 3800m，土壤垂直带绝大多数带幅宽度在400m以上。山地土壤垂直带谱结构中有高山寒漠土（分布于海拔2400 ~ 3300m）、高山和亚高山草甸土（分布于海拔2600m以上）、亚高山草甸草原土（分布于海拔2300 ~ 2600m）、草甸土、黑钙土、灰色森林土、棕色针叶林土（分布于海拔1400 ~ 2400m）、栗钙土（分布于海拔1100 ~ 1800m）、棕钙土（分布于海拔800 ~ 1100m）等土壤系列。高山寒漠土地带气候寒冷而干旱，冰冻风化占优势，化学和生物活动很微弱，植被稀少，土壤水分基本饱和，低等植物如地衣、苔藓等作用较大，有明显的原始成土过程和腐殖质积累的过程。土层一般较薄，多为5 ~ 20cm，但土壤有机质含量高达450g/kg。阿尔泰山两河源高山草甸土在海拔2500 ~ 3300m发育，寒冷而较湿润，年平均气温-5 ~ -2.5℃，降水量500 ~ 600mm。土壤母质以残积物为主。周期性冻融交替，使土壤颗粒形成粒状或鳞片状结构；由于冻裂作用和土滑作用而成层状或小丘。由于海拔高、气温低、蒸发量小，土体比较湿润，有机质累积较多而分解缓慢，且不彻底，腐殖化程度低，以粗腐殖质状态存在，显棕色。阿尔泰山两河源亚高山草甸土主要分布在高山带以下海拔1850 ~ 2800m处。高山和亚高山草甸土土壤剖面主要特征是土壤表层具有富弹性的草皮层，其厚度5 ~ 7cm。该带年平均气温-2 ~ 4℃，最热月平均气温为6 ~ 10℃，最冷月平均气温为-5 ~ -10℃，无霜期为90天左右，处于最大降水带（海拔2000m左右）内，年降水量500 ~ 600mm，有利于植物的生长。亚高山草甸土形成在寒冷而湿润的气候条件下，但由于海拔高度比高山草甸土分布的海拔要低，故热量比较充足，植物生长种类繁多、密度大、草层高，所以腐殖质积累过程更加明显，表层有机质含量可达120 ~ 180g/kg。阿尔泰山山地草甸草原土壤分布于山地土壤带的上端。气候寒冷而湿润，夏季有短暂的温湿条件，腐殖质累积过程较明显，腐殖质层呈暗棕色，具有向下淋溶的特点，土壤呈酸性。但阿尔泰山山地的东南段草甸草原土壤呈现中性反应，底部有少量碳酸钙积累。这类土壤生草过程旺盛，腐殖质积累很多。山地灰褐土和山地棕色森林土是在森林草原的生物气候条件下形成的，分布在阿尔泰山两河源自然保护区中山带海拔1500 ~ 1800（2500）m的阴坡和半阴坡。夏季温暖而湿润，植被生长茂密，具有酸性淋溶、黏化淀积等森林土壤的形成过程。灰色森林土主要分布在中山林带，岩相复杂，有酸性岩浆岩和变质岩风化后的成土母质，质地粗松，也有沉积岩类的砂岩、砾岩、页岩、石灰岩和火山碎屑等风化后的成土母质，主要以坡积物为主，其次为残积物或残积—坡积物。山地黑钙土是在阿尔泰山中、低山带湿润气候条件下形成的，主要分布在海拔 1200 ~ 2000m 的森林草原带的阳坡和山地灌木草原带的上部。植被生长茂盛，覆盖度很高，腐殖质层深厚呈暗黑色。具有强的腐殖质累积过程和弱的碳酸钙淀积过程。山地黑钙土成土母质以各种基岩风化残积物、坡积物为主。腐殖质层厚达 30 ~ 60cm，上部有机质含量高达 9% ~ 12%，且具有良好的团粒结构。山地栗钙土是在阿尔泰山中、低山带半干旱草原的生物气候条件下形成的，主要分布在中、低山带海拔 1100 ~ 1700m 的谷地及较平缓的阳坡。在阴坡下限低 100 ~ 150m。气候特点是半干旱、半湿润。土壤呈弱碱性，具有强的腐殖质累积过程和碳酸钙淀积过程。山地栗钙土所处地形有剥蚀和侵蚀的丘陵和低山，成土母质为各种岩石风化物、河流冲积物和黄土状沉积物。山地棕钙土主要分布在低山带海拔 700 ~ 1300m 的前山丘陵带，谷地及较平缓的阳坡；在青河县境内的山区则分布于海拔 1100 ~ 1300m，在下部与平原区的棕钙土分布区相接。土壤层的腐殖质累积远比山地其他土壤层的腐殖质积累弱，但碳酸钙累积较强。其成土过程强弱介于山地和平原成土过程之间。

阿尔泰山山地成土母质中，以残积物或坡积—残积物分布最广。其中，在高山准平原化的平坦地面上、微弱切割的水平地段以及剥蚀残余的平缓坡地上，多为残积母质；在坡的下部及中下部则以坡积或坡积—残积母质为主；在山区河谷两岸，尚有少量的河漫滩和低一级阶地分布，其上冲积（卵石沙土）母质不连续带状沿河分布；在高山带还有冰碛（砾质沙土）母质。阿尔泰山自然土壤的成土过程主要有高山寒冻过程、腐殖质累积过程、碳酸盐移动过程、石膏积累过程、沼泽化过程等。天山山地成土母质中，以冲积、冲积-洪积、残积物或坡积—残积物分布最广。准噶尔盆地南缘山前缓坡平原和河谷两侧以冲积和冲积—洪积物为主。

（2）天山北坡山地土壤类型及成土过程

天山北坡中段土壤的垂直分布带发育也较为完整。山地土壤垂直带谱结构中有高山寒漠土、高山和亚高山草甸土、亚高山草甸草原土、草甸土、黑钙土、灰褐土、栗钙土和棕钙土等土壤系列。高山带寒漠土分布在海拔 3300m 以上的高山地带。所处地形为高山峰脊、古冰斗、冰碛堤、冰碛台地和流石滩等。成土母质为寒冻风化物或冰碛物构成的碎屑状风化壳，冰碛沉积，坡积或冰碛砾石质坡，生态环境严酷。高山草甸土（草毡土），成土母质为冰碛物、粉砂土，分布于平缓山坡，土体一般较湿润，密生高山矮草草甸。表层有厚 3 ~ 5cm 至 10cm 不等的草皮，根系交织似毛毡状，轻韧而有弹性，地表常因冻融交互作用呈鳞片状滑脱。腐殖质层厚9～20cm，有机质含量6%～14%，呈浅灰棕或暗灰色，剖面厚度30～40cm。天山北坡中段山体浑厚，高山带海拔在1800～3900m存在辐射状深沟峡谷（例如乌鲁木齐河上游的后峡一带）。亚高山草甸土（黑毡土），成土母质为冰碛沉积物、粉砂土。分布于海拔2200～3300m的山坡，草皮层较薄而松软，腐殖质层较厚，有机质含量较高，有机物的腐化程度也较强。受冰川退缩、高寒气候等影响，土壤发育迟缓，微生物活动微弱，矿物化学分解程度低，植被残体分解和腐质化程度相对弱。冷钙土（亚高山草原土）分布在宽谷、丘陵山地、古冰碛平台地。成土过程表现为腐殖质积累和冻融作用减弱，钙化作用出现。整个剖面分化较差，通体富含砾石。土表有附着黑色壳状地衣的薄结皮和粗砂石砾，表层草根较少；腐殖质层厚5～20cm，呈暗棕色或浅棕色。天山北坡中山带，土壤类型主要为石灰性黑钙土、灰褐土及栗钙土，属森林草甸草原带植被交错（复位）分布带。海拔1800～2200m，呈剥蚀构造中山带地貌单元。相对高差300～700m。中山带山体变宽，山地峡谷地貌发育。土壤母质为残积—坡积物、粉砂壤土。石灰性黑钙土是发育于温带半湿润、半干旱地带草甸草原和草原植被下的土壤，其主要特征表现为土壤中有机质的积累量大于分解量，土层上部有一黑色或灰黑色肥沃的腐殖质层，在此层以下或土壤中、下部有一石灰富积的钙积层。灰褐土为山谷两侧的阴坡面气候较温凉湿润的山地森林灌丛植被下发育的土壤，呈现零星斑块分布。山体森林草甸植被的下方干旱地带及部分阳坡、半阳坡地带具有深厚风积黄土的细质土坡或薄层黄土垫有碎石基质的斜坡，灌丛草原或灌丛下栗钙土发育。主要成土过程为腐殖质累积过程、弱黏化过程及弱至中度淋溶作用。在干燥剥蚀及黄土覆盖低山丘陵草原植被带下栗钙土充分发育，黄土状母质、粉砂壤土，分布于海拔1000～1800m。棕钙土广泛分布于海拔1200m以下的低山及山前平原缓坡地带。

（3）准噶尔西部山地土壤类型和成土过程

准噶尔盆地西缘巴尔鲁克山海拔2300m以上为高山带，在粗骨性残积或残积—坡积母质上发育成亚高山草甸土，海拔1400～2300m的中山带阴坡云杉植被下发育灰褐色森林土，土壤为残积、坡积母质。而在阳坡的土状物母质和残积—坡积母质上形成了典型黑钙土和淋溶黑钙土，海拔900～1400m的低山带，在黄土母质和坡积物洪积—冲积物母质上发育成栗钙土，部分区域由于人为耕作已演变为农田旱作栗钙土。海拔500～900m的山前平原区，在冲积—洪积黄土母质上形成了棕钙土，部分开垦为农田的已发育成灌耕土。海拔400～500m的山前冲积平原区及低洼地带，在沉积较厚土壤质冲积物母质上形成了大面积的草甸土、沼泽土和盐硝碱土。

（4）准噶尔盆地平原土壤类型和成土过程

准噶尔盆地的平原地区地带性发育的土壤为棕钙土、灰棕漠土。新疆北部区域深处亚洲内陆中心地带，降水稀少，气候炎热干燥。该区域被占主导地位的荒漠大环境笼罩，环准噶尔盆地山前平原地带发育为棕钙土为主导的土壤类型。盆地北缘阿尔泰山山前土壤质地为形成于第三纪和第四纪的沙质、沙壤质和砾质沉积物。分布在山前古老冲积平原及洪积平原，以洪积和洪积—冲积母质为主，剖面中砾石含量在5%以上，腐殖质含量少，钙积层部位高，一般在20cm左右。准噶尔盆地南缘天山北坡山前地带棕钙土主要成土过程为干燥剥蚀洪积地层。伊犁谷地与北疆其他地区相比，气候温暖湿润，四季温差较小，山前基带土壤发育为灰钙土。伊犁谷地山前平原地带性土壤为灰钙土，广泛发育于覆盖有黄土状母质的山前平原、伊犁河高阶地和低山带黄土丘陵的中、下部。 准噶尔盆地从边缘到盆地中心，气候变得更加炎热干燥，棕漠土发育成为地带性土壤。伊犁谷地西部土壤类型随气候干燥程度增加由灰钙土发育为灰漠土。土壤由于强烈的砾质性和沙质性，以及大风的作用，形成了植被稀疏、土壤极为贫瘠的特点。

准噶尔盆地沉积类型非常复杂，常见有各种古结晶岩低山与缓丘组合，砾石戈壁平原，沙丘地。其中，古尔班通古特沙漠面积大而分布集中，仅沙丘地面积就占盆地总面积的1/5。在天山北部山前平原艾比湖等区域有大面积的片状沙漠分布。在天山以北山前平原，塔尔巴哈台山的山前平原，以及古三角洲与湖盆地带有大量的盐碱地与龟裂地分布。

准噶尔盆地的平原地区在棕钙土、灰棕漠土等土壤类型地带性发育的同时，受内陆河流湖泊、土壤母质、地下水位、植被及人类活动影响，盐土、草甸土（潮土）和沼泽土、风沙土等非地带性土壤类型在盆地内也有大量分布。平原局部河谷湖泊低地水分条件好的地带发育成草甸土和沼泽土，内陆湖泊、池塘低地及农田排水地域发育成大片盐碱土。盆地中心的古尔班通古特沙漠附近及多风地带形成以风沙土为主的土壤系列。历史上，河谷两侧平原肥沃土地开垦后形成了大片的农业灌耕土壤，少部分土地开荒后又被迫弃耕变成荒漠化土地或盐碱地。

草甸土（农业耕作土）和沼泽土：新疆北部区域内的河漫滩、河湾三角洲、洪积扇缘等地带分布有面积较广的草甸土，其形成与地下水位较高有密切联系。草甸土包括平原低地草甸和农业灌耕土（潮土）。平原低地草甸主要分布于古河流域冲积区与河湖低洼地上，母质为冲积物，土壤质地较细，但沙性大。由于冲积时期的不同，有些存在于高阶地上，有些存在于低阶地上。该土壤有机质含量丰富，一般为1.5%，最高可达2%～3%。

农业灌耕土（潮土）：分布于新疆北部区域内的平原河谷阶地、河漫滩等地带，原草甸土经过人类耕作后成为农区土类。土壤潮湿，地温低，土壤层次较明显，质地以壤质及沙壤质为主，分布较广。

沼泽土：在河漫滩、低洼积水处和地下水渗出的低地以及河流两侧的河漫滩、扇缘地下水溢出带、湖泊、水库及低洼地的外缘，发育为沼泽土类型。主要分布在低洼积水区域，泥炭或腐殖质层厚度达20cm，有机质含量5% ~ 20%，盐渍化过程不明显。在伊犁河谷，草甸土（潮土）和沼泽土主要分布在河漫滩一带，在扇缘地下水溢出带也有零星分布。沼泽地带地下水位大多在1 m以上或地表积水。草甸土（潮土）经过长期垦殖、耕作等一系列熟化、演变而成农业土壤，草甸土的剖面特征发生了较大的变化，草根密织的腐殖质层已为耕作层所替代，土色较暗，碳酸钙含量较高。沼泽土的土壤是在高水位嫌气还原状态下形成的，有机质在土壤中呈泥炭或粗腐殖质的形态累积起来，因而表层为深灰色的腐殖质层，厚10 ~ 30cm，有机质含量高达8% ~ 15%。其下为青灰或蓝色潜育层，多锈斑。

盐碱土：为非地带性土壤，广泛分布在新疆北部区域内的河流两岸、湖泊旁边、洪积扇缘的低地。由于干旱区内陆河水分在下游缓慢运移过程中以及低洼湖区周边强烈的蒸发作用下，盐分不断沉积下来，在一些区域如艾比湖周围形成盐碱土。这些内陆盆地的低洼处，在水分循环过程中成为积盐中心。这些含盐量较高的水分排泄到下游河道或低洼地中，随着水分的蒸发、盐分就逐渐积累于洼地土壤中或河流归宿的湖泊中。尤其是盆地中心的艾比湖和玛依湖等，湖水矿化度会很高。这种水文循环特点，对下游河流、地下水水质及盆地的土壤积盐都有很大影响。准噶尔盆地西部土壤表层30cm的含盐量一般为1% ~ 4%，最高达6.59%。伊犁谷地平原盐土是在草甸土的基础上形成的次生盐土。盐分类型为氯化物—硫酸盐型。在扇缘带和河流二、三级阶地交接的地带也有盐碱土分布。地下水位较高，地下水矿化度在2.0 ~ 6.2g/L。因有沙漠阻隔，排水不畅而地面蒸发强烈，因而在地表形成较高的盐分累积。1m土层内总盐含量1% ~ 2%，地表有2 ~ 3cm厚的蜂窝的盐霜。其下为腐殖质层，厚度10 ~ 20cm，有机质含量2.5% ~ 4.0%。土体湿润，潜育层出现在60cm以下。土体中各层均有盐斑、锈斑，碳酸钙含量在土体中、下部较高（郑喜玉，1995）。

风沙土：大多分布在准噶尔盆地中古尔班通古特沙漠等沙漠地带的固定、半固定沙丘上，及向外延伸的地带。土壤剖面风化不明显，有机质积累少，植被稀疏。伊犁谷地的风沙土多分布于平沙地，也有少量分布在垄状丘上。地表有薄的结皮层。

1.1.2.2 新疆北部区域植被概况

新疆北部区域处于亚洲中部，受内陆干旱荒漠带气候影响，植被旱生结构发育。同时，受来自本区域西部和北部两个方向湿冷气流的影响，西伯利亚植物寒性种类、亚洲荒漠暖温性植物发育，寒性发育，又受蒙古国气候影响，植物区系演化受到来自西伯利亚的寒潮、东部蒙古国反气旋、西部的暖湿气流及盆地中心古尔班通古特酷热沙漠气流的影响，表现出植物区系分布多样性特点（巴贺夹依娜尔·铁木尔克, 2012）。

阿尔泰山山地区域的动植物区系在演化过程中，北方寒带泰加类群入侵，并与亚洲中部荒漠类群在本区域内汇合并相互渗透，使阿尔泰山植物资源丰富而独特，构成西伯利亚泰加林等地带性景观。共有维管束植物1730种。西伯利亚云杉（*Picea obovata*）、西伯利亚冷杉（*Abies sibirica*）和西伯利亚红松（*Pinus sibirica*）为本地独有的植物种，欧洲山杨（*Populus tremula*）、银灰杨（*Populus canescens*）、额河杨（*Populus jrtyschensis*）等8种天然林构成我国目前唯一的天然多种类杨树基因库（曹秋梅, 2015）。由于天山突起在新疆南北荒漠地面上一条又长又高的绿岛，受其影响，天山北坡泛热带分布成分（Pantropic）分布相对较多，如蒺藜属（*Zygophyllaceae* spp.）、大戟属（*Euphorbia* spp.）、鹅绒藤属（*Cynanchum* spp.）、旋花属（*Convolvulus* spp.）、孔颖草属（*Bothriochloa* spp.）等，这些属多分布在天山北坡低山草原和平原荒漠中。天山北坡中段草地植物种类非常丰富，共计74科463属1288种（冯缨, 2005）。其中，以双子叶植物类群占优势，又以中生植物占大多数。伊犁河谷因三面高山环绕及向西敞开的楔形谷地地貌，气候温和湿润，孕育了干旱区的一块“湿岛”和植物资源宝库。伊犁河谷共有种子植物1655种（含亚种和变种等种下等级），归属于486属83科。新疆地域广阔的平原荒漠区植物区系简单，种类很少。例如，准噶尔盆地的古尔班通古特沙漠的植物总数仅200种左右。不仅种类单纯，而且群落结构简单，分布稀疏，许多群落由不到10种植物组成。

新疆北部区域的植被类型及其分布状况：植被类型包括森林（针叶林、阔叶林）、草原、草甸、荒漠草原、灌丛、沼泽和高山植物等天然植被和人工种植作物等。复杂多样的自然条件为不同类型植被的发育提供了多样化的生长环境，形成各植被分布的差异性。由于水热差异，森林、草地、荒漠草原发育于高、中、低山地和平原地带，呈现垂直带状分布，部分植被类型呈现复合（交错）分布。森林多数分布在海拔1000 ~ 2400m的阴坡和半阴坡及靠近河道两侧谷地，草原及荒漠草原多分布在中山带的阳坡、低山带和山前倾斜平原。荒漠草原分布于山前冲积平原及盆地中心地带的盐碱地和沙地。草甸、盐生植被为非地带性植被。草甸植被一般不呈地带性分布，从高山、亚高山、中山和低山、低地河漫滩、一直到平原都有分布。在地下水位很高且有常年积水的地带还有沼泽及水生植被。平原绿洲区天然植被及人工种植作物主要分布在准噶尔盆地山前洪积—冲积扇扇缘地带和河谷平原两侧，利用河湖水引水浇灌的土地，形成肥沃的农林牧业人工绿洲。盐生植物主要分布在平原湖泊周围和河谷平原低洼地带。沙地植被主要分布在沙漠区及风沙较大的毗连区。

（1）森林及灌丛植被

阿尔泰山和天山山区的原始森林多为主干挺直的西伯利亚落叶松（*Larix sibirica*）和雪岭云杉（*Picea schrenkiana*）、柏树（*Cupressus funebris*）等，一般分布于中山带，是重要的气候调节器和生物多样性港湾。这些山地针叶林的木材蓄积量占新疆木材总蓄积量的97%以上。阿尔泰山山地森林多数分布在海拔1000 ~ 2400m的阴坡和半阴坡，主要组成树种是西伯利亚落叶松，其次有西伯利亚云杉、西伯利亚红松（*Pinus sibirica*）、西伯利亚冷杉（*Abies sibirica*），另有少量的疣枝桦（*Betula pendula*）、欧洲山杨（*Populus tremula*）、苦杨（*Populus laurifolia*）、山柳（*Salix pseudotangii*）等阔叶树。其中，西伯利亚落叶松占83.7%左右，分布最广；阔叶树所占比例不足5%，主要分布于海拔稍低的沟谷半阴坡、阳坡。阿尔泰山森林呈块状、带状不连续的间断分布。天山北坡中段山地海拔1800 ~ 2700m以雪岭云杉（*Picea schrenkiana*）为主的针叶林密集分布。天山北坡东部出现云杉和西伯利亚落叶松混交林及落叶松纯林。天山北坡高海拔地区分布有常绿针叶灌丛欧亚圆柏（*Juniperus sabina*）、西伯利亚刺柏（*Juniperus sibirica*）、新疆方枝柏（*Sabina pseudosabina*）等，是针叶灌丛的建群种和优势种。落叶阔叶林分布在针叶林下方，随着海拔降低和温度升高，落叶阔叶林出现在低山和平原河流两岸。主要落叶阔叶林植被有天山桦（*Betula tianschanica*）、欧洲山杨（*Populus tremula*）、密叶杨（*Populus densa*）、白榆（*Ulmus pumila*）、胡杨（*Populus euphratica*）、尖果沙枣（*Elaeaguns oxycarpa*）、黄果山楂（*Crataegus chlorocarpa*）、天山花楸（*Sorbus tianschanica*）及梭梭（*Haloxylon ammodendron*）等。伊犁谷地野果林大片分布于伊犁谷地的果子沟山地草原带的深切峡谷中。天山北坡落叶阔叶灌丛植被有鬼箭锦鸡儿（*Caragana jubata*）、金露梅（*Pentaphylloides fruticosa*）、金丝桃叶绣线菊（*Spiraea hypericifolia*）、锦鸡儿属（*Caragana* spp.）、蔷薇属（*Rosa* spp.）、柳属（*Salix* spp.）、沙棘（*Hippophae rhamnoides*）、柽柳属（*Tamarix* spp.）、白刺属（*Nitraria* spp.）、黑果枸杞（*Lycicum ruthenicum*）等；在天山北坡及阿尔泰山东段一些中山带和低山带区域成片分布有以绣线菊为优势种的灌丛，在前山带石质坡上多夹杂有以锦鸡儿为主的小灌木。额尔齐斯河河谷地带天然林种类有额河杨

(*Populus* × *jrtyschensis*)、疣枝桦、银白杨(*Populus alba*)、苦杨、胡杨(*Populus euphratica*)、欧洲山杨、白柳(*Salix alba*)等。额尔齐斯河流域平原沙地分布有大片的梭梭、铃铛刺(*Halimodendron halodendron*)、柽柳属等灌丛植被,盐碱地则有铃铛刺、白刺属、沙棘属、柽柳属等灌丛植被。天山北坡平原河谷地带天然森林以胡杨、沙枣(*Elaeagnus angustifolia*)、梭梭、白梭梭(*Haloxylon persicum*)为主。天山北坡平原灌丛植被有:柽柳属、沙拐枣(*Calligonum mongolicum*)、麻黄(*Ephedra sinica*)、琵琶柴(*Reaumuria soongorica*)、霸王(*Sarcozygium xanthoxylon*)、铃铛刺、沙棘、黑果枸杞、白刺、锦鸡儿等。一些种类如:琵琶柴、多枝柽柳(*Tamarix ramosissima*)生于戈壁、沙丘,一些种类如:霸王、西伯利亚白刺(*Nitraria sibirica*)、黑果枸杞生于砾质戈壁、山前冲积扇、低山丘陵、盐化低湿地,还有一些耐旱、耐寒、耐贫瘠、抗风力强的土质荒漠种类,如:刺木蓼(*Atraphaxis spinosa*)、兔儿条(*Spiraea hypericifolia*)、草原锦鸡儿(*Caragana pumila*)、刺叶锦鸡儿(*Caragana acanthophylla*)、鬼箭锦鸡儿(*Caragana jubata*)等。膜果麻黄(*Ephedra przewalskii*)为天山东部荒漠植被中的建群种或优势种。

(2)草原植被

草原植被分为山地草原、荒漠草原、草甸草原、高寒草原。新疆北部区域的阿尔泰山、天山等山地中山带和低山带主要代表植被类型是中亚典型的羊茅属或针茅属植物,为山地草原的优势植被。在低山带山地草原的下方和山前倾斜平原上占优势的植被类型是绢蒿属植物,属于荒漠草原的优势植被。介于森林草甸和山地草原之间的为草甸草原植被。高山带干旱地草地植被类型为高寒草原植被。

阿尔泰山山地草原类:主要植物组成包括羊茅(*Festuca ovina*)、针茅(*Stipa capillata*)、新疆针茅(*Stipa sareptana*)、落草(*Koeleria cristata*)、冰草(*Agropyron cristatum*)、糙隐子草(*Cleistogenes squarrosa*)、德兰臭草(*Melica transsilvanica*)、窄颖赖草(*Leymus angustus*)、冷蒿(*Artemisia frigida*)、新疆亚菊(*Ajania fastigiata*)、百里香(*Thymus mongolicus*)、草原薹草(*Carex liparocarpos*)、二裂委陵菜(*Potentilla bifurca*)、阿尔泰狗娃花(*Heteropappus altaicus*)。分布于海拔1100 ~ 1700m的中山带和低山带,草层高度10 ~ 30cm,覆盖度30% ~ 60%。天山北坡山地草原类:分布在低山带和中山带阳坡上,主要植物组成包括:羊茅、新疆针茅、冷蒿、冰草、落草、草原薹草、阿尔泰狗娃花、二裂委陵菜、天山赖草(*Leymus tianschanicus*)等,草层高度10 ~ 20cm,覆盖度40% ~ 55%。天山北坡东段草原植被有紫花针茅(*Stipa purpurea*)、穗状寒生羊茅(*Festuca ovina* subsp. *sphagnicola*)、长羽针茅(*Stipa kirghsorum*)、阿拉套羊茅(*Festuca alatavica*)、早熟禾属(*Poa* spp.)、针茅、羊茅,西北针茅(*Stipa krylovii*)，冷蒿、冰草、沙生针茅(*Stipa glareosa*)、镰芒针茅(*Stipa caucasica*)等；阿尔泰山山地草甸草原类：主要植物组成包括沟羊茅、羽状针茅(*Stipa pennata*)、假梯牧草(*Phleum phleoides*)、异燕麦(*Helictotrichon schellianum*)、无芒雀麦(*Bromus inermis*)、千叶蓍(*Achillea millefolium*)、蓬子菜(*Galium verum*)、草原糙苏、黄花苜蓿(*Medicago falcata*)、草莓(*Fragaria vesca*)等。集中分布于海拔1600～2000m的中山带，草层高度20～40cm，覆盖度50%～80%。天山北坡山地草甸草原类：主要植物组成包括针茅、羊茅、草地早熟禾(*Poa pratensis*)、无芒雀麦、蒙古异燕麦(*Helictotrichon mongolicum*)、草原糙苏、万年蒿(*Artemisia gmelinii*)、千叶蓍、草原薹草、新疆亚菊、草原老鹳草(*Geranium pratense*)等，草层高度30～40cm，覆盖度70%～85%。阿尔泰山荒漠草原草类：主要植物组成包括沟羊茅、羊茅、新疆针茅、沙生针茅、纤细绢蒿(*Seriphidium gracilescens*)、白茎绢蒿(*Seriphidium terrae-albae*)、博乐绢蒿(*Seriphidium borotalense*)、针裂叶绢蒿(*Seriphidium sublessingianum*)、猪毛蒿(*Artemisia scoparia*)、木地肤(*Kochia prostrata*)等。分布于海拔900～1400m的低山与山麓地带，草层高度10～20cm，覆盖度20%～45%。天山北坡山地荒漠草原类：分布在低山带和山前缓坡平原上。主要植物组成包括多种针茅(*Stipa spp.*)、羊茅、冰草、新疆绢蒿(*Seriphidium kaschgaricum*)、高山绢蒿(*Seriphidium rhodanthum*)、博乐绢蒿、白茎绢蒿、纤细绢蒿、短叶假木贼(*Anabasis brevifolia*)、木地肤、阿尔泰狗娃花、二裂委陵菜等，草层高度10～20cm，覆盖度20%～45%。其中，分布区域较多的蒿类半灌木有博乐绢蒿、伊犁绢蒿(*Seriphidium transiliense*)、新疆绢蒿、冷蒿(*Artemisia frigida*)、万年蒿、新疆亚菊、灌木亚菊(*Artemisia fruticulosa*)、木地肤、驼绒藜(*Ceratoides latens*)等。盐柴类半灌木代表种类有樟味藜(*Camphorosma monspeliaca*)、松叶猪毛菜(*Salsola laricifolia*)、小蓬(*Nanophyton erinaceum*)等，其分布的生境更为严酷，耐旱性远远强于蒿类半灌木的耐旱性，分布面积也大于蒿类半灌木的分布面积。多汁盐柴半灌木主要分布在荒漠区滨湖平原、河岸、扇缘和低洼处，是构成盐土荒漠草地的建群种类。代表种类有木碱蓬(*Suaeda dendroides*)、白滨藜(*Atriplex cana*)等。

伊犁谷地山前平原地带性植被以冷蒿、角果藜(*Ceratocarpus arenarius*)、早熟禾(*Poa annua*)等为主，伴生木地肤及其他短命蒿属植物。主要优势种类有毛穗旱麦草(*Eremopyrum distans*)、野燕麦(*Avena fatua*)、苦豆子(*Sophora alopecuroides*)、角果藜、囊果薹草(*Carex physodes*)、冷蒿、角果毛茛(*Ceratocephalus testiculatus*)等。伴生种类有圆叶锦葵(*Malva rotundifolia*)、仰卧早熟禾(*Poa supina*)、狗牙根(*Cynodon dactylon*)、披针叶车前(*Plantago lanceolata*)、大车前(*Plantago major*)、叉毛蓬(*Petrosimonia sibirica*)、苍耳(*Xanthium sibiricum*)、紫花苜蓿(*Medicago sativa*)、银砂槐(*Ammodendron bifolium*)、假黄耆(*Astragalus mendax*)、光苞刺头菊(*Cousinia leiocephala*)、伊犁鸦葱(*Scorzonera iliensis*)、菊苣(*Cichorium intybus*)、紫果蒲公英(*Taraxacum sumneviczii*)、阿拉套麻花头(*Serratula alatavica*)、婆婆纳(*Veronica didyma*)、李果鹤虱(*Rochelia retorta*)、拉拉藤(*Galium aparine* var. *echinospermum*)、荠菜(*Capsella bursa-pastoria*)、驼绒藜、软紫草(*Arnebia euchroma*)、硬萼软紫草(*Arnebia decumbens*)、欧夏至草(*Marrubium vulgare*),短梗烟堇(*Fumaria vaillantii*)、播娘蒿(*Descurainia sophia*)、条叶庭荠(*Alyssum linifolium*)、垂果南芥(*Arabis pendula*)、朝天委陵菜(*Potentilla supine*)、戟叶鹅绒藤(*Cynanchum sibiricum*)、田旋花(*Convolvulus arvensis*)等。

(3)草甸植被

草甸植被包括高寒草甸、山地草甸和平原低地草甸。阿尔泰山高寒草甸植被分布于海拔2300～3000m的高山带,草层高度10～30cm,覆盖度50%～90%。主要植物组成包括穗状寒生羊茅(*Festuca ovina*)、三界羊茅(*Festuca kurtschumica*)、高山早熟禾、高山黄花茅(*Anthoxanthum odoratum*)、嵩草(*Kobresia capillifolia*)、细果薹草(*Carex stenocarpa*)、珠芽蓼(*Polygonum viviparum*)、西伯利亚羽衣草(*Alchemilla sibirica*)、紫花五蕊莓(*Sibbaldia macrupetala*)等。山地草甸类草地植被分布于海拔1600～2400m的中山和亚高山,草层高度20～80cm,覆盖度60%～99%。主要植物组成包括草地早熟禾、无芒雀麦、假梯牧草、异燕麦、阿尔泰鹅观草(*Elymus altaica*)、紫羊茅(*Festuca rubra*)、阿尔泰羽衣草(*Alchemilla pinguis*)、草原老鹳草(*Geranium pratense*)、山地糙苏(*Phlomis oreophila*)、白克薹草(*Carex buekii*)、细果薹草、高山龙胆(*Gentiana algida*)、珠芽蓼、白花车轴草(*Trifolium repens*)、草原老鹳草等。高寒草甸分布于海拔2400m以上的高山带,主要代表性植物由嵩草属和薹草属组成。主要植物种类有:嵩草、薹草、珠芽蓼、三界羊茅、高山早熟禾、毛虎耳草(*Saxifraga hirculus*)、高山龙胆、火绒草(*Leontodium ochroleucum*)等,草层高度5～15cm,覆盖度85%～95%。天山北坡山地草甸类分布于海拔2000～2600m的中山和亚高山,草层高度20～50cm,覆盖度70%～99%。主要植物种类包括草地早熟禾、无芒雀麦、紫羊茅、新疆鹅观草(*Elymus sinkiangensis*)、假梯牧草、蒙古异燕麦(*Helictotrichon mongolicum*)、薹草、草原老鹳草、西伯利亚羽衣草、草原糙苏、千叶蓍(*Achillea millefolium*)、珠芽蓼、白花车轴草等。低地草甸分布于平原河谷低洼地带,主要植物种类有假苇拂子茅(*Calamagrostis pseudophragmites* subsp. *pseudophragmites*)、狗牙根、苦豆子、芨芨草（*Achnatherum splendens*）、芦苇（*Phragmitrs australis*）、赖草（*Leymus secalinus*）、小獐毛（*Aeluropus pungens*）、骆驼刺（*Alhagi sparsifolia*）、花花柴（*Karelinia caspica*）等。

（4）荒漠植被

准噶尔盆地北缘平原阿勒泰地区荒漠植被，主要分布于额尔齐斯河北岸、乌伦古河沿岸的残丘地区和两河间平原以及古尔班通古特沙漠，海拔在493～727m，植物主要由超旱生小半乔木、灌木和半灌木组成，并同时混生有相当数量的多年生和一年生草本植物。由于面积大、分布广，在生产中占有较重要的地位。主要的建群种有梭梭、驼绒藜、博乐绢蒿、木本猪毛菜（*Salsola arbuscula*）、短叶假木贼（*Anabasis brevifolia*）、盐生假木贼（*Anabasis salsa*）、小蓬（*Nanophyton eriaceum*）、大赖草（*Leymus racemosus*）等。伴生种有三芒草（*Aristida adscensionis*）、角果藜、盐爪爪（*Kalidium foliatum*）、刺沙蓬（*Salsola ruthenica*）、木地肤等。荒漠类植被有梭梭、沙拐枣、白茎绢蒿、苦艾蒿（*Artemisia santolina*）、沙蒿（*Artemisia desertorum*）、驼绒藜、盐生假木贼、小蓬、琵琶柴、角果藜、羽毛三芒草（*Aristida pennata*）等。分布于海拔400～1000m的平原区，草层高度10～40cm，覆盖度10%～30%。草原化荒漠类植被有：纤细绢蒿、白茎绢蒿、博乐绢蒿、针裂叶绢蒿、沙生针茅、糙隐子草、多根葱（*Allium polyrhizum*）、沙芦草（*Allium mongolicum*）、盐生假木贼、驼绒藜、角果藜、木地肤等。分布于海拔600～1000m的山前倾斜平原，草层高度10～20cm，覆盖度15%～30%。

准噶尔盆地南缘天山北坡东段荒漠植被，位于冲洪积扇缘至沙漠间的冲积平原区，海拔400～500m，以琵琶柴、碱蓬（*Suaeda glauca*）、柽柳、猪毛菜（*Salsola collina*）等为主。古冲积扇平原沙漠温带植被，以准噶尔盆地中部的古尔班通古特沙漠为中心向周边扩延，该地带海拔330～400m，分布有相对高程为数米至20m的半固定沙丘，植被以梭梭、沙拐枣为主。准噶尔盆地南缘奎屯河下游中亚荒漠植物区系的植物种类有梭梭、麻黄、白梭梭、苦艾蒿、白茎绢蒿、囊果薹草（*Carex physodes*）和多种类短命植物。荒漠类植被有博乐绢蒿、白茎绢蒿、纤细绢蒿、新疆绢蒿、伊犁绢蒿、小蓬、驼绒藜、短叶假木贼、猪毛菜、木地肤、刺旋花（*Convolvulu tragacanthoides*）、角果藜、叉毛蓬（*Petrosimonia sibirica*）等，草层高度10～40cm，覆盖度10%～25%。天山北坡东段荒漠植被：白梭梭、梭梭、膜果麻黄、霸王、灌木旋花（*Convolvulus fruticosus*）、沙拐枣、刺木蓼（*Atraphaxis spinosa*）、琵琶柴、驼绒藜、裸果木（*Gymnocarpos przewalskii*）、小蓬、假木贼（*Anabasis* spp.）、猪毛菜、合头草（*Sympegma regelii*）、戈壁藜（*Iljinia regeli*）、绢蒿属（*Seriphidium* spp.）、盐节木（*Halocnemum strobilaceum*）、盐爪爪等。草原化荒漠类植被有博乐绢蒿、白茎绢蒿、纤细绢蒿、沙漠绢蒿（*Seriphidium santolinum*）、沙生针茅、镰芒针茅（*Stipa caucasica*）、糙隐子草（*Cleistogenes squarrosa*）、木地肤、短叶假木贼等，草层高度10～20cm，覆盖度20%～35%。

天山北坡荒漠灌丛固沙植物代表种类中，琵琶柴、多枝柽柳等多生于荒漠戈壁、沙丘上；霸王、西伯利亚白刺、黑果枸杞等多生于砾质戈壁、山前冲积扇、低山丘陵、盐化低湿地上。具有耐旱、耐寒、耐贫瘠、抗风力强等特点的植物代表种类有刺木蓼（*Atraphaxis spinosa*）、兔儿条（*Spiraea hypericifolia*）、草原锦鸡儿、刺叶锦鸡儿、鬼箭锦鸡儿等。

天山北坡中段准噶尔盆地南缘荒漠植被以中亚成分为主，主要植物有小叶碱蓬（*Suaeda microphylla*）、无叶假木贼、博乐绢蒿、盐生假木贼、蒿叶猪毛菜、天山猪毛菜、散枝猪毛菜（*Salsola brachiata*）等。北坡低山带和山前冲洪积扇地区，有无叶假木贼和盐生假木贼、小叶碱蓬和蒿类、假木贼、博乐绢蒿和伊犁绢蒿等荒漠植被。植被极其稀疏且裸露的岩石表面大多分化成碎石片。天山北坡中段低山带和山前冲洪积平原，亚洲中部荒漠成分的如短叶假木贼、盐生草等和属于哈萨克斯坦荒漠成分的盐生假木贼、无叶假木贼、小蓬和角果藜等分布较多。

另外，荒漠植被包括沙漠植被（沙质荒漠植被）和盐漠植被（荒漠盐碱地植被或盐生荒漠植被）。

①沙漠植被（沙质荒漠植被）

估计整个古尔班通古特沙漠沙生和耐沙植物不超过200种。藜科、菊科、十字花科植物种类较多，其次为豆科、蓼科和禾本科。对新疆北部区域内的沙漠地区起主导作用的有古地中海植物区系、中亚植物区系及蒙古植物区系成分。古地中海植物区系成分有：木蓼（*Atraphaxis frutescens*）、独尾草（*Eremurus chinensis*）、东方旱麦草（*Eremopyrum orientale*）、扭果芥（*Torularia korolkowii*）等。中亚植物区系成分有：对节刺（*Horaninowia ulicina*）、中亚胡芦巴（*Semen trigonellae*）、白茎绢蒿和小蒿（*Artemisia przewalskii*）、棉藜（*Kirilowia eriantha*，棉藜为准噶尔—图兰成分）、荒地阿魏（*Ferula syreitschikowii*）、粉苞菊（*Chondrilla piptocoma*）、苦艾蒿、白梭梭、猪毛菜等。蒙古植物区系成分有：膜果麻黄、木霸王（*Sarcozygium xanthoxylon*）、蒙古沙拐枣、短叶假木贼、梭梭、泡泡刺（*Nitraria sphaerocarpa*）、沙生针茅、多根葱等。东北非—亚洲中部植物区系成分有羽毛三芒草、狭果鹤虱（*Lappula semiglabra*）等。欧亚植物区系成分有：拂子茅（*Calamagrostis epigeios*）、伏地肤（*Kochia prostrata*）、沙蓬（*Agriophyllum squarrosum*）。古尔班通古特沙漠形成于第四纪，由于环境的特殊，也产生少数特有种，如角果藜（*Ceratocarpus arenarius*）、准噶尔无叶豆（*Eremosparton songoricum*）、艾比湖沙拐枣（*Calligonum ebi-nuricum*）等。白梭梭为主的植物群落在古尔班通古特沙漠最占优势，整个沙漠绝大部分为白梭梭群落所覆盖。梭梭群落仅分布于丘坡下部和具不同性质土壤的丘间地。此外，古尔班通古特沙漠尚有红皮沙拐枣（*Calligonum rubicundum*）、蛇麻黄（*Ephedra distachya*）、驼绒藜、白茎绢蒿、沙蒿、短叶假木贼等物种占优势的植物群落，并与准噶尔无叶豆、羽毛三芒草等植物物种存在群聚现象。

准噶尔盆地古尔班通古特沙漠东南区自西往东，从克拉玛依—莫索湾—梧桐窝子—奇台一线，相应的年平均降水量逐渐增加，从114.4mm起依次增加到120.6mm、142.2mm、163.3mm。各区域植被特征有所不同。准噶尔盆地古尔班通古特沙漠西缘区分布有艾比湖沙拐枣，而且短命、类短命植物成片的强烈发育。常见的沙蒿、驼绒藜、准噶尔无叶豆、粉苞菊等在该区很少。准噶尔盆地古尔班通古特沙漠东南区由于降水较多，植被生长相对较为茂密。少数地方出现蒙古沙拐枣，在沙漠边缘的戈壁滩上还见到成片分布的戈壁藜（*Iljinia regelii*），这都说明本区与亚洲中部戈壁沙漠的接近和联系。准噶尔盆地古尔班通古特沙漠的北部区白梭梭—囊果薹草群落、沙蒿群落和驼绒藜群落分布普遍。红皮沙拐枣和瞿麦（*Dianthus superbus*）可以作为本区的标志植物，它们在半流动沙丘的顶部和侧坡常形成小片群落。此外，沙生针茅广泛出现，局部地方还可形成优势，蛇麻黄在少数丘间地建成群落，短叶假木贼群落分布到沙丘侧坡之上。

②盐漠植被（荒漠盐碱地植被或盐生荒漠植被）

在天山北坡中段山地盐碱地上的盐生植物并不多见，它们仅分布在土壤含盐量比较大的生境中，较耐盐的植物种类主要有：白滨藜、大叶补血草（*Limonium gmelinii*）、碱蓬、囊果碱蓬（*Suaeda physophora*）、盐豆木（*Halimodendron halodenron*）、花花柴、喜盐鸢尾（*Iris halophila*）等。伊犁谷地盐碱地上的盐生植被由生长稀疏的芦苇、碱蓬、滨藜（*Atriplex patens*）等组成。1m土层内总盐含量1%~2%，地表有2~3cm厚的蜂窝的盐霜。其下为腐殖质层，厚度10~20cm，有机质含量2.5%~4.0%。土体湿润，潜育层出现在60cm以下。土体中各层均有盐斑、锈斑，碳酸钙含量在土体中、下部较高。

准噶尔盆地南缘的盐生植物种类有：盐穗木（*Halostachys caspica*）、盐节木、里海盐爪爪（*Kalidium caspicum*）、囊果碱蓬、散枝猪毛菜等。

（5）高山植被（包括高山冻原植被、高山垫状植被等）

高山植物是指生长发育在气候寒冷的高山带的植物。阿尔泰山和天山高山植物一般分布在海拔2400m以上的高山带。高山植物一般体积矮小，茎叶多毛，还有一些贴近地面，匐匍生长的“垫状植物”，这些植物形态收缩或有粗厚大根系。天山北坡高山植物有：高山早熟禾（*Poa alpina*）、仙女木（*Dryas octopetala*)、高山北极果(*Arctous alpinus*)、红果越橘(*Vaccinium hirtum*)和杨柳科落叶小灌木蔓柳(*Salix turczaninowii*)等，具强大粗厚根系，例如：山野火绒草(*Leontopodium campestre*)、四蕊梅(*Sibbaldia tetrandra*)、厚叶美花草(*Callianthemum alatavicum*)、淡紫金莲花(*Trollius lilacinus*)、天山点地梅(*Androsace ovczinnikovii*)、雪地棘豆(*Oxytropis chionobia*)、冷地毛茛(*Ranunculus gelidus*)、雪白委陵菜(*Potentilla nivea*)、四裂红景天(*Rhodiola quadrifida*)、狭叶红景天(*Rhodiola kirilowii*)、毛叶葶苈(*Draba lasiophylla*)等；还有雪莲(*Saussurea involucrata*)等。

1.1.2.3 新疆北部区域动物概况

新疆物种多样性较为丰富。已知野生脊椎动物776种，其中鱼类89种，两栖类10种，爬行类53种，鸟类467种，哺乳类157种。新疆野生脊椎动物中，有中国特有种49种，其中28种为新疆特有种。在中国分布的野生脊椎动物中，有146种仅分布于新疆。珍稀濒危和保护动物共计201种，其中国家重点保护野生动物123种，包括Ⅰ级30种、Ⅱ级93种；新疆重点保护野生动物58种，包括Ⅰ级33种、Ⅱ级25种；列入《濒危野生动植物种国际贸易公约》附录的野生动物共有95种；列入《世界自然保护联盟濒危物种红色名录》的受威胁动物36种；列入《中国物种红色名录》受威胁动物74种。

新疆野生动物的地理分布，受生态地理环境南北向地带性分布的制约，呈现相应的更替和渗透现象，野生脊椎动物资源分布极不均衡：在食物丰富，隐蔽栖息条件良好的森林、灌丛、草原和湿地，分布集中，有些区域内呈现高密度繁居状态；而广阔的荒漠尤其沙漠地带则分布密度极低，呈现低密度分布。因此，新疆北部区域和新疆南部区域各有不同的野生动物。在全疆500多种野生动物中，新疆北部区域的兽类有雪豹、紫貂、棕熊、河狸、水獭、旱獭、松鼠、雪兔、北山羊、猞猁等，鸟类有天鹅、雷鸟、雪鸡、啄木鸟等，爬行类有花蛇、草原蝰、游蛇等。其中，新疆北部区域中阿尔泰山野生动物资源丰富，各种啮齿类动物分布于半沙漠地带和草原地带，西伯利亚哺乳动物有熊、猞猁和麝等，鸟类有花尾榛鸡和啄木鸟等，高山动物有雪豹和石山羊等。位于新疆准噶尔盆地的卡拉麦里山有蹄类野生动物自然保护区，是以保护普氏野马、蒙古野驴、鹅喉羚等多种珍贵、濒危有蹄类野生动物及其栖息地为主的野生动物类型自然保护区。保护区内有普氏野马等国家一级重点保护动物9种，鹅喉羚等国家二级重点保护动物29种，是我国低海拔荒漠区域内为数不多的大型有蹄类野生动物自然保护区。

1.1.3 区域社会经济概况

新疆北部区域有辽阔的土地面积，丰富的自然资源。据2021年新疆统计年鉴资料，2020年区域主要生产类型包括林业、草原畜牧业、种植业、工矿业、城乡建设等。主要大宗产品有：主要工业产品中，大理石板材、钢材、生铁、原油、成品糖产量分别占到全疆相应工业产品总产量的89.9%、71.8%、68.0%、72.1%和73.2%。饮料酒、原煤、纸板产量占到全疆相应工业产品总产量的64.0%、61.4%和60.0%。电石、硫酸、水泥产量占到全疆相应工业产品总产量的38.7%、35.1%和34.7%。天然气产量占到全疆天然气总产量的14.6%。新疆北部区域2020年地区生产总值11689万亿元，占全疆地区生产总值的84.7%。工业生产值2341万亿元，约占全疆工业生产总值的60%。2020年新疆北部区域城镇居民人均可支配收入30570 ~ 46963元，农村居民人均可支配收入14461 ~ 22827元。新疆北部区域是我国整个西北干旱区森林、优良草场面积最大的地方。2020年新疆北部区域造林总面积51236hm^2，其中，人工造林25571hm^2，退化林修复面积14298hm^2，分别占到全疆相应林地面积的27.6%、23.2%和39.0%。天山、阿尔泰山及其山前平原是优良的牧场，畜牧业发展条件优越；山前倾斜平原绿洲带是农业生产基地和城镇集中分布区。准噶尔盆地虽降水稀少，高山却能依靠夏季雨水和冰雪融水，形成众多河流汇入平原绿洲田野，为发展大农业提供了优越的自然条件，使新疆北部区域成为我国重要的粮食、棉花、畜禽生产基地，以及甜菜、啤酒花和番茄等经济作物生产基地。其中，玛纳斯—博乐棉区现有棉田约占全疆棉田总面积的30%（新疆维吾尔自治区统计局，2022）。天然药用植物，如雪莲、贝母、甘草、麻黄、罗布麻、肉苁蓉等分布广泛，质量上乘，具有独特的品质和优良的特性。新疆北部区域山地与盆地相间的地貌格局，具有丰富的矿产蕴藏，北部存在多阶段大规模成矿作用，巨量镍、铁、铜、铅、锌等多金属聚集。新疆北疆区域矿藏储量丰富、种类齐全、存量可观、潜力巨大，矿产资源优势明显。已初步形成我国西部重要的石油及石油化工基地，使该区成为国家新的资源接替基地。原油、天然气、机制糖、纱等产品已跃居全国前列。准噶尔盆地的新疆油田公司在稳定老油田的基础上，重点勘探准噶尔西北缘、腹部和南缘，在古尔班通古特沙漠腹地和盆地南部获得重大突破，夯实了基础，是新疆的主力油田，更已成为新疆三大石油生产基地之一。习近平总书记高度重视发挥新疆在“一带一路”建设中的重要作用，早在2014年4月视察新疆时指出“新疆在建设丝绸之路经济带中具有不可替代的地位和作用”，并明确强调“着力打造新疆丝绸之路经济带核心区”。斗转星移，新疆现已站在了新的发展坐标上，已成为中国向西开放的窗口和前沿。新疆处于特殊地理位置，随着国家“一带一路”建设的深入实施，与周边国家的交流中占有相当重要的地位，由此也决定了新疆北部区域的重要战略地位。

新疆北部区域自然环境独特，人文历史悠久，具有丰富的自然旅游资源和人文旅游资源。雄伟的高山，浩瀚的沙漠，绮丽的高山湖泊，古“丝绸之路”的名胜古迹、民族风情和文化艺术吸引着大量中外旅游者。境内有著名的自然风景区，如天池、喀纳斯湖、那拉提草原、赛里木湖等多处高山湖泊和大草原，还有许多温泉、气泉、冰川等自然景观。新疆北部区域与蒙古国、俄罗斯、哈萨克斯坦毗邻，具有十分重要的国防战略地位。新疆北部区域位于丝绸之路经济带核心区，也是中国向西开放的窗口，具有多个对外口岸，是连接亚欧大陆的交通咽喉要道，也是我国西部对外开放和开展边境贸易的窗口，对外贸易具有得天独厚的地缘优势，外贸主要国家和地区涉及哈萨克斯坦、美国、俄罗斯、欧盟等，随着我国与中亚各国经贸关系的进一步发展，新疆北部区域独特的地理优势和作用将愈加重要。

1.2 新疆北部区域矿产资源概况与矿点分布特点

新疆北部区域矿产种类多、储量大，开发前景广阔。石油、天然气、煤、铁、铜、金、铬、镍、稀有金属、盐类、非金属等矿产资源蕴藏丰富，是我国重要的石油、煤炭、电力生产基地。对我国未来经济发展中资源和能源的供给具有重要战略意义。新疆境内的天山山脉、阿尔泰山山脉和准噶尔西部山地是主要固体矿产资源分布区（涂光炽，1993）。环绕准噶尔盆地周围的低山丘陵地带煤炭资源丰富。准噶尔盆地为石油、天然气、盐类矿产基地。主要工业产品中，新疆北部区域大理石板材产量占到全疆总产量的接近90%。钢材、生铁、原油、成品糖产量分别占到全疆总产量的71.8%、68.0%、72.1%和73.2%。饮料酒、原煤、纸板产量占到全疆总产量的64.0%、61.4%和60.0%。烧碱、原盐、塑料制品、农业化肥、合成氨产量占到全疆总产量的47.6%、46.8%、42.8%和42.5%。电石、硫酸、水泥产量占到全疆总产量的38.7%、35.1%和34.7%。天然气产量占到全疆产量的14.6%。

1.2.1 地质构造和成矿条件

新疆北部区域地处西伯利亚、塔里木、准噶尔—哈萨克斯坦三大地块交接部位，自晚前寒武纪以来经历了长期而复杂的地块及其组成部分之间的碰撞、推覆、平移及造山活动，一系列的地质构造带、断裂构造及褶皱构造成为新疆北部区域成矿的基本条件，造就了新疆北部区域的成矿作用具有鲜明的区域特色（李文渊，2019）。新疆北部区域在地质上是乌拉尔—中亚—蒙古—兴安岭巨大造山带的一个组成部分，在地质构造上包括天山造山带、阿尔泰造山带及东准噶尔造山带、西准噶尔造山带三大部分。成矿单元属于古亚洲成矿域，包括3个成矿省8个成矿带33个矿带。其中，阿尔泰成矿省（2个成矿带7个矿带）、准噶尔成矿省（4个成矿带19个矿带）和伊犁成矿省（2个成矿带7个矿带）。这8个成矿带包括：北阿尔泰（山弧带）成矿带；南阿尔泰（裂谷盆地）成矿带；准噶尔成矿省的4个成矿带：北准噶尔（沟弧带）成矿带；唐巴勒—卡拉麦里（复合沟弧带）成矿带；准噶尔盆地（中央地块）成矿带；准噶尔南缘（复合岛）成矿带；伊犁微板块北东缘（复合岛）成矿带；伊犁（中央地块及裂谷带）成矿带（张国伟 等, 1999）。

1.2.2 新疆北部区域矿藏资源地带分布特征

新疆北部区域矿产资源丰富，品种齐全。能源矿产主要分布在含煤盆地，黑色金属主要分布在阿勒泰、伊犁等地州，有色金属及贵金属主要分布于阿勒泰地区、伊犁哈萨克自治州直属县市、塔城地区。非金属中石灰岩在各地均有分布。

根据新疆矿藏资源调查报告（2016年），石油、天然气、煤炭、湖盐分布在各沉积盆地中，铁矿主要集中于天山，铬矿主要分布于准噶尔西部山地，铜镍硫化物矿床主要分布于阿尔泰山，稀有金属矿主要分布于阿尔泰山。

新疆北部区域矿产资源分布情况简述如下：

（1）煤炭

新疆北部区域煤炭资源丰富。煤炭主要集中在准噶尔盆地和天山山系中的伊犁谷地内，它们集中了北疆北部区域总资源量的98%以上，其他地区煤炭资源则很少。主要含煤地层为侏罗系和上三叠统。煤层多，一般十几层到几十层；煤层厚度大，总厚度几十米到上百米；煤炭品种齐全，煤质优良，特别是有较多的炼焦用煤，煤质灰分低，硫磷含量低，发热量高。

（2）黑色金属矿产

新疆已探明储量的黑色金属矿产有铁、锰、铬、钛、钒5个矿种。铁矿是新疆北部区域乃至新疆的优势资源，具有分布广、类型全、富矿比例大的特点。铁矿床（点）几乎遍及全疆，但主要集中在天山。新疆锰矿地质勘查程度还比较低，已知的锰矿资源不甚丰富，发现的矿产地不多，除昭苏和莫托沙拉尔两个中型锰矿床外，其余均为小型矿床或矿点。铬铁矿是新疆的优势矿产资源，储量、产量仅次于西藏，居全国第二位。主要分布在准噶尔盆地西部区域（申萍 等, 2017）。新疆的钒矿和钛矿，地质勘查程度较低，发现的矿产地不多。

（3）有色金属矿产

新疆北部区域有色金属矿产以铜矿、镍矿、铅锌矿为主。铜矿主要集中在阿勒泰地区。主要矿床有富蕴县喀拉通克铜镍矿、哈巴河县阿舍勒铜矿。镍矿主要分布在富蕴县。主要矿床有富蕴县喀拉通克铜镍矿、特克斯县青布拉克铜镍矿。特别是喀拉通克1号矿床规模大，富矿多，伴生有金、银、铂、硒、硫等多种元素，是国内少有的。铅矿和锌矿分布于阿勒泰地区。主要矿床有富蕴县科克塔勒铅锌矿床。

（4）贵金属矿产

新疆北部区域贵金属矿产有：金矿、银矿、铂矿、钯矿。金矿以岩金为主，其次为砂金和伴生金。岩金分布在富蕴、哈巴河、青河等县。砂金分布在阿勒泰地区。伴生金矿、铂矿、钯矿均产于富蕴县喀拉通克铜镍矿一号矿区。银矿、伴生银矿分布在阿尔泰山、天山山地，为有色金属矿和黑色金属矿中的共生矿产或伴生矿产。

（5）稀有金属矿产

新疆北部区域稀有金属矿产资源丰富，尤以阿尔泰山最著名。目前已探明矿产资源储量的稀有金属矿产有铌钽矿、铌矿、钽矿、铍矿、锂矿、铯矿、镉矿、镓矿和硒矿，绝大多数为花岗伟晶岩型，且属多种稀有金属共生矿床。主要矿床有：富蕴县可可托海三号矿脉、柯鲁木特112号矿脉以及青河县阿斯喀尔特矿床。

（6）非金属矿产

新疆北部区域非金属矿产资源丰富，品种比较齐全，已发现的矿产多达60种，主要分布在阿尔泰山南麓、准噶尔盆地、天山东段和西段。其中，云母、钠硝石、长石、陶土、蛇纹石、蛭石、膨润土、石棉、皂土的资源量居全国首位。优势非金属矿产有：盐、芒硝、钾盐、白云母、蛭石、石棉、膨润土、水泥用灰岩、饰面用花岗岩、石膏、沸石、宝玉石等。独有的非金属矿产有钠硝石、钾硝石、蒙皂石、和田玉等。大宗建材非金属矿产有：砖瓦用黏土、建筑用砂等。

1.2.3 新疆北部区域现已开发的矿点分布情况

新疆北部区域已开发的矿点主要集中分布在额尔齐斯河流域北部、博尔塔拉河流域、伊犁谷地、塔城盆地、准噶尔盆地南缘山前平原，以及零散分布在其他一些地区。其中，额尔齐斯河流域矿点较为集中，其支流的整个克兰河流域分布最为密集。其次是喀拉额尔齐斯河两侧和哈巴河。博尔塔拉河流域河谷两侧及河谷平原呈线状长条分布，精河—博乐—温泉低山谷地矿点比较密集连片。伊犁谷地矿点集中分布在伊宁县南部及巩留县—尼勒克县西南和昭苏县南部低山，尼勒克—察布查尔低山谷地及昭苏低山谷地矿点最为密集。塔城盆地矿区分布在塔城市—额敏县低平谷地。准噶尔盆地南缘矿点主要包括石河子—乌鲁木齐段、吉木萨尔县南部及木垒县南部，多呈线状分布。

新疆北部区域地处亚欧大陆腹地，地质构造复杂。优势矿产或远景储量大的矿产主要有：石油、天然气、煤炭、金、铜、镍、铅、锌、石棉、盐类、膨润土、石灰岩、蛭石等。目前具有一定开发规模的矿产有克拉玛依等油田；乌鲁木齐、伊宁、准噶尔东部、艾维尔沟等煤田；喀拉通克、黄山、黄山东等大型铜镍矿；科克塔勒大型铅锌矿；萨尔托海铬铁矿；可可托海超大型稀有金属矿等。

由于新疆北部区域的矿山开采地域地质构造复杂、岩体风化破碎强烈、地震活动较频繁、矿区及附近生态环境一般较差，矿山开采后，随着采矿面积的增大，对生态与环境的改变也将加剧。特别是采矿过程中大量的岩土体被剥离、开挖、搬运、堆积或扰动，不仅破坏了矿山原有的地质环境，而且破坏了原本极其脆弱的地表生态平衡，降低了土壤的抗侵蚀能力，使水土流失加剧，植被变差，风化侵蚀作用加强，矿业开发不可避免地对生态与环境造成了一定程度的破坏。

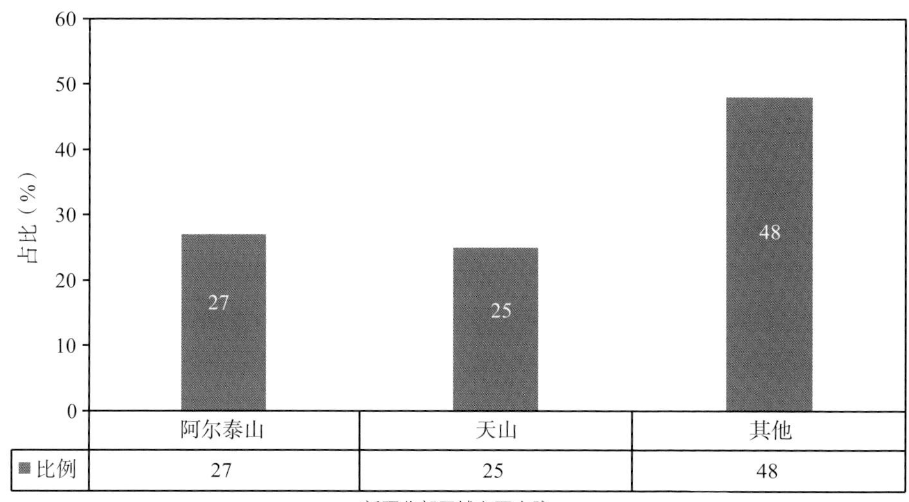

图1-1 新疆北部区域主要山脉矿点分布比例

由图1-1可以看出，在新疆矿点中，新疆北部地区的矿点占比63%，而在新疆北部区域的矿点中，阿尔泰山的矿点占27%，天山的矿点占25%，其他地区的矿点占48%。

1.3 生态分区

本章节所说的生态区划是指新疆北部区域的矿区生态修复功能区的划分。它是根据区域特点和面临的主要生态环境问题，构建以生态修复功能区域为导向的生态保护与修复工程布局。矿区生态修复功能区的划分需要考虑区域和行政单元的相对完整性，对生态保护与修复空间进行片区划分。不同生态区的区位特点与生态问题形成、生态恢复目标方向设定、解决问题的方法上存在很大的差异，划分生态修复功能分区有利于根据区域特点而安排适合区域特点的规划、分区施策和分区实施生态修复工程项目。由于生态修复工程项目是在生态功能区位基础上展开布局的，因此做好生态功能区划分就成为生态修复项目设置和总体布局的关键。

新疆北部区域不同地貌区位特点与生态问题形成、生态恢复目标方向设定、解决问题的方法上存在很大的差异。

生态功能区域按照大地形、地貌、气候、矿区土壤、植被和行政管理特点及人类干扰等分为四大生态功能区：高山矿山水源涵养功能保护区、中山和低山丘陵矿山生态保护修复功能区、河谷平原绿洲水土保持生态修复区、荒漠防风固沙生态保护功能区，本研究项目选择新疆北部区域不同生态类型区域内主要矿山生态修复区域，在查明生态环境问题的基础上，以四大生态功能区为依据分区布局，这对已有矿区生态修复工程开展评估研究，提出适宜不同生态类型的植被修复方法、修复标准及其关键技术，为自治区矿区受损生态系统修复工作提供一定的工作经验积累。

（1）高山矿山水源涵养功能保护区

高山矿山水源涵养功能保护区一般分布在阿尔泰山、天山等山脉以及准噶尔西部山地中塔尔巴哈台山、萨吾尔山等部分高海拔区域及毗邻山地（后山）。该区域以高山、中山及山间谷地为主体构成，海拔高，气候寒冷，土壤发育弱，砾石多，黏土层稀薄，人类活动很少；主要由冰川、永久积雪、冻土和高寒草甸、森林和山地草甸草原组成，大部分区域分布在海拔 1600 ~ 3000m 的高山和中山范围内，为水源涵养重要区。

（2）中山和低山丘陵矿山生态保护修复功能区

中山和低山丘陵矿山生态保护修复功能区是与高海拔（后山）对应的以低山丘陵为主体的前山区构成。这一区域也包括准噶尔盆地边缘的一部分山前倾斜平原地带，处于山前至准噶尔盆地中心之间，为额尔齐斯河、乌伦古河、天山北坡众多河流长期冲（洪）积而成的河谷平原（河流阶地）和低山丘陵地貌。靠近山前地带起伏变化多端，靠近盆地中心地带较为平坦。这里海拔降低，气候相对温和，土壤发育好，黏土层较厚，人类活动较多。主要由森林灌丛、山地草甸、草原组成。大部分区域分布在海拔 1100 ~ 1600m 的中山和低山丘陵范围内，为水源涵养及水土保持重要区。这一区域同时也是矿山开发最密集的区域。

（3）河谷平原绿洲水土保持生态修复区

河谷平原绿洲水土保持生态修复区的海拔在 400 ~ 1000m。位于额尔齐斯河和乌伦古河两河河谷平原带、天山山前众小河河谷，包括天山、阿尔泰山和萨吾尔山山前丘陵，为农牧业和人口承载区。本区域河谷地带土地肥沃，水源丰富，牧草肥美，两岸生长着茂密的河谷天然林，是本区主要农耕区，也是良好的冬季牧场。主要由山地草原、半荒漠草原和农田绿洲组成。本区域行政上包括了阿勒泰地区、天山北坡诸县市、准噶尔西部山地诸县市等地的绝大部分城镇所在区域和平原绿洲乡村农田区域，为人类密集且活动频繁的区域。

（4）荒漠防风固沙生态保护功能区

荒漠防风固沙生态保护功能区是平原绿洲区外围的广大区域，包括戈壁与沙漠。本区域的古尔班通古特沙漠及附近地面多为低矮的固定、半固定沙丘。无地表径流，水源奇缺。丘间洼地有稀疏耐旱的牧草和梭梭。阿尔泰山生态带防风固沙功能区分布在乌伦古湖以南的准噶尔盆地荒漠区，以及塔城地区及克拉玛依市东部平原荒漠区。主要由戈壁、低山残丘、半流动和半固定沙地组成，沙地类型有新月形沙丘、蜂窝状沙丘、垄状沙带、金字塔形沙丘等。主要分布有阿克库姆、布兰迪库姆、土里克留库姆、萨拉尔库姆、塔孜库姆、恰乌卡尔沙漠等沙漠。本区内有卡拉麦里山有蹄类自然保护区、奇台荒漠草原自然保护区、甘家湖梭梭林自然保护区等自然保护区和精河木特塔尔国家沙漠公园、新疆奇台硅化木国家沙漠公园、阜康梧桐沟国家沙漠公园、吉木萨尔国家沙漠公园、木垒鸣沙山国家沙漠公园等风景名胜区，还有准东工业园区和采矿区。

1.4 开展矿区受损生态修复的目的和意义、技术路线

1.4.1 开展矿区受损生态修复的目的和意义

新疆北部区域蕴藏着丰富的能源与矿产资源，既有广泛分布的油、气与煤炭，又有丰富的金属、非金属矿产，为发展工矿业提供可靠的动力和原材料。新疆北部区域以其储量丰富、种类齐全、存量可观、潜力巨大的矿产资源优势，已建成能源矿产国际化通道，拓展矿产资源利用空间的优势地缘位置，奠定了其在新疆未来发展中的战略地位。新疆北部区域深居内陆，远离我国东部经济发达地区，交通运输线路长，又是少数民族聚居地区，保护环境开展矿区受损生态修复工作，加强生态保护和环境综合治理，无论在国防、政治还是经济等方面都具有重要的意义。然而，新疆北部区域处于干旱和极干旱地区，干旱缺水、风沙大、土质粗砺、土层瘠薄、多盐碱、植被稀疏等诸多不利因素，构成其生态环境的脆弱性。在干旱环境下，生物与环境形成的生态平衡容易受到破坏，一旦被破坏极难恢复，而且破坏之后难以修复。20世纪七八十年代，大规模不合理的矿山开发导致环境破坏、生态恶化，威胁到绿洲区安全及内陆安全，严重影响了环境安全。另外，地处偏远，远离祖国经济发达地区，开发程度低，经济基础差，底子薄，资金、人才短缺，加之交通运输线长、气候干旱、水

源不足等，成为新疆北部区域矿区受损生态修复的不利条件和限制因素。

党的十八大以来，习近平总书记就生态文明建设和生态环境保护提出一系列新理念、新思想、新战略，尤其以时不我待的紧迫感推动生态文明建设，作出了“生态兴则文明兴，生态衰则文明衰”，“破坏生态环境就是破坏生产力，保护生态环境就是保护生产力，改善生态环境就是发展生产力”等重要论断。习近平生态文明思想为可持续发展指明方向，成为践行生态文明和环境保护的思想指引和行动遵循。党的十九大提出生态文明建设的新要求，提出环保优先、生态立区的发展理念，既要绿水青山、也要金山银山的发展思路。党的二十大指出：“统筹产业结构调整、污染治理、生态保护、应对气候变化，协同推进降碳、减污、扩绿、增长，推进生态优先、节约集约、绿色低碳发展”。党和国家十分重视生态文明建设和环境保护工作。在习近平生态文明思想科学指引下，新疆维吾尔自治区党委和人民政府也高度重视生态文明建设和环境保护工作，开始制定矿区生态环境治理的重大决策工作部署，开展新疆矿区生态环境调查与评估，全面开始土地整治和生态环境治理。2012年，国家实施了矿山复绿工程，矿山企业投入矿山绿化工作，生活区、工业广场、采坑进行了复绿工作，提高了恢复区的植被覆盖率。2016—2018年，新疆维吾尔自治区实施的新疆矿山地质环境调查项目，为各地的矿区受损生态系统修复提供了基础信息。2016年，新疆开始大规模实施的山水林田湖草生态保护修复工程，其中的矿山环境治理恢复工程作为重要内容得以实施并取得显著效益，为以后的山水林田湖草沙战略的实施，尤其为新疆北部区域的生态环境保护与重建提供了前所未有的契机。近年来，国家投入大量资金开展岩坑裸露的矿山复绿工作，推进土地整治与污染修复，推进山体和平原矿产开发区植被损毁破坏严重区的生态修复工作。目前，山水林田湖草沙项目矿区生态修复工作正在试点中。为全面推行山水林田湖草沙冰一体化系统治理和矿区生态修复工作，提出和制定建立矿区受损生态修复标准，由中国科学院新疆生态与地理研究所牵头，会同新疆维吾尔自治区地质环境监测院共同承担完成了新疆典型地区（天山北坡）矿山受损生态修复方法标准研究（2021年）、新疆维吾尔自治区阿尔泰山国有林管理局阿勒泰分局苏木达依列克河受损矿区地质环境恢复与修复治理项目（2022年）、新疆维吾尔自治区阿尔泰山国有林管理局青河分局天保二期泥浆喷播生态修复措施研究项目（2022年）。还完成了博尔塔拉河流域山水林田湖草沙冰一体化保护和修复工程实施方案，自治区山水林田湖草沙冰生态保护修复工程生态问题识别、诊断技术与生态系统评估标准研究项目。项目选择新疆北部区域的不同生态类型区域，在查明不同区域内主要矿山所存在的生态环境问题的基础上，针对已有生态修复工程开展评估和研究，提出适宜不同生态类型的植被的修复方法、关键技术和修复标准，为自治区矿区受损生态系统修复工作提供了一定的工作积累和实践经验。山地和平原沙漠区矿区受损生态修复工程工作的开展，对毁损破坏严重区域采取植被恢复、防风固沙等措施是巩固绿色生态屏障势在必行的前进方向。新疆不同区域不同地貌类型的矿区受损生态修复工作等项目的研究，较好地解决了恶劣条件下的生态恢复问题，对矿区受损生态的修复是实现高质量发展的需要，对于改善人民生活质量，创造安居乐业的环境，对于稳定边疆、保护当地经济社会发展潜力和后劲，实现人与自然和谐共生的目标均具有重要意义。

因此，坚持共抓大保护、不搞大开发，坚持生态优先、绿色发展，在高水平保护修复矿区受损生态系统上，下更大功夫，支持整个新疆北部区域内各地州市协同推进降碳、减污、扩绿、增长，加快推动发展方式向绿色低碳转型，继续加强生态环境综合治理，尤其是切实加强矿区受损生态系统保护修复监管。以高质量生态环境支撑新疆北部区域经济社会高质量发展势在必行。

1.4.2 开展矿区受损生态修复采取的方法和技术路线

1.4.2.1 总体目标

通过对整个新疆北部区域的矿区环境调查、地质环境勘测和资料收集，在初步掌握被破坏区域地质地貌环境条件的基础上，开展项目工程的总体布局。针对具体的矿区受损生态修复工程项目，需要对受损区域地质环境条件进行勘察测量、现状分析，开展环境地质问题的识别、诊断与地质环境修复。依据周边土壤环境和植被的生长情况和矿区的水、土、气、生条件，遴选和设计不同环境条件下矿区的受损生态修复技术和土壤植被修复措施。开展新疆北部区域内的不同地区矿山受损生态修复的案例分析，研究筛选相应的修复标准及评估指标。同时，考虑到生态修复是一项长期复杂的任务，为便于更好地研究探索和完善矿山受损生态修复工程技术，项目需与实施前后的生态监测结合，对生态修复的效果进行后评价工作。

1.4.2.2 矿区受损生态修复的原则

（1）坚持因地制宜、分别治理原则

根据地形地貌差异、地质环境脆弱程度、治理难易程度及治理需求，区分不同区域和类型的地质环境问题，科学制定规划，明确各个治理区域的治理重点及具体任务、措施和目标，集中力量攻坚克难，确保环境治理取得显著成效。

（2）注重与周边环境的景观协调

矿区受损生态修复工作应该将包括矿区在内的区域作为一个整体综合考虑，使修复后矿区的地形、土壤、动植物、景观与周边相协调。

（3）规范采矿，开采和恢复同时进行

依法强化采矿监管，规范不合理的采矿行为；矿产资源开采和矿区生态恢复必须同期开展；实施保护性开采，保护区域特色景观，实现开采区自然、经济、社会的整体协调发展。

（4）尊重自然、善于向自然学习

坚持充分认识自然，尊重自然规律，善于向自然学习，发挥自然自我调节和自我恢复能力的原则，在开展矿区受损生态恢复工作之前，应对受损生态和周边区域进行深入调查，开展科学试验，将向自然学习到的方法落实到实践。

（5）采矿点矿区受损生态修复应有系统、科学、合理的修复观念

矿区受损生态修复工作涉及面广，包含水、土、气、生多个层面，以及地质、土壤、森林、草地、水源等多个系统。因此，矿区生态修复工作应把控系统性，使各层面、各系统相互促进，协调发展，提高区域生态系统的总体生产力和稳定性。

（6）采矿点矿区受损生态修复需要抓住主要矛盾

废弃矿区的受损地质环境和生态恢复工作所需的物力、人力和财力非常大，对废弃矿区受损生态修复的合理规划是做好这一切的必要条件和根本保证。

（7）采矿点矿区受损生态修复目标要具有长期性

人工恢复的小生境需要较长时间来适应、完善。因此，矿区受损生态恢复工作周期应拉长，并按规划步骤持续渐进实施。

（8）恢复模式坚持低成本、易操作、高收益原则

矿区受损生态修复工程设计必须结合当地实际情况，施工材料应以就地取材为主，用最小的成本获取最大的恢复效益。

（9）坚持自然恢复为主、人工促进为辅原则

切实遵循自然生态经济规律，顺应自然、科学干预。坚持自然修复与人工治理相结合，生物措施与工程措施相结合，注重相关措施的配套使用；理论联系实际，因地制宜，区别治理，对生态退化地区，宜林则林，宜草则草，宜荒则荒。

1.4.2.3 矿区受损生态修复具体措施

（1）矿区损毁环境修复

针对区域包括废弃矿区遗址和堆场、尾矿库、污染场地等严重损毁区域，采取的措施主要包括废弃矿区和裸露矿坑或岩坑利用沙石或黄土回填平整，地形土地整理工程建设等。矿区损毁环境修复要遵循景观环境协调一致的原则。

（2）土壤和林草植被修复

实施矿区受损生态修复除了损毁环境修复工程外，土壤和林草植被的修复是

重要环节。坚持节约优先、保护优先、自然恢复为主的方针。对于生态保护敏感区域和破坏轻微区域，以自然恢复为主，人工促进措施为辅。采取的措施包括加强水、土壤和植被等自然资源的保护管理，适当结合本土植物种子库补充和本土植物的免耕补播改良，实现土质瘠薄区域最少补土条件下植被的自然恢复。在破坏严重区域以人工修复工程建设为主，自然恢复为辅。采取的主要措施包括：创建地表有利植被繁殖更新的土壤微环境和水分富集环境，开展固土培肥和林草植物补植补种工作。丘陵平原干旱荒漠区结合适当补水，实现最少补水条件下植被的自然恢复。

（3）生态监测和后评价

矿区受损生态修复工程项目需与实施前后的生态监测结合，并对生态修复的效果进行后评估工作。

林地与草地植被的保护、修复措施包括：森林营造和抚育力度，对老化、退化林地进行人工更新抚育，强化低效林改造和宜林地造林，提升森林质量、数量，增强其调节气候、涵养水源功能。突出重点区域、重点廊道的修复，增强生态系统连通性，减少破碎度，提高栖息地质量。草地植被生态修复项目具体包括微地形处理、土壤修复、植被修复、补播改良、围栏保护建设、生态监测等建设内容。加大退耕退牧还林还草还湿的力度，还空间于生态，扩大生态空间的面积。

物种选择应考虑以下原则：乡土化和地带性原则；物种多样性原则；多年生草本灌木，根系发达原则；遵照生态位原理，灌木和草本植物立体配置相结合的原则；具有较好的改良土壤能力和互利共生原则。

1.4.2.4 矿区受损生态修复技术路线

矿区受损生态修复采用的技术路线如图1-2所示：

矿山受损生态修复是个长期的综合性系统工程。新疆北部区域矿山受损生态修复工作正在经历一个不断完善的过程，不断完善区域内矿山的生态修复制度任重道远。近年来，国家推动山水林田湖草沙生态保护修复工作，使我国矿山生态修复工作取得了一定成效。在新疆维吾尔自治区党委、政府领导下，新疆北部区域在矿山受损生态修复方面也做了大量工作，生态修复技术得到了显著提升，可以说在某种程度上代表着新疆矿山受损生态修复技术的整体水平。但我国目前的矿山受损生态与环境修复技术重点体现在矿山土地复垦方面，且重末端治理，轻源头管控，修复技术水平不高，导致矿山生态修复比例不高，修复任务繁重，新疆北部区域矿山生态与环境修复技术也不例外，由于处于干旱和极端干旱地区，干旱缺水、风沙大、土层瘠薄、植被稀疏等诸多不利的自然因素和经济基础差、底子薄、资金和人才短缺、交通运输线长等诸多不利的人文因素，成为新疆北部区域矿区修复的不利条件

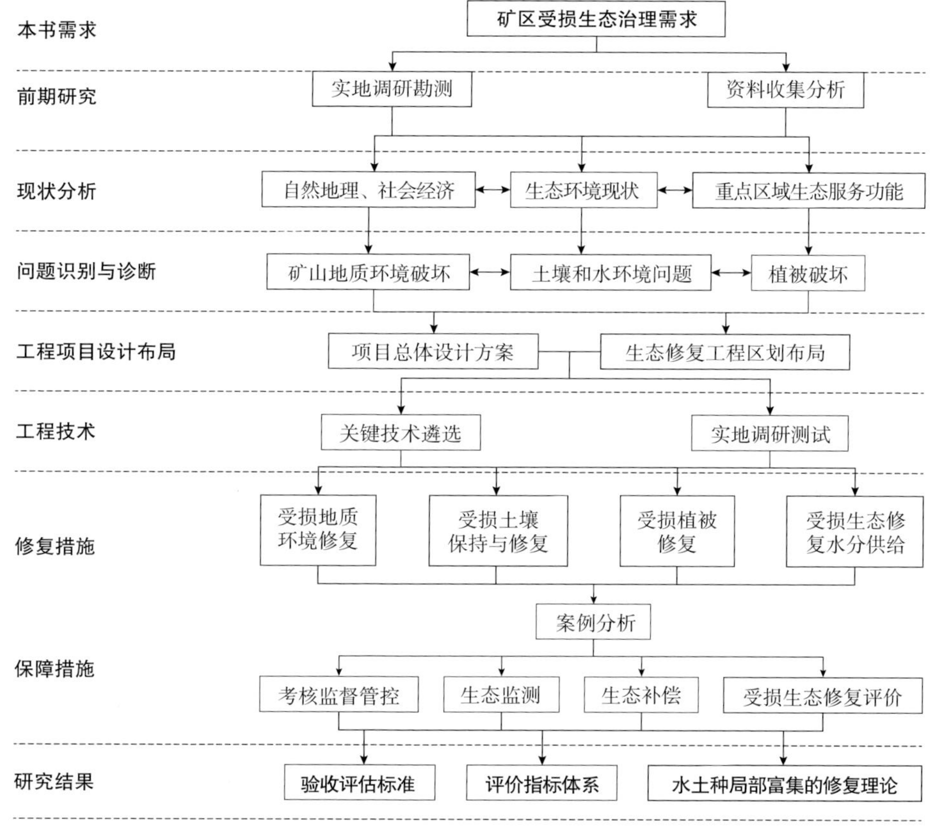

图1-2 矿区受损生态修复技术路线

和限制因素，矿山生态环境修复技术有待提升。党的二十大报告指出，“加快实施重要生态系统保护和修复重大工程”。自然资源部发布《矿山生态修复技术规范，第1部分：通则》等7项行业标准并自2022年11月1日起实施。如何用较低的成本实现效益的最大化是新疆北部区域矿山受损生态修复工作的关键。新疆北部区域要在全疆乃至全国一盘棋层面上统筹考量，必须牢固树立和践行绿水青山就是金山银山的理念，站在人与自然和谐共生的高度谋划发展，在今后的实践中，不断探索和总结积累经验，通过现场调查、科学观察，典型案例分析，研发高水平、低成本、可推广、易复制的修复技术，集成具有地域特色的矿区生态修复的关键技术，并使其在工业化进程中得到应用和推广，将其生态效益发挥到最大，以保证区域内受损生态系统修复后的矿区向金山银山转化。这也是我们通过出版物能够为我国矿区生态环境修复事业发挥科研团队积极的促进作用，吸引更多的人才投身到矿区生态修复事业中，为了给整个新疆矿山生态环境治理恢复工作提供科学指导和决策依据而撰写《新疆北部区域矿区生态修复关键技术及实践》一书的目的所在。

第 2 章 矿区受损生态系统修复的国内外研究进展

近年来，随着全球经济的快速发展和资源需求的增长，矿山开采已经成为许多国家和地区的主要经济活动之一。然而，在全球范围内，矿山开采也带来了一些负面影响，特别是对环境和生态系统的破坏。这些负面影响包括土地退化、水资源污染、生物多样性的丧失以及空气质量的恶化等。这些问题不仅威胁到当地居民的生活质量，而且还会影响到全球的生态系统和气候变化（郭宇箫 等, 2021; 郑晓平, 2022）。因此，矿区生态修复已成为世界各国和地区亟待解决的问题之一。

矿区生态修复是指采取各种技术措施和管理措施，以恢复或重建受矿区开采活动影响的自然生态系统的过程。这一过程的目标是在最大程度上恢复受影响区域的自然生态系统，以保护生物多样性、防止土地退化、减轻水土流失。此外，矿区生态修复还可以通过恢复植被和改善土壤结构来增强碳吸收和储存能力，从而有助于缓解气候变化的影响（李海东 等, 2022; 毛喆 等, 2023）。在国内，由于我国采矿业的发展历史较长，矿区生态修复的需求十分迫切。近年来，我国政府加大了对矿区生态修复工作的投入和支持力度，并将其纳入国民经济和社会发展规划中。目前，我国已在矿山土地复垦、尾矿库生态修复、矿山水土保持等方面取得了一定的进展（杨建杰 等, 2013; 安如意 等, 2022; 梁敏, 2023）。然而，由于资金不足、技术落后和缺乏有效的监管机制等原因，我国矿区生态修复的成效仍然有限。在国际上，发达国家和发展中国家都在积极开展矿区生态修复工作。其中，美国、德国和澳大利亚等国在矿区生态修复方面的研究和实践较为成熟。他们通过制定相应的法律法规、建立专门机构、设立专项资金等方式，推动矿区生态修复工作的顺利开展。此外，这些国家还在矿区生态修复技术的研发和推广应用方面取得了显著的成果（骆祥君 等, 2012; 王美仙 等, 2015）。

本章对国内外矿区生态修复研究进行综述，梳理和探讨该领域的研究现状、方法、成果，重点分析国内外矿区生态修复理论、生态修复技术等方面的先进经验，旨在为新疆乃至全国矿区生态修复提供借鉴和参考。

2.1 国内研究现状

中国矿山生态修复工作约始于20世纪50年代，受限于当时的技术和方法，直至20世纪90年代初才逐步发展起来并形成一定的规模（张松波, 2022）。国内学者在恢复生态学方面开展了一系列研究，相关生态修复理论和技术也取得较大进展（赵晓蕾, 2022）。然而，修复过程中仍存在修复模式僵化、修复技术落后的问题。国务院于1988年出台的《中华人民共和国土地复垦规定》和1989年颁布的《中华人民共和国环境保护法》为规范我国土地复垦活动，保护耕地和生态环境提供了法律保障，均对推进矿山生态修复事业的发展发挥了重要作用。目前，在“双碳”目标下，诸多学者对矿区低碳土地利用、露天矿碳源构成等内容开展了相关研究，并借鉴国外成功经验，努力探索并逐步实现矿山废弃土地低排放、高碳汇、高收益的集约高效利用模式（杨博宇 等, 2019）。截至2017年年底，全国用于矿山地质环境治理的资金投入超千亿元，累计完成矿山土地修复面积约$9.2 \times 10^5 hm^2$，但治理率不到30%，仍远低于国外发达国家的矿山生态修复水平。

2.1.1 矿区微地形的研究

微地形的利用在矿区受损生态系统修复中对水土保持起到了重要作用，是一种有效的生态工程手段。微地形是指在相对较小尺度上呈现出的地表微观起伏特征，其尺度通常在数十厘米到几米之间（Moser *et al.*, 2007）。微地形是地表形态中微小但重要的地形特征，对于土壤水分的分布、植被的生长和土地利用等具有显著的影响。主要作用包括：①对土壤水分的调节作用。研究结果表明，干旱荒漠区微地形能够影响降水的分布和水分的滞留，微地形中的微坡和凹凸特征有助于将降水暂时截留在地表，延缓水流速度，增加土壤水分含量，为植被提供稳定的水源（贺文君 等, 2021）。②对土壤质地的改良作用。微地形的起伏能够影响到土壤质地和土壤的养分含量，例如，微地形中的微丘部分土壤相对较为肥沃，具有较好的排水条件，这有利于植物根系的生长和养分吸收，从而可能使植被在微地形的丘顶部分呈现更好的生长状况（王子婷 等, 2021; 魏宇宸 等, 2022; Wu *et al.*, 2022）。此外，微地形对土壤氧化还原能力的增强也具有重要意义，可能导致生物地球化学过程的加速，从而改变土壤的通气性，保障土壤空气质量优良，有利于土壤的肥力增加（赵秀芳 等, 2014; 汝海丽 等, 2016）。③对植被生长和恢复的促进作用。干旱荒漠地区的微地形呈现多样性，包括微坡、凹凸特征等，为不同类型的植物提供了各自适宜的生长环境，这对于植被的多样性、生态系统的稳定性和抗逆能力具有重要意义（田秀民 等, 2021; 梁道省 等, 2023）。例如：微地形的凹地部分形成避风区，能够有效减少风蚀对植被的破坏（邹学勇 等, 2014）。同时，微地形有助于保护植物，降低蒸腾速率，减少水分流失，从而促进植被的生长和存活，同时加快植被多样性的恢复过程（邝高明 等, 2012; 王兴 等, 2016）。其次，微地形对植物根系的影响也十分显著（翟朝阳 等, 2019）。再者，微地形的多样性在干旱荒漠地区为植被的生长提供了更为丰富的生境，从而增加了植被的多样性（贾风勤 等, 2018）。通过研究发现，无论是自然形成的微地形还是人工建成的微地形，都对物种丰富度有积极影响，它们能够提高人工播种植物的存活率（姚艳丽 等, 2016）。④可以加快生态系统功能的恢复（Wu *et al.*, 2022）。微地形增加了地貌的空间差异，从而增强生态系统的功能，包括有机碳的贮存和水分的循环（杨鹏 等, 2018; 白雨诗 等, 2021）。研究结果表明，微地形的存在使得生态系统中的生物种类更加丰富，生物之间的相互作用更加复杂多样（张丽娟 等, 2015）。同时，微地形还在土壤—大气碳通量平衡中扮演着关键角色，维持着生态系统的平衡状态（原野 等, 2016; 贺瑶, 2021）。此外，微地形还能对生态系统的稳定性带来有益的影响（韩勇 等, 2023）。

2.1.2 矿区地貌景观协调性研究

矿区受损生态修复可以分为两大块，即地形地貌的修复和重构以及矿区植被恢复为主的生态修复（李凤明 等, 2021），地形地貌的修复是生态修复的基础和必要条件（乔千洛 等, 2022），从而实现对土地资源的重新利用，赋予地形地貌新的价值。为达到地貌景观协调，一些学者开展了地貌景观协调性的评价并确定了地貌评价因子（曹鹏举 等, 2021）。此外，还有学者利用修复区平均高程、平均坡度、流域高差、沟道比降、平台面积、地表起伏度和斜坡数量等指标作为地貌/地貌重塑综合指标体系的评价因子对矿区进行近自然地形的重塑评价（杜建平 等, 2018）。有些学者还重点研究了高程、边坡坡长和坡度角等（谭学玲 等, 2018; 薛东明 等, 2021），例如：在对黄土高原矿区复垦后的美学视觉评价中，程纪元等（2021）选用平台面积、地表起伏度、斜坡数量作为评价标准，结果将地形地貌审美价值划分成了3个等级（高、中、低），并提出斜坡面积占比越高、审美价值越低的相关理论；近自然地貌重塑是一种重要的矿区生态修复手段，它能够融合内外景观，改善环境质量，夏嘉南等（2022）提出了一种基于调整曲面的露天矿内排土场近自然地貌重塑模型，该模型可以在采排复一体下实现自动化求解复填可用土方量，并获取复填子区地表高程近自然设计结果。该设计地貌能够与周边自然地貌景观相融合，与传统设计地貌相比，土方平均运距更短，可有效减少土壤水蚀量，提高表土抗水蚀能力，而且近自然设计地貌与采前自然地貌的表土运移特征更加接近，空间位置的重叠率更高。赵欣等（2023）应用地形重塑层修复关键技术，在青海木里高原高寒露天矿区经地形地貌重塑治理后，矿区边坡的坡角基本都处于26°以下，植被长势良好，治理效果显著。

2.1.3 矿区草地植物补种研究

矿区生态修复质量的好坏关系到整个矿山生态修复的成败（李海东 等, 2022; 吴秦豫 等, 2021），其中，植物补什么种，补播的数量，补种的方式是很多学者关注的焦点（刘英 等, 2023）。在补播植物的方式上很多学者经过努力研究，提出了一些被实践认可的修复方式，如液压喷播技术（王宁, 2022），首先对种子进行催芽处理，并将混合有纤维、土壤、肥料等基材投入搅拌机进行搅拌后，再采用机械加压的方法将其喷到坡面；厚层基材喷播技术是将植物种子和防侵蚀材料的基质材料均匀混合，然后喷附在所需要修复的坡面上。该技术主要包括基材混合物、锚杆及拉网；三维植被网护坡技术是将活性植物与土工合成材料等工程材料相结合，从而形成一个具有自身生长性的防护系统（许佳 等, 2019）；此外，一些学者根据边坡的立地条件及矿山企业的实际情况，还提出了植生袋防护技术（孔令伟 等, 2017）、飘台法（郑思光 等, 2020）、藤本护坡技术、爆破燕窝覆绿（王金马, 2016）等生态防护技术。例如：杨增增（2021）就补播对中度退化高寒草地群落特征和多样性的影响进行了研究，结果表明以中度退化草地为研究对象时，垂穗披碱草（*Elimus nutans*）、中华羊茅（*Festuca sinensis*）和冷地早熟禾（*Poa crymophila*）的补播量分别为30kg/hm^2、4.5kg/hm^{2}和3kg/hm^2。尹卫（2016）在青海湖南岸地区对几种豆科牧草天然草地进行补播试验，结果表明豆科牧草补播量分别为：紫花苜蓿为20kg/hm^2、红豆草为50kg/hm^2、沙打旺为18kg/hm^2、三叶草为15kg/hm^{2}和柠条50kg/hm^2。李以康等（2010）在种子补播恢复退化草地研究进展中，得到羊草的最佳补播量为37.5kg/hm^2。贾慎修等（1989）选用耐旱、抗寒、适应性强的蒙古冰草、老芒麦和垂穗披碱草3种进行混播，播种量为45kg/hm^2，3种牧草各占1/3。魏斌等（2019）采用人工均匀撒播的方式进行试验，选择垂穗披碱草作为主要补播草种，最佳播种量为25kg/hm^2，研究发现，相对多的播种量能够降低杂类草的盖度、生物量和物种多样性。

2.1.4 矿区植被恢复研究

基于中国知网（简称CNKI）核心数据库，以关键词“矿区植被恢复”为索引词进行检索，检索时间跨度为2002年1月1日～2022年12月31日。剔除重复、专著及会议论文，共得到516篇中文文献，将关键词阈值设置为5进行聚类，得到近20年国内矿区植被恢复关键词贡献关系（图2-1）。由图2-1可以看出，国内的矿区植被恢复研究关键词主要归纳为5类，分别是植被修复、生态重建、生态恢复、重金属污染和矿区复垦。在植被修复类别（簇1）中，主要通过物种多样性、土壤理化性质、植物群落和土壤种子库来评价矿区植被恢复情况，植被是主要的关注对象。生态重建（簇2）和生态恢复（簇3）主要体现以自然恢复与人为修复相结合，包括植被重建、土地复垦、水土保持等措施。矿区修复中土壤重金属污染严重（簇4），常通过不同植被对重金属吸收能力不同，来达到矿区土壤有机质改良效果。此外，土壤中还存在大量固氮、固磷和固钾等功能性微生物，在矿区复垦（簇5）中土壤质量、酶活性和微生物的研究对于矿区植被修复也是至关重要的环节。

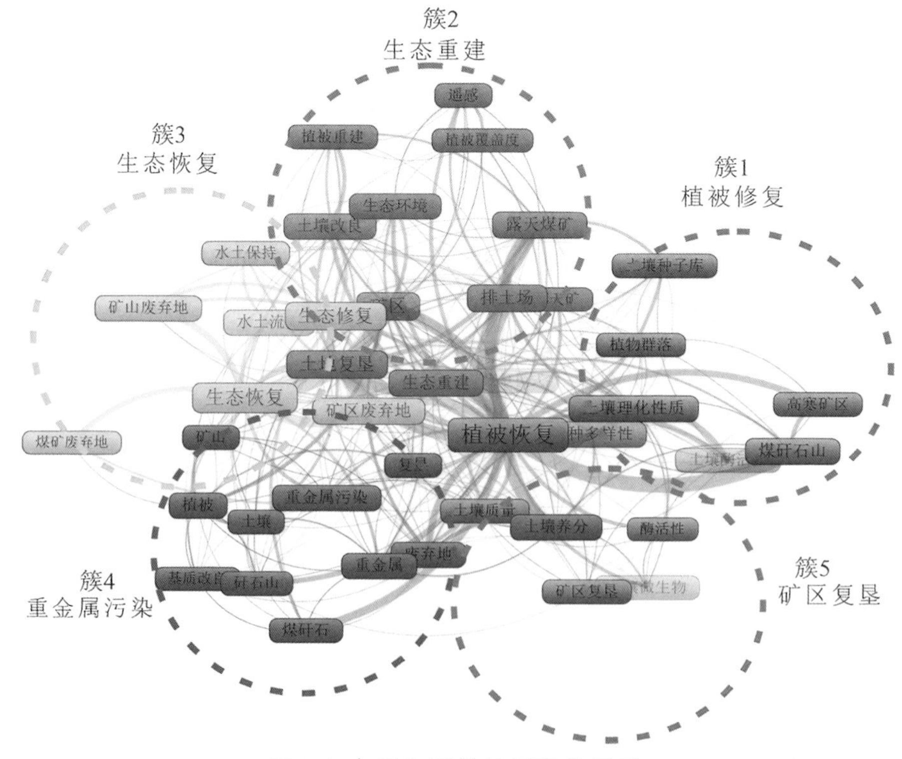

图2-1 中国知网关键词聚类图谱

其中，关于草地生态恢复，很多学者开展了专题研究。如刘岩等就围栏封育对植被、土壤养分的影响进行了研究（刘岩 等, 2021），指出封育后草地群落盖度及产量均增加，土壤有机质、氮、磷、钾含量也均有所增高，封育有利于草地生态恢复。围封与天山北坡荒漠草地土壤有机碳含量之间关系研究中指出，合理的围封—放牧模式更有利于退化荒漠草地生态系统的恢复（范燕敏 等, 2014）。在模式选择中，草本、沙障+灌草、灌草间作3种生态恢复模式与沙化草地土壤总有机碳及其活性组分含量、土壤质量的效应大小开展研究，并对此进行了排序，从而为优化生态恢复模式的选择提供参考（彭佳佳 等, 2014; 郭艳菊 等, 2022）。

在植被物种方面，基于条件风险价值的两阶段随机规划模型应用在草地生态系统恢复中，指出减少牲畜总量、发展生态畜牧业应是草地生态恢复的主要目标（程积民 等, 2014）。此外，通过30年封育措施，监测次生半裸地进展演替过程，探讨退化草地封禁后生物群落、土壤结构的变化特征中指出，刈割频次与放牧强度对维持草地生态系统较高的物种多样性和生产力有重要影响（齐丹卉 等, 2013）。

关于植被恢复潜力研究中，对矿区废弃地土壤种子库与地上植被关系分析，已萌发的幼苗通过种类鉴定、统计后清除的方式发现，相比对照群落，尾矿恢复各群落土壤种子库与地上植被相似性较低（张涛 等, 2017）。而对干旱荒漠地带矿区废弃地土壤种子库特征的研究中，发现不同矿区废弃地土壤种子库之间的相似性系数极低（冯袒栋 等, 2021）。土壤种子库和地上植被之间同样具有较低的相似性，这种不相似性是由于优势草本植物物种对土壤种子库形成的较小贡献所致。其植物物种一般具有较低的种子产量或植物种子在土壤中具有短寿命，土壤种子库的种类组成与地上植被并没有必然的联系，主要原因是由于外来种子的入侵也会影响土壤种子库种类组成与地上植被的差异（杨春华, 2004）。矿区地表植被恢复，可借助生态包等人工形成的植被生态修复辅助措施（潘竟虎 等, 2008）。但人工生态包中的土壤种子多数不是矿区外围本土植被种子，通过多年实践，本地物种更具预防自然灾害的发生、更能抵挡恶劣的生存环境（徐海量 等, 2008）。

2.1.5 矿区植被恢复指标的研究

矿区修复后采用哪些指标来表征修复的效果是评价修复成效的一个关键问题，为此很多学者展开了针对性的研究，例如：一些学者在分析煤炭开采区土地复垦后植被及土壤碳汇量变化的研究中发现，随着恢复年限的延长，植被的相似性指数呈现增大的趋势，植被类型也越接近当地地带性植被类型（Li *et al.*, 2022）；而还有一些学者提出植物群落中当地物种的比例（张丽娜 等, 2010）、植物群落的物种多样性和植物群落的盖度可以作为植被恢复成功与否的重要判定依据（董世魁 等,

2008）。当矿山生态修复区域植物群落的盖度、物种多样性指数、丰富度指数和均匀度指数等显著改善后，标志着工程恢复加快了废弃矿山生态恢复的速度（刘永光, 2012）。其中，Li等在对矿区植被恢复效果评价中，主要选取了物种数、物种个体数、物种分布的均匀度作为评价指标（Li *et al*., 2006）。刘秀珍（2012）选用Simpson多样性指数、Shannon-Wiener多样性指数、Margalef丰富度指数、Pielou均匀度指数和Alatalo均匀度指数对矿区废弃地植被恢复效果中稳定性的程度进行评价，结果表明，群落内的多样性指数越大，其丰富度指数也就越大，群落的结构和功能就越完善。苑塏烨等（2016）在对阿尔泰山矿区废弃地的修复研究中，指出，在复垦期间，应以当地耐贫瘠的植物，与多种植物进行混合种植，而不是单一物种进行种植。另有学者采用5种模式进行植被恢复，选择了植被恢复后群落Simpson多样性指数等应用于矿山废弃地植被恢复效果评价（Hou *et al*., 2019）。随着研究深入，越来越多的学者认为宜将丰富度指数和多样性指数作为植被恢复效益的评价因子（王岩 等, 2012; 陆志星 等, 2022）。

2.1.6 矿区生态修复过程中的有机碳变化

（1）不同土地利用方式下土壤碳库动态变化的研究进展

土地利用是人类影响土壤最重要、最直接的活动，它通过不同的利用方式和利用强度影响着土壤的理化性质和土壤中诸多的生态过程，进而导致土壤有机碳库发生变化（董云中 等, 2014）。目前，不同土地利用方式对土壤碳库动态影响的研究主要体现在土地利用方式对土壤有机碳含量、储量及组分的影响（郑聚锋 等, 2011; 徐明岗 等, 2000）。土地利用方式对土壤有机碳的影响主要通过影响输入土壤的有机碳的数量和有机碳分解的速率来决定（杨桦 等, 2022）。与草地和林地相比，耕地减少了碳素向土壤的输入，增强了有机碳的分解，破坏了土壤的物理结构，往往会导致土壤有机碳含量和储量的下降（侯晓瑞, 2012）；而由于气候、土壤类型、生物及管理措施的不同，土地利用方式对土壤有机碳含量和储量的影响也存在一定差异（宇万太 等, 2007; 魏早强 等, 2022; 姜文婷 等, 2023）。王军广等（2023）研究发现不同土地利用方式下土壤碳源输入存在差异，主要是由于土地利用方式影响土壤碳库的外源输入，同等自然条件下，土地利用方式不同，土壤有机碳含量差异显著。南方地区天然草山草坡逐渐被人工草地和农田所替代，这种土地利用方式的改变对土壤质量产生了显著影响，陈亚男等（2023）发现天然草山草坡的土壤肥力最高，其次为人工草地，最后为农田。造成这种差异的原因是天然草山草坡土层的土壤有机碳、全氮含量显著高于人工草地和农田的土壤有机碳、全氮含量，而全磷、全钾含量由于没有施用化肥显著低于人工草地和农田的相应含量。因此，在未来的土地利用管理中，需要采取适当的措施来保护和提高土壤质量，以促进土地资源的可持续发展。

（2）土壤有机碳稳定性及影响机制研究进展

土壤有机碳稳定性指土壤有机碳在当前条件下抵抗生物分解和恢复原有水平的能力。目前，关于土壤有机碳稳定性及影响机制的研究主要集中在土壤有机碳矿化速率及其温度敏感性。土壤有机碳的矿化速率不仅取决于有机碳的化学性质和存在状态，还与土地利用方式、管理措施等人为因素密切相关。在内蒙古草地的研究表明，与封育草地相比，自由放牧草地土壤有机碳矿化速率升高，放牧提高了土壤碳周转的速率（丁军章，2024）。而在青藏高原的研究则表明自由放牧草地土壤有机碳矿化速率低于封育草地土壤有机碳矿化速率，放牧降低了土壤有机碳周转的速率（王灵艳 等，2023）。活性有机碳和稳定有机碳在分解时是否具有相似的温度敏感性，是研究土壤有机碳矿化规律的核心问题之一（沈征涛 等，2013）。依据热力学原理，分子结构越复杂，越难分解的有机碳，具有的活化能越高，对温度的敏感性也越大（栾军伟 等，2012）。虽然众多研究者对土壤有机碳的矿化速率及其温度敏感性问题进行了相关分析，但受试验手段及拟合技术等的限制，不同研究结果间的观点仍存在较大分歧（周巧林 等，2023；邬建红 等，2015）。另一方面，土壤有机碳稳定性及影响机制分析中土壤有机碳的稳定机制（保护机制）决定着土壤固定和储存有机碳的能力（刘满强 等，2007）。目前，土壤中有机碳的稳定机制主要包括3种：生物化学稳定性、化学稳定性和物理稳定性（周正虎 等，2022；肖胜生 等，2022）。大量的研究结果表明生物化学稳定性主要在活跃的表层土壤及有机碳分解的初期起作用，而下层土壤和有机碳分解的后期主要是物理稳定性和化学稳定性起作用，大团聚体中有机碳的分解需要足够的水分和空气（商素云 等，2013），而团聚体形成后，有机碳与矿物结合紧密，内部孔隙降低可以直接阻碍分解过程（胡丹丹 等，2022）。微团聚体内小于3μm的孔隙可以阻止细菌的通过，从而阻止微生物对有机碳的分解，提高有机碳稳定性。由于缺乏有效可行的技术手段，至今对土壤有机碳稳定性主导机制的认识还存在较大分歧，随着研究的深入越来越多的研究者认为有机碳稳定性是多种稳定机制相互作用的综合过程（刘满强 等，2007；郑子成 等，2011）。

2.2 国外研究现状

从20世纪30年代开始，美国、英国、澳大利亚、加拿大等国家相继建立了比较完善的矿山开发管理制度和矿山生态修复理论体系，形成了系统化、规模化的治理经验。截至2019年年底，欧美国家累积矿山生态修复及复垦率平均达到50%～70%，其中，美国和德国更是达到80%以上。美国的矿山生态修复工作一直走在前列，大多数州制定了有关土地复垦方面的法规，为矿山生态修复提供了制度保障；德国在矿山复垦方面投入了大量人力和财力，复垦工作取得显著成绩；英国立法执法严格，要求采矿后必须复垦；澳大利亚推广应用先进技术进行土地、环境和生态的综合修复，取得明显成果；加拿大重视矿山土地复垦工作，将矿山环境视为可持续发展战略的重要方面，始终把生态修复贯穿于矿业活动的每一个环节（毛喆 等，2023）。由此可见，这些发达国家都非常重视矿山生态修复研究和管理工作。

2.2.1 矿区土壤改良的研究

矿区由于采矿会造成土地塌陷、水土流失，改变土壤原有的层次结构，破坏土壤的理化特性，影响土壤肥力，降低土壤有机质，严重影响植被的生长（Dominguez-Haydar *et al*., 2019）。矿区生态系统恢复的主要目的是建立稳定的植被群落，土壤作为植被的生长环境，是矿区重建的基础。改良土壤是植物群落重建的前提，改良土壤措施包括干草转移技术、施用改良剂、施用有机肥料、生物修复等。干草转移技术，是指在成熟期对草本植物采割，将成熟的干草连同种子转移到待耕地。Albert等（2019）对退耕地草地恢复进行了研究，结果表明，通过干草转移能促进种子传播，增加物种数量和物种组成，进而改善土壤质量。施用改良剂可以改变土壤物理组成、性质、pH值以及土壤微生物等特性，为植物定植和生长提供适宜的生存环境，刺激微生物的生长和活动，对提高土壤肥力和质量有积极的影响。Carlson等（1993）认为，用粉煤灰可以改良粗粒和细粒的土壤质地，提高粗粒土壤持水能力，提高酸性土壤的pH值和大多数微量营养元素的浓度。微生物改良法是利用一种或多种微生物及其代谢产物改善植物根系环境的方法，具有无污染、绿色、低成本的优点，对植物生长有促进作用。Singh等（2014）对矿渣进行了微生物辅助植物修复，发现土壤理化特性提高了3～5倍，因此，微生物改良法能修复矿区的生态环境。Boyer等（2010）研究发现，蚯蚓、千足虫等动物的活动可以改善土壤的物理结构，其新陈代谢过程可以促进有机质生成，改良土壤的肥力，富集重金属元素，为土壤生态系统的恢复提供良好的基础。

2.2.2 矿区植被群落配置的研究

草种的选择对于生态恢复非常重要，已有许多研究表明混播比单播对矿区土壤和生态系统的恢复效果更好，混播能够充分利用空间、保持土壤储水量，提高抵御自然灾害的能力。Stefanowicz等（2015）的研究结果表明乔灌组合植物存活时间短，草本植物比木本植物具有更高的生长能力，群落配置需要搭配草本类植物。草种的混播模式能够快速建立植被覆盖度，提高群落结构的多样性，速生慢生草种搭配，一年生和多年生草种混种，有助于矿区的生态修复（汉斯-约阿希姆·马德尔 等, 2017）。印度北部露天煤炭矿区生态的研究发现，林木下种植禾本科、菊科、豆科草本植物对生物量的贡献大（Kumar *et al.*, 2022）。美国东北部煤矿土地的自然生态系统恢复中，多种树种、灌木及草种的多样化实现了自然生态系统的恢复（Brenner *et al.*, 1984）。种群对群落时间、空间、资源的合理利用，有利于群落中各种群相互作用、相互补充。多个种群组成的群落比单个种群更能充分利用资源，维持群落稳定性。不同地区的环境条件以及植被种类决定其适合的草种混播模式，关于矿区群落草种搭配和搭配比例还需要大量的试验研究。矿山生态修复既要考虑植被，还需要考虑土壤类型和土壤的理化性质等。

2.2.3 矿区地质地貌重塑的研究

矿区地质地貌重塑研究是地质学领域的一个重要研究方向，旨在揭示采矿活动对地质、地貌和生态系统的综合影响，为环境保护和可持续发展提供科学依据（Gann *et al.*, 2019）。近年来，国外矿区地质地貌重塑研究取得了显著的进展。Mckenna等利用先进的地理信息系统（GIS）和遥感技术，对矿区的地形、地貌、地质构造、植被覆盖等信息进行采集和分析，进一步揭示了采矿活动对地质、地貌和生态系统的综合影响。同时，针对不同矿区的特点，还开展了一系列的环境影响评估和可持续发展评估，为政策制定提供了科学依据（Doley *et al.*, 2013; Mckenna *et al.*, 2020）。矿区地质地貌重塑研究的方法主要包括现场调查、数值模拟和环境影响评估等。现场调查主要是通过实地考察和采样，获取矿区的地质、地貌和生态环境等信息。数值模拟是通过建立地质模型和地貌模型，模拟采矿活动对地质构造和地貌形态的影响，预测未来可能发生的灾害事件。环境影响评估是对采矿活动可能对当地环境造成的影响进行评估，提出相应的环境保护措施和建议（Cuzzocrea *et al.*, 2010; Bexeitova *et al.*, 2021）。例如，澳大利亚BHP矿区在关闭后，开展了全面的景观重塑工作。研究人员通过综合运用生态恢复、土壤修复和植被重建等技术手段，成功恢复了矿区的生态功能和自然景观。同时，研究人员还采用了GIS技术和遥感技术，对矿区的地形、地貌、土壤质量等信息进行采集和分析，为景观重塑提供了科学依据（李红举 等, 2019）。

2.3 新疆矿区受损生态系统修复研究进展

矿区开采是我国资源建设中的一项重要活动。近些年来，随着经济快速发展，矿产资源的需求量也随之加大，进而伴随着诸多生态问题出现，如盲目开发、无人管理收尾、资源浪费、生态退化和环境污染等，这对人民的生活与生产造成了很大威胁（Cornelissen *et al.*, 2019）。党的十八大提出大力推进生态文明建设，“绿水青山就是金山银山”理念逐渐深入人心（刘超, 2016）。因此，矿区受损生态系统修复工作势在必行。

目前，新疆各级政府及相关部门已在多点开展矿区受损生态系统修复工作，并取得了一系列的成效。如阿勒泰地区完成77个已闭矿坑的生态环境修复治理；昌吉市28个矿坑得到了生态恢复治理；乌鲁木齐市已有246处受损矿山恢复了生态原貌等。近些年来，有关新疆矿区受损生态修复的工作逐渐增多，相关的研究也随之增加。Yang等（2014）分析了米泉市铁厂沟矿区生态修复的措施与效益，初步提出矿区生态修复的方案；姚艳丽等（2015）对库尔木图矿区植被的恢复进行了研究；杨建军等（2015）对乌鲁木齐松树头煤田火区植被恢复的物种进行了筛选；王楚含等（2016）探讨了阿勒泰两河源矿区生态恢复过程中的补水效益；孙永秀等（2017）分析了库尔木图矿区生态修复过程中物种多样性与生物量的变化；徐海量等（2018）对卡拉麦里矿区进行了调研，针对目前存在的生态问题，提出了生态保护与修复的方案；许佳等（2019）探讨了不同恢复措施对额尔齐斯河源流采金矿区物种多样性和生物量的影响。以上研究均为之后矿区受损生态系统修复工作的开展提供了参考借鉴。

新疆矿区生态的修复与治理工作是一项长期而复杂的工程，在治理过程中，需将土地利用、土壤环境、水资源平衡、生态保护修复适宜性等内容纳入综合考虑范畴。因此，需结合生态功能修复、后续资源开发利用、产业发展需求等各个方面，合理确定矿区内各类型土地利用规模、结构与布局，以便促进区域经济的可持续发展。

2.4 存在的问题及不足

综上所述，虽然众多学者对矿区生态修复开展了卓有成效的研究，但是矿区生态因气候和地貌条件的差异、开矿类型的不同以及矿区土壤生态条件的差异，导致其本身具有明显的异质性，因此不同区域的研究成果难以在其他区域复制和推广。如在《草原区露天矿废弃地生态修复的技术规范》（DB15/T 2378—2021）中，一些技术措施如生态包、挂网喷播等在内蒙古草原矿区草地修复中取得了明显成效，但是当将这些措施应用到新疆北部区域时发现受到一些条件的制约，导致推广受到限制。

由此可见，在新疆北部区域，如何利用技术措施实现低成本、可复制、可推广的修复模式成为制约矿区生态修复的关键因素（田超 等, 2012; 周连碧 等, 2021）。另一方面，随着生态文明思想在全疆形成广泛共识，越来越多的草地露天矿被纳入治理范畴。根据新疆维吾尔自治区自然资源厅颁布的十四五矿区规划，所有历史遗留废弃矿山都要在十四五期间被治理，新疆维吾尔自治区发展和改革委员会颁布的《新疆重要生态系统保护修复规划（2021—2035）》将废弃矿山的治理列为专项治理工程（赵华 等, 2019）。因此，亟须开展新疆北部地区矿山治理研究工作，特别是在如何利用技术手段实现水、土、生物局部富集实现矿山的生态修复，如何选用乡土草种实现矿山的植被修复，矿山生态修复后用哪些指标来评判，用哪些参数作为矿山生态修复验收指标。上述问题已成为矿区生态修复的核心问题。

目前，在矿山生态修复的理论研究方面，针对问题的分析和机理探讨的较多，而能被广泛接受的技术措施较少，尤其针对干旱、半干旱区的矿山生态修复关键技术更少，因此，深入理论研究的开展需与现实技术相结合。鉴于草地露天矿山废弃地生态修复无论在学术研究还是在应用操作上都具备极高科学意义和现实需求，须针对新疆北部地区的实际，开展相应的研究。

第3章
矿区生态问题的识别与诊断

大规模的矿山开采导致地质环境、景观生态、水资源的破坏及大气污染等问题（姬红英，2011）。在矿区受损生态修复过程中，如何识别与诊断矿区存在的生态问题及破坏程度，是矿山受损生态修复的关键问题之一。目前，识别与诊断新疆矿区生态问题的方法、规范及标准研究仍存在欠缺。为了贯彻落实生态文明建设总体要求，指导和规范我区矿山生态修复工程实施，提升矿山生态修复工程实施的整体性、系统性、科学性，提高矿山生态修复工程管理与技术水平已成为当前研究的重点和难点。本章节以新疆北部区域内不同地貌类型下的不同类型矿山为研究对象，对不同矿区及其各功能区存在的地形地貌与周边环境协调性破坏、土壤结构破坏、植被破坏等生态问题进行识别与诊断，为新疆矿山生态问题的识别与诊断提供较规范性的方法和标准。

3.1 识别与诊断矿区生态问题的应用文件、相关术语及其定义

江苏省市场监督管理局于2021年9月3日发布的《矿山生态修复工程技术规范 第2部分：调查、勘查与设计》（DB32/T 4077.2—2021）规定了矿山生态修复工程调查、勘查与设计工作中的收集资料和编制调查与勘查工作方案、地形测绘、工程地质调查与测绘、矿山生态环境调查、矿山地质灾害勘查、矿山生态环境影响评价、矿山生态环境调查成果编制、边坡防护工程设计、边坡植被恢复工程设计、采空塌陷区治理工程设计、矿山废弃地生态修复工程设计、边坡植被恢复工程设计、

采空塌陷区治理工程设计、矿山废弃地生态修复工程设计、工程监测、工程设计编制等基本要求。新疆北部区域范围内的废弃矿山生态问题的识别与诊断，可参考该文件中的相关内容。

3.1.1 识别与诊断矿区生态问题的应用文件

DZ/T 0392—2022矿山环境遥感监测技术规范

DZ/T 0287—2015矿山地质环境监测技术规程

LY/T 2356—2014矿山废弃地植被恢复技术规程

GB 50021—2001（2009版）岩土工程勘察规范

GB 50218—2014工程岩体分级标准

GB/T 958区域地质图图例

DZ 0238地质灾害分类分级（试行）

DZ/T 0220泥石流灾害防治工程勘查规范

DZ/T 0222地质灾害防治工程监理规范

DZ/T 0286地质灾害危险性评估规范

TD/T 1031.1—2011土地复垦方案编制规程

HJ 25.1—2019建设用地土壤污染状况调查技术导则

HJ 164—2020地下水环境监测技术规范

HJ/T 166—2004土壤环境监测技术规范

3.1.2 术语及其定义

根据相关文件，本章节所涉及的相关术语及其定义如下：

①不稳定边坡（unstable slope）：具有蠕变、鼓胀或拉裂等变形特征且变形边界不明显的地形倾斜的地方。

②水土环境污染（soil and water pollution）：因矿山建设、生产过程中排放污染物，造成水、土原有理化性状恶化，部分或全部丧失原有功能。

③地形地貌景观破坏（destruction of topography and landscape）：因矿山建设与采矿活动而改变原有的地形条件与地貌特征，造成土地毁坏、山体破损、岩石裸露、植被破坏等现象。

④土地损毁（land destruction）：矿业活动造成土地原有功能部分丧失或完全丧失，包括土地挖损、塌陷、压占和污染等。

⑤土壤调查（soil survey）：通过对土壤剖面形态及其周围环境的观察、描述记载和综合分析比较，对土壤的发生演变、分类分布、肥力变化和利用改良状况进

行研究、判断。

⑥现状评估（status assessment）：在收集资料及开展矿山生态环境调查的基础上，对评估区生态环境影响作出评议估计。

⑦主采区（main mining area）：用来直接大量采取煤炭和其他矿石（如石灰岩）的场所，也称为采场。即直接采矿的区域或场所，应该是一个敞露的空间范围。

⑧道路（road）：矿山范围内，地面上供矿山（自卸）汽车通行的部分或通往附属厂（车间）和各种辅助设施的各类汽车通行的部分。

⑨边坡（slope）：边坡是指露天矿场四周的倾斜表面，即由许多已经结束采掘工作的台阶所组成的总斜坡。

⑩临时建筑物（temporary construction）：矿区临时建筑物是指必须限期内拆除、且结构简易的构筑物和其他设施。

⑪堆积物（build-up）：矿区堆积物主要指的是内排土场排出的废渣石，垃圾堆。

3.2 矿区存在的生态问题

阿尔泰山南坡及天山北坡所包含的区域是新疆矿山开采的重点区域，该区地处干旱区，降水稀少，蒸发强烈，因此水分匮乏是其中的一个关键问题，而山区的土层瘠薄，气温偏低，热量不足，草地恢复过程中的乡土草本植物种子的来源及使用都是本区存在的生态问题。

3.2.1 不同地貌类型矿区存在的生态问题

3.2.1.1 高山区矿山存在的生态问题

高山区的矿业开发对矿山环境的破坏，主要表现为地质与水源涵养环境破坏以及原生植被的毁损。阿尔泰山东部两河（两河指额尔齐斯河与乌伦古河干支流）源区矿山生态环境破坏严重，地表裸露较多。采矿遗留的生态破坏、人为工程地质环境受损以及林地与草地植被退化等问题严重（苑塏烨 等, 2016）。砂金、稀有金属和非金属矿基本为露天开采，破土、出渣破坏地貌和地表植被，诱发水土流失较为严重，引发坍塌、滑坡和泥石流等地质灾害（王楚含 等, 2016）。被破坏区域主要分布在开采历史较长的矿区及砂金、砂铁矿开采区。包括可可托海稀有矿开采区、福海县红山嘴新金沟砂金开采区、西岔河砂金开采区、额尔齐斯河砂金开采区、富蕴县克林砂金开采区、多拉纳萨依金矿开采坑、萨尔布拉克金矿、福海县喀拉塑克采砂场、青河县砂铁矿开采区等区域。地质环境破坏较严重区：布尔津县贾登峪—阿勒泰市塔尔浪—福海县与富蕴县交界的克兰河中、下游及库尔木图河上游的砂金矿、铍矿、锂矿、宝石矿、滑石矿、云母矿、石灰岩矿、建筑石料矿等。

天山北坡高山区被破坏区域：伊宁县（如大型矿山——阿希金矿）、昭苏山地、温泉山地、乌鲁木齐后峡、木垒山地等矿点。这些地方的大、中型矿产开发导致采矿场、固体废料场占地和采矿区地面塌陷，也易引起滑坡、泥石流等地质灾害。

该区土层瘠薄，地势较高，气温偏低，热量略显不足，受损生态系统修复过程较慢，植被一旦被破坏恢复过程极其缓慢。且该区域的大部分区域属于自然保护地或水源地生态敏感区，不便于大规模的生态修复工程的实施。该区域矿山生态修复原则是以减少人为干扰、严格保护生态和自然恢复为主。该区域包括保存完好的天然状态的生态系统以及珍稀、濒危动植物的集中分布地（刘伟，2014）。该区以保护生态系统物种种源为主，保护区域内的本底自然环境，可开展以环境保护为目的的自然环境监测和评价。

3.2.1.2 低山丘陵区矿山存在的生态问题

中山和低山区以及低山丘陵区是新疆矿产资源开发活动主要集中的区域。大面积的矿业生产与开发带来地质灾害频发、土地资源和动植物损毁、地形地貌景观破坏等多种环境问题。一些矿山的开发建设过程的各类工业废水，如选矿废水、矿井废水及油脂、固体悬浮物和有机物等超标排放远超过生态自净能力，导致水体环境恶化，从而引发水环境的污染问题（黄建明，2010）。中山和低山区以及低山丘陵区主要地质灾害包括煤矿、多金属矿和建材及非金属矿等地质环境的破坏。地质灾害多发生在煤矿所在区域，煤矿开采后形成大面积的采煤塌陷区，主要分布在霍城县—伊宁市—伊宁县界梁子沟、干沟、南台子沟、铁厂沟山前丘陵区及察布查尔锡伯自治县—巩留县琼博乐、阿勒玛勒沟、扎格斯台、杏子沟、塔勒得萨依低山丘陵区。该煤矿区煤层经多年开采，形成了已知的或不明的采空区，数量多，面积大，极易诱发地面塌陷、地裂缝等地质灾害。金属矿山区的灾害以崩塌、滑坡、泥石流为主。东天山地区以丘状准平原山地为主，盛产铁、铜、镍、金等多种金属矿产，区内气候干旱、水资源缺乏、植被稀疏，属裸岩为主的荒漠区。阿尔泰山多金属矿分布区是我国著名的富铁、铜、镍、铅、锌、金、钴、稀有金属矿产资源分布区。主要矿区和矿带有阿舍勒、喀拉通克、乔夏哈拉、多拉纳萨依、蒙库、阿巴宫、索尔库都克。建材及其他非金属矿主要引起的地质灾害种类为崩塌。该类矿山多分布在地势较缓的丘陵区和地势平坦的平原区，分布范围广，却相对集中。

地质环境破坏较严重区：富蕴县—青河县—吉木萨尔县煤矿、多金属矿、非金属矿。该区位于准噶尔盆地东北部富蕴县加普萨尔、乌夏沟、恰库尔图北、卡姆斯特、清水—青河县城北、阿尕什敖包、阿尔加尔、科克萨依、野马泉、红柳沟—吉木萨尔县五彩湾，霍城县大西沟、果子沟—博乐市别珍套山东段、库松木且克山、喀拉套—精河县阿恰勒河及精河上游—尼勒克县喀拉苏、陶坎，阿吾拉勒山南北麓伊宁县—尼勒克县铜矿矿山地质环境影响较严重。

3.2.1.3 平原绿洲区矿山存在的生态问题

绿洲区矿业开发对环境造成的破坏突出表现为对于绿洲区土地资源的占用损毁和城乡景观环境破坏、土地盐渍化、土壤和水环境污染等环境问题，直接危及人类的生存环境。不合理的矿区开发，造成矿区地表土地和植被破坏严重。一些矿山的开发建设过程工业废水及居民区大量污水的直接排放，导致水体环境恶化，不仅危害水生生物、污染土壤环境，还会破坏土壤质地结构。因废弃矿区会导致绿洲区的景观破碎，农田规模受限，地形地貌上表现为一个个深坑和矿渣堆，不仅影响景观的和谐，也会对人畜安全带来隐患。河谷人工绿洲和原来的天然绿洲在遭受人类过度开发的影响后其生态安全面临林草地退化、土壤盐渍化和沙漠化的多重威胁。这些废弃矿区很难在短时间内通过自我恢复的方式来实现自然恢复的目的。通常情况下，废弃矿区植被修复工程需要一定的水源保障予以实施，才能达到植被短期修复的目的。

地质环境破坏较严重区：①富蕴县—青河县—吉木萨尔县煤矿、多金属矿、非金属矿。该区位于准噶尔盆地东北部富蕴县加普萨尔、乌夏沟、恰库尔图北、卡姆斯特、清水—青河县城北、阿尕什敖包、阿尔加尔、科克萨依、野马泉、红柳沟—吉木萨尔县五彩湾。②吉木乃县—和布克赛尔蒙古自治县—克拉玛依市煤矿、岩金矿、铁矿、制灰用石灰岩矿、建筑石料矿、石灰岩矿、沥青矿、水泥配料用砂岩、水泥配料用泥岩、湖盐矿、建筑用砂矿、砖瓦用黏土矿矿山。该区位于吉木乃县诺海、喀尔交、布尔合斯代—和布克赛尔蒙古自治县和什托洛盖、巴音达拉—克拉玛依市乌尔禾—白碱滩。③乌苏市—沙湾市—石河子市—玛纳斯县—呼图壁县—昌吉市—乌鲁木齐市建筑石料矿、建筑用砂矿、砖瓦用黏土矿。该区位于乌苏市—奎屯市—沙湾市—石河子市—玛纳斯县的城镇附近。霍城县—博乐市—精河县—尼勒克县岩金矿、铜矿、铅锌矿、钼矿、辉锑矿、铁矿、长石矿、玻璃用石英岩矿、水泥用大理岩矿、水泥用石灰岩矿、石膏矿、冶金用白云岩矿。④霍城县大西沟、果子沟—博乐市别珍套山东段、库松木且克山、喀拉套—精河县阿恰勒河及精河上游—尼勒克县喀拉苏、陶坎。⑤察布查尔锡伯自治县—巩留县—新源县铜矿、锰矿、水泥用石灰岩矿、水泥配料页岩矿、水泥用黏土矿、建筑用砂矿、砖瓦用黏土矿。

3.2.1.4 荒漠区矿山生态问题

新疆北部的荒漠区主要指古尔班通古特沙漠，这里降水相对稀少，一般在50～150mm，而风力较大，如三十里风区、阿拉山口风区等。因此，开展矿区生态修复难度较大，但这里矿种多，待修复区较多，主要面对的生态问题是因开矿导致的水土流失加剧，而开矿时间长、强度大又导致地形起伏巨大，与周边地貌条件不吻合，另外因开采导致植被丧失后很难恢复，因采矿还导致土壤结构破坏，土壤丧失养分和种子，天然植被很难进行自我维持和自我调节。

这一区域矿产资源开发较少，但一些地方的矿产资源开发也造成了生态破坏、土地沙化加剧等生态问题。而且，过去上游截水农田开垦造成的地下水位下降、荒漠化加剧，导致了矿区退化土地环境更加恶化。这一区域降水稀少，大部分地区只有几十毫米，土质砂砾石化，依托植被的自然恢复过程十分缓慢。区域内的废弃矿区很难在短时间内通过自我恢复的方式来实现自然恢复的目的。通常情况下，废弃矿区植被修复工程需要一定的水源保障予以实施，才能达到植被短期修复的目的。

3.2.2 不同矿区类型存在的生态问题

不同类型的矿山开采方式不同，对生态环境的破坏方式不同，开采造成的生态问题亦存在明显差异。在分析不同地形地貌类型条件下的废弃矿区存在的生态环境问题的基础上，进一步讨论金属矿、煤矿和非金属矿存在的生态环境问题。

3.2.2.1 金属矿山存在的生态问题

金属矿是指通过冶炼可以从中提取金属元素的矿产，按其物质成分、性质和用途可分为5种：黑色金属矿产、有色金属矿产、贵金属矿产、稀有金属矿产、半金属矿产（杨浩，2014）。新疆的黑色金属矿产及有色金属矿产在全国占有一定的地位，已探明的金属矿产有27种。黑色金属矿产资源有铁、锰、铬、钒、钛5种，其中，铁矿已探明的储量居全国第5位，锰矿居全国第8位，铬矿居全国第5位。有色金属矿产主要有铜、镍、铅、锌、铝等，矿种的特点是分布广、矿点多、富矿多、伴生矿多，有利于综合开发利用。新疆北部区域是中国主要的稀有金属矿产地，尤其以铍、锂、铌、钽等稀有金属矿产享誉中外（梁潇丹，2020）。金属矿山的开采方式主要有露天开采和地下开采，在开采过程中对矿区生态环境带来以下破坏：

首先，金属矿在开采过程中会对矿区及其周边生态环境带来破坏。其包括：①地下开采的力度较大，金属矿山出现地表下沉、地表破裂和塌陷等地质环境问题，导致金属矿山土地资源的破坏。②开采金属矿山的过程中，可能会出现地表排水和地下水截断和倒流等现象，破坏地下水资源的质量和矿区及周边区域日常供水，影响矿区生态资源。③金属矿山开采需要完成露天开采、爆破、穿孔和运输等作业，在此过程中将产生大量的粉尘和汽车尾气，从而导致在矿区及周边区域空气质量下降，影响矿区周边大气环境。④金属矿山开采过程中，普遍存在采富弃贫、采大弃小的现象，引起矿产资源的严重浪费，影响矿区持续运营。⑤开采过程中，矿区内会产生大量的矿产废渣堆积物，影响矿区地貌景观，破坏矿区地形地貌与周边环境的一致性。⑥矿区开采金属矿产过程中，破坏矿区地表植被，从而造成水土流失、生态失调等生态问题。

其次，金属矿产开采区域存在重金属污染。金属矿山的污染大多数为复合型污染，与平常的有机污染物不同，重金属不能被生物分解，却可以在生物体内富集并转化为毒性较大的化合物（彭香琴 等, 2023）。金属矿山地区的重金属主要通过与有机物形成混合物的形式存在于土壤以及空气中，其对水、大气造成严重污染（Zhao *et al.*, 2023）。同时，重金属污染也造成土壤污染，但是，土壤污染通常需要分析化验方能检测出来，而且其破坏程度比较严重。重金属对空气、水资源、土壤等造成的二次污染随着气流以及水流的变化而变化，在其达到一定浓度时，会对金属矿区及周围的植物、农作物等造成危害（陈贵廷 等, 2023）。

针对新疆北部区域金属矿山开采造成的生态问题，各级政府及相关部门乃至全社会已给予高度重视，并利用先进技术及时治理，在矿区生态受损区域所采取的修复主要包括地形地貌修复、地表植被修复和重金属污染修复3个方面。其中，修复难度较大的是植被修复和重金属污染修复，并且在诸多金属矿山受损生态修复相关资料中，提出了相应的金属矿山生态破坏环境修复对策，包括转型的整治措施、采用微生物处理技术、重金属污染植被修复等。在阿尔泰山南坡—天山北坡矿区范围内，矿区生态环境修复，我们着重研究矿区地形地貌、土壤与植被修复，普遍存在的核心问题是缺水、少土和乡土植物种子难以获取。

例如，在新疆北部区域，阿尔泰山两河源自然保护区是整个阿尔泰山矿产资源比较集中分布的区域，也是实施金矿废弃矿区受损生态修复的典型区域，废弃矿山共20多处，均为露天开采的砂金矿。砂金矿作为新疆北部区域比较贵重的金属矿山，开采通常导致的生态问题主要表现在3个方面：①砂金开采过程中，剥离表层土壤，加之开采技术落后，改变土壤质地和土壤结构，破坏土壤的持水、保水能力和透水性能。②机械化的开采过程破坏矿区原有的地形地貌，使地表起伏度加大。

③地表土壤挖出过程中，土壤中的土壤养分、有机质和种子一起被移走，导致植被几乎丧失。实地调查发现，受到成矿条件的影响，金矿均分布在沿河道的河床、河漫滩、河床阶地上，离河流距离近，破坏面积和地形起伏大，加之受人为活动干扰，地表植被遭受破坏，导致土壤流失严重，砾石堆积严重，最终导致地形地貌破坏、土壤破坏、草地破坏和增加崩塌、滑坡及泥石流的危害等生态问题，具体表现情况在第7章第1节予以展开详细讨论。

3.2.2.2 非金属矿山存在的生态问题

新疆非金属矿产比较齐全，已探明的非金属矿产有43种。工艺美术用特种非金属与宝石矿产有水晶和各种宝石、玉石和彩石（张紫昭, 2020）。宝石已发现70多个品种，如驰名国内外的海蓝宝石、绿宝石、碧玺、芙蓉石、石榴石、紫罗兰宝石等。由于新疆非金属矿开采技术比较落后，导致非金属矿产资源浪费；许多非金属矿物，由于有特殊的结构（如层状、纤维状、多孔结构等），优异的吸附、过滤、脱色漂白等功能，应用于环境保护（王东旭 等, 2018）。但是，非金属矿的开发过程中又有损害生态环境的一面，尤其是采矿、选矿活动中大量排弃废石和尾矿、废水、废气、矿物粉尘，还产生噪声，对生态和环境都造成很大的负面影响。

例如，新疆北部区域的采砂矿通常分布在气候干旱、降雨稀少、蒸发量大、植被稀疏的荒漠区域，生态环境水土保持功能脆弱，开采方式多为露天开采，主要是3个方面的破坏：①在开采区，开采之后形成很深的一个坑，导致地形起伏加大，地貌景观破坏。②开采过程中，将砂石取走，改变开采区原来的土壤结构。③对原有土层结构带来破坏（具体在第7章第4节展开讨论）。除了砂石矿外，新疆北部区域的宝石矿，则主要集中分布在阿尔泰山宝石—玉石成矿带、西准噶尔宝石—玉石成矿带、东准噶尔宝石—玉石成矿带、西天山宝石—玉石成矿带、北天山玉石成矿带、东天山宝石—玉石成矿带，在开采过程中导致了地貌景观破坏、河道破坏等问题。在新疆北部区域内，阿勒泰地区福海县矿区淘金及宝石矿开采活动导致区内地表形态高低不平，区内开采活动尤其滥挖现象沿河道两岸分布，多为挖河道淘金形成，采坑特征不明显，坑口周边为弃料，形状多为椭圆形、长条形，坑壁靠山体侧近似直立，多数坑壁平缓，采坑大小不一，长70 ~ 220m不等，宽20 ~ 40m不等，深2 ~ 5m，其中，老金沟有3处为积水采坑，积水深度为1.4 ~ 3m，采砂坑共占地面积0.72km^2，体积约为213.4×10^4m^3。此外，地质环境问题的形成是多年来无序开采宝石及砂金造成的。由于未能及时对被破坏的地质环境进行恢复，致使该区千疮百孔，天然植被破坏严重，河道行洪受到威胁，人类频繁的开采工程活动是造成地质环境问题的主要因素。原始地形陡峻，没有形成崩塌、滑坡、泥石流、地面塌陷、地面沉降、地裂缝等地质灾害的自然条件。据现场调查，由于矿区内乱采滥挖的人类工程活动，致使部分废料堆放于河道内，大部分废料尤其矿渣紧邻河道两岸随意堆放，河道下切，两岸边坡高陡，土体结构较为松散，稳定性较差，水土流失现象严重（图3-1）。同时，在地震和暴雨的影响下易引发崩塌及泥石流等地质灾害。

（a）

（b）

图3-1 福海县宝石矿地质地貌破坏现状

3.2.2.3 煤矿开采导致的生态问题

新疆煤炭储量丰富，其中，烟煤储量超过400×10^8t，是全国重要的煤田之一（田野 等, 2023）。目前，新疆煤炭开采主要以露天采矿和井下采矿为主，深部开采仍处于起步阶段。未来，煤炭产业将逐步向技术含量高、环保和节能型煤炭开发转型升级，加快新疆煤炭行业的可持续发展（叶鲁青 等, 2023）。伊犁哈萨克自治州是新疆煤炭产业的重要区域，伊宁、霍城等县市是新疆最早开始开采煤炭的地区之一。另外，哈密市和吐鲁番市也有一定规模的煤炭储量和开采量。在矿产资源开发利用过程中，几乎所有的煤矿都存在不同程度的滑坡、崩塌、泥石流等地质灾害的危害（侯凤兰 等, 2015）。煤矿一般又分为露天煤矿和井工煤矿2种，不同矿种产生的生态问题也不同。

新疆北部区域的露天煤矿存在的生态问题主要表现在：露天开采活动会造成一些陡坎和边坡，地面及边坡开挖会影响山体和斜坡稳定性，导致岩（土）体变形，诱发崩塌和滑坡等地质灾害；矿渣随意堆放，造成超负荷堆放，引起滑坡；部分矿山矿渣顺沟堆放，遭遇下雨，沟内汇水携带大量矿渣形成泥石流（谭晓东 等, 2021）。

井工煤矿开采活动对现有地面设施和矿区及周边地形地貌景观也会带来一定的破坏：煤层开采引起的采空区塌陷和裂缝，影响矿区原有的地貌景观；开采过程中，可能会生产大量高盐弃水，影响矿区周边环境等。

例如，准东大井煤矿区南露天煤矿位于卡拉麦里山南麓，是典型的露天开采煤矿，地势总趋势呈东北高、西南低，地形波状起伏，地貌形态为残丘状的剥蚀平原（具体在第3章第4节“3.4.3”展开讨论）。其生态环境破坏情况可以概括为以下几点：

（1）自然环境条件恶劣：矿区自然环境条件的恶劣主要体现在降水量极少、蒸发强烈、夏季干热风频繁发生，使得地表几乎没有任何植物，干旱、脆弱的生态环境加大了矿山生态修复的难度。

（2）地形地貌破坏严重：煤矿采掘活动在地表形成较大采坑，深度可达数百米，矿区周边的排土场堆放高度可达40m以上，坡度角超过15°，总体对原始地形地貌影响较大。

（3）表层土壤破坏：矿区在开采过程中，露天采场、卡车排土场、沿帮排土场、境界内排土场、地面生产系统、工业场地和矿山道路的开挖和建设，损毁或压占土地面积，表层土壤损毁。

3.2.3 矿区各功能区存在的生态问题

根据对不同矿区生产功能的划分，可以将矿区分成5个功能区，由于不同功能区生产方式存在差异，导致出现的生态问题也不同，下面进行分别介绍。

3.2.3.1 主采区

在矿山范围内，主采区是生态环境问题最多、最严重的功能区。根据开采方式的不同，露天开采矿山和地下开采矿山的主采区存在的生态问题亦不相同。

（1）露天煤矿主采区存在的生态问题

①地形地貌破坏：由于大量矿产开采，主采区内形成诸多大大小小的坑，破坏矿区原有的地形地貌环境，形成人工堆积地貌，导致矿区内地貌景观与周边环境不一致。

②地表径流和地下水污染：主要由于采矿、选矿活动，使地表水或地下水含酸性、含重金属和有毒元素，这种污染的矿山地表水或地下水统称为矿山污水。矿山污水危及矿区周围河道、土壤，甚至破坏整个水系，影响人类生产用水和生活用水。当有毒元素、重金属侵入食物链时，会给人类带来潜在的威胁。

③大气污染：露天采矿及地下开采工作面的钻孔、爆破以及矿石、废石的装载运输过程中产生的粉尘，废石场废石的氧化和自然释放出的大量有害气体，废石风化形成的细粒物质和粉尘，以及尾矿风化物等，在干燥气候与大风作用下会产生尘暴等，这些都会造成区域环境的空气污染。

④固体废弃物污染：由于矿山开采与生产、加工、运输过程中产生有毒有害的固体废弃物，许多矿山随意倾倒固体排弃物导致沟壑、河道淤塞，泄洪不畅，水患不断。

⑤土地破坏及土壤结构的破坏：矿山开采，特别是露天开采造成了大面积的土地遭到破坏或被占用，严重影响矿区原来的土地资源，导致生态环境恶化，尤其造成土壤结构破坏。

⑥加剧矿区水土流失：露天采矿过程中剥离原生地表植被和表层岩土，使地貌完全丧失生物生产力，形成石漠化景观，引起矿区内水土流失现象，严重影响矿区生态环境。

（2）井工煤矿主采区存在的生态问题

井工煤矿开采活动过程中，由于地下的局部采空，形成地表塌陷和地面下沉。地表塌陷形成“大坑”，植被遭到破坏，改变了原有的生态系统，使土地丧失使用功能；同时诱发滑坡、崩塌，破坏含水层，造成水源缺乏，土壤酸化，最终危害农作物，破坏生态系统原有的生态平衡。

①地形地貌破坏：井下采矿过程中，将矿物采出后，其上覆岩层失去支撑，岩体内部应力平衡受到破坏，从而导致采空区上覆岩层发生位移、变形直至破坏。

②地质环境破坏：由于井下开采作业的开展，地下岩体环境不结实，诸多矿山存在崩塌、滑坡、塌陷的危害，严重影响矿区地表环境和人身安全。

③井下开采的采场虽不直接破坏地表植被和表层岩土，但由于其可能会对地下水系统造成影响，导致矿区生态环境遭到破坏。

3.2.3.2 道路

矿区道路作为矿区的主要运输通道，是采矿活动必要的构成要素。在空间结构上，矿区道路是其他要素的连接纽带，连接着开采面、选矿池、固体废弃物、矿内建筑物和尾矿库等矿区其他功能区。

①土壤压实：由于常年运输，道路原始土壤被压缩而使土壤结构丧失，导致土壤含水量减少，失去土壤养分，几乎不生长植被。

②土壤结构破坏：土壤有机质含量降低、结构变差，影响土壤种子和微生物的活性，从而影响土壤团粒结构的形成，导致土壤板结。

③原有植被丧失：由于土壤中植物生长需要的养分、有机质和水分遭到破坏，造成原有植被丧失，无法生长新的植物。

④土壤中的植物种子失去活力：道路长时间压实，土壤中的有机质含量降低，土壤种子库遭到破坏，植物种子失去活力，导致植被丧失，破坏矿区植被环境。

3.2.3.3 边坡

边坡的治理是矿山受损生态修复的重点，对边坡进行工程防护与生态绿化治理，以防止边坡塌陷、水土流失，是矿山受损生态修复的前提。然而，在废弃矿山受损生态环境修复工作中，边坡作为矿区内重要的功能区之一，其存在的生态环境问题直接影响到矿区生态环境以及通过崩塌、滑坡等方式对人身安全带来严重威胁。边坡修复中的生态问题主要归纳为：

（1）影响矿区坡体稳定性

受多年开采活动的影响，部分露天矿区已形成高陡边坡，继续开采会导致其被采程度不断加深、边坡角度不断加大，同时岩土边坡的变形程度与范围也不断加深。高陡边坡在开采采动作用下其稳定性遭遇挑战，容易诱发坡体失稳情况的产生，潜在风险加剧，严重时甚至会造成人畜受到伤害。

（2）边坡崩塌

边坡崩塌是由多条垂直裂隙构成的岩石边坡土体，在自重及其他外力的共同影响下，发生失稳，与母体分离，从而发生坍塌。在岩质边坡土基坑工程中，坡体内的应力将发生重新分配，并在较弱的坡面区形成裂缝。另外，在边坡的土体中，如果没有对其进行及时的支护保护，将导致土体的失水，从而导致裂缝的萌生与发展。伴随着裂隙的出现，风化和地质作用加快了坡面土体裂隙的发展速度，导致被裂隙切割开来的坡面各个土体单位从坡面母体上脱落，然后往下坠落，造成崩塌现象，在坡脚会形成堆积物。

（3）坡面泥石流

斜坡泥石流是一种在降雨与自身重量共同影响下产生的具有毁灭性的土壤侵蚀现象，通常在特定的环境中出现。风化侵蚀严重的坡面，在土体流动性较高、地面径流比较集中的时候，很容易形成坡面泥石流。泥石流的来源是边坡坡脚堆积物和坡面的松散小颗粒，它们在雨季降雨形成的坡面径流的影响下，会挟带而来。坡面边沟和涵洞很容易被泥石流堵塞，如果情况比较严重的话，还会对路基和路面造成损害。

（4）滑坡

滑坡现象是指坡面土体在自身重量及其他外部力的综合影响下，沿着一定的滑裂面产生的一种整体滑移。边坡的失水会增加岩石边坡的强度，并诱导岩石中微裂纹的萌生与扩展，从而为降雨进入边坡土体提供了一个便利的途径，而土壤又会重新吸附水分，从而造成岩石的力学性能的弱化。水土复合过程中产生多次的滑坡现象。所以，在许多引发滑坡的因子中，最重要的一个因子就是经常出现的天气变化引起的坡体强度的减弱。边坡坡度、边坡地貌特征、坡面高度、地下水作用和地震作用也都是引发滑坡的主要影响因素之一,一般情况下，滑坡会出现在多雨的季节，并且具有很强的破坏性。

（5）景观破坏

矿山开采给岩石边坡带来了极大的破坏，矿山开采对岩石边坡和矿山边坡、排土场废料堆积和场地的开掘和填埋场等都产生了巨大的影响。因为在早期，由于场地挖填、表土剥离、采矿剥岩、废渣堆放等采矿活动，导致了自然山体严重破损、基岩裸露，并产生了大小不一的露天高陡边坡、露天采坑及矿山撂地等现象。采矿活动对矿区的原始地形进行了巨大的改造，对自然地貌景观与地表生态植被造成了严重的破坏，同时还出现了严重的水土流失现象，原本优美的自然景观已经不复存在。

3.2.3.4 堆积物

在矿区内，堆积物主要是指在主采场堆积的矿山废弃石堆，在加工场内加工后的矿产资源以及在生活区范围内的生活垃圾堆等。这些堆积物不仅占用了大量的土地资源，会对环境造成污染和破坏，因此，对于矿山废石堆的处理措施，是一个非常重要的问题。对于矿山废石堆的处理，可以采用填埋的方式。这种方式是将废石堆运输到指定的填埋场，然后进行填埋处理。矿区堆积物对矿山生态环境带来的破坏可以概括为以下几点：

①占用土地面积，破坏土壤环境：在矿区内堆积的矿产资源和废弃物，占用土地资源，通过压榨、污染等方式严重影响土壤环境和土地利用方式。尤其是生活垃圾和废弃物对土壤环境产生的影响较大。

②破坏植被环境：通过占用矿区内部分区域，导致原始植被破坏，生长环境遭到破坏，影响植被生长。

③形成坡体边坡，有滑坡、崩塌风险：堆积物坡度超过安全范围之后，具有崩塌、滑坡风险，严重影响人身安全。

④影响矿区原有的地形地貌环境：大小不同的堆积物除了污染矿区生态环境，也是影响矿区地貌景观与周边自然景观协调性的重要因素。

3.2.3.5 矿区内临时建筑物

矿区内临时建筑物是指必须限期内拆除、且结构简易的构筑物和其他设施，包括施工现场使用的暂设性的办公用房、生活用房、围挡等构筑物。对矿区原有环境的影响主要包括：破坏和占用土地资源，废物排放对周围环境的污染，对地表原有植被、地形及地表环境的不利影响等。具体可以概括为以下几点：

①建筑物占用原始自然土地资源，改变原始土地利用状况。

②生活区域和办公区域内制造的生活垃圾污染矿区环境，对土壤、植被和周边大气环境带来破坏。

③矿区内建筑物所占的土壤长期被压实而使土壤结构丧失，导致土壤养分、有机质流失，使植被、土壤修复难度加大。

3.3 矿区生态问题识别与诊断方法

矿区生态问题识别与诊断是矿区受损生态修复工程的关键。在新疆北部区域矿产资源丰富，但矿区生态修复时，针对矿区生态问题识别与诊断的方法方面研究欠缺，因此，有必要明确矿区生态修复尺度和生态问题识别与诊断指标，并进行生态问题等级划分。

3.3.1 矿区生态修复尺度的确定及生态问题等级划分

3.3.1.1 矿区生态修复尺度的确定

国土空间生态保护修复工程是在一定国土区域范围内，按照山水林田湖草沙是生命共同体的理念，依据国土空间规划以及保障国土空间生态安全等相关专项规划，为提升生态系统自我恢复能力，增强生态系统稳定性，对受损、退化、服务功能下降的若干生态系统进行整体保护、系统修复、综合治理的过程和活动（梁朝铭，2021）。为此，自然资源部办公厅发布了国土空间生态保护修复工程实施成效评估指标体系，其包括3种尺度的评估指标体系，分别为工程范围评估指标体系、子项目评估指标体系、生态保护修复单元评估指标体系。工程范围是根据自然地理单元划定的，具有相对完整生态功能、由相互作用的多类生态系统或多个自然生态要素组成的空间范围，包括生态保护修复工程的实施区域及其主要影响区域，是一个封闭连续的闭合区域。矿区生态环境作为由地形地貌、气候、水文、土壤和植被等自然地理要素组成的独立的空间范围，是属于工程尺度的修复工程（李莲花，2014）。因此，对矿区受损生态环境进行修复时，参考国家自然资源部发布的工程范围的指标体系，结合新疆地处不同地形地貌类型的矿山开采所导致的矿山生态问题及破坏程度，提出实用性强，适合新疆矿山生态问题识别与诊断的指标体系和修复评估的指标体系，为新疆矿山受损生态修复工程的开展与推广提出科学的识别与诊断方法。

3.3.1.2 矿区生态问题等级划分

根据矿区生态环境破坏程度的不同，对生态问题可以分为Ⅰ级、Ⅱ级和Ⅲ级等3个等级（姬红英，2011），见表3-1。

表3-1 矿区生态问题等级划分

问题类型	评价指标	Ⅲ级	Ⅱ级	Ⅰ级
土地损毁	土壤肥力降低幅度	高	中	低
	土壤污染程度	高	中	低
水资源破坏	地表水、地下水水质	高	中	低
	地下水水位	高	中	低
生态退化	植被盖度	高	中	低
	植物群落结构	完整	比较完整	不完整

Ⅰ级：场地存在重大地质安全隐患，地质条件不稳定，或场地存在具有影响环境安全的重大水土污染问题，或存在严重土地损毁、水资源破坏，地表植被生境受到严重影响，生态退化严重。

Ⅱ级：场地存在一定的地质安全隐患，地质稳定性较差，或场地局部存在水土污染，存在一定程度土地损毁、水资源破坏，局部植被盖度与质量受到影响，物种生境条件较为稳定，生态系统结构与功能较为完好。

Ⅲ级：场地不存在地质安全隐患和水土污染，地质稳定性与水土质量良好，地表仅存在少量土地损毁或水资源破坏，仅局部植被盖度与质量受到影响，物种生境条件稳定，生态系统结构与功能完好。

3.3.2 矿区生态问题识别与诊断调查内容

矿区生态问题识别与诊断调查主要是针对不同矿区的不同功能区分别开展调查。

3.3.2.1 主采区

主采区一般是矿山主要开采的地方，对矿山主采区进行生态问题识别与诊断调查时，检查主采区的地形地貌、土壤结构、坡度、边坡稳定性、地下水位、植被状况、景观破坏程度等（图3-2）。

（a）

（b）

图3-2 典型的矿山主采区

3.3.2.2 道路

矿山道路是指矿区范围内地面上供矿山（自卸）汽车通行的部分或通往附属厂（车间）和各种辅助设施的各类汽车通行的部分。矿山道路被大型卡车、采挖机等机器的占压下，道路表土层、土壤结构、原地形地貌、植被、土壤水分等受到破坏（图3-3）。

（a）

（b）

图3-3 典型的矿山道路

3.3.2.3 边坡

矿区边坡是指露天矿场四周的倾斜表面，即由许多已经结束采掘工作的台阶所组成的总斜坡，它与水平面的夹角称为边坡角。大部分边坡形成在主采区四周和道路边上（图3-4）。

（a）

（b）

3-4 典型的矿区边坡

3.3.2.4 矿区临时建筑物

矿区临时建筑物是指必须限期内拆除、且结构简易的构筑物和其他设施，同时也包括因工程需要而使用钢、钢筋混凝土、水泥、砖、木、石等其他耐久性材料修建的，二年内必须限期拆除的构筑物和其他设施。例如：员工宿舍、污水处理站等（图3-5）。

（a）（b）

图3-5 典型的矿区临时建筑物

3.3.2.5 堆积物

矿区堆积物主要指的是内排土场排除的废渣石，垃圾堆；一般矿区废弃堆积物坡度较大，容易导致崩塌、滑坡等（图3-6）。

（a）（b）

图3-6 典型的矿区堆积物

3.3.3 矿区生态问题识别与诊断指标的确定

根据矿山主采区、道路、边坡、临时建筑物、堆积物5个不同功能区，运用综合指标法计算生态问题指标，选择能够反映矿区地形地貌破坏、坡度变化、土壤破坏、植被破坏和植物多样性破坏相关的具体数据指标作为矿区生态问题诊断指标来开展调查。识别与诊断地形地貌破坏的生态问题时，选择地表起伏度作为计算的数据指标；识别与诊断矿区坡度变化的生态问题时，选择矿产开采所形成的边坡坡度作为计算的数据指标；识别与诊断土壤破坏的生态问题时，选择土壤有机碳或者土—石比作为计算的数据指标；识别与诊断矿区植被破坏的生态问题时，选择植被盖度作为具体计算指标，而物种多样性破坏方面重点关注植物丰富度指数。然后，将不同的各指标标准化处理，标准化之后的指标值均在0～1范围之内。随后，用专家打分法确定矿区地表起伏度、边坡坡度、土壤有机碳或土—石比、植被盖度和植物丰富度等生态问题数据指标的权重，模型由各单因子指标以及对应权重乘积相加。生态问题识别与诊断时，生态问题指标值越大，表示废弃矿区所存在的生态问题越严重，修复其受损生态的难度也越大。

3.3.4 矿区生态问题诊断指标的计算

根据已选取的生态问题识别与诊断指标，即地表起伏度、边坡坡度、土壤有机碳、植被盖度、物种多样性指数等指标计算矿区存在的生态问题诊断数据指标值，首先将这5个指标进行归一化处理，即：地表起伏度的归一化值为某单措施对应的地貌环境地表起伏度除以所有措施中最大的地表起伏度，即：地表起伏度归一化=地表起伏度/地表起伏度最大值；其余边坡坡度、土壤有机碳、植被盖度、物种多样性指数按照同样的方法进行计算，其计算公式如下：

$$RF_{归一化}=\frac{RF_i}{RF_{max}} \tag{3-1}$$

$$slope_{归一化}=\frac{slope_i}{slope_{max}} \tag{3-2}$$

$$SOC_{归一化}=\frac{SOC_i}{SOC_{max}} \tag{3-3}$$

$$CO_{归一化}=\frac{CO_i}{CO_{max}} \tag{3-4}$$

$$S_{归一化}=\frac{S_i}{S_{max}} \tag{3-5}$$

式中：RF为地表起伏度；RF_i为第i个措施的地表起伏度；$slope$为边坡坡度；SOC为土壤有机碳；CO为植被盖度；S为物种多样性指数。

$$EPD=\sum_{i=1}^{n} T_R\frac{L_R}{L_{Rmax}}\ (R=1,2,\ldots,n) \tag{3-6}$$

式中：EPD为矿区生态问题诊断指数；L_R为第L个诊断方法第R个指标；T_R为第R个指标的权重；EPD值越大，生态问题越严重。

3.4 矿区生态问题识别与诊断方法的应用案例

在新疆北部区域的废弃矿山生态环境调查和生态恢复实际工程实施过程中，筛选出一些能够体现矿区存在的生态问题的数据指标，并选择昭苏县采砂矿、额敏县黏土矿和准东露天煤矿，通过生态问题识别与诊断指数公式（3-6）得出3种不同矿山的生态问题严重程度数据指标值。最后，通过将计算结果进行对比，可以知道不同矿山受损生态修复的难度并对矿区破坏程度进行对比。

3.4.1 昭苏县采砂矿生态问题识别与诊断

昭苏马场西侧、南侧2个废弃采砂坑位于新疆维吾尔自治区伊犁哈萨克自治州昭苏县昭苏马场，CK1位于军马场牧业三队东侧30m处，中心地理坐标为E81° 00′ 05.65″，N43° 07′ 01.24″，面积约为3500m^2；CK2位于军马场牧业一队北侧35m处，中心地理坐标点为E80° 59′ 28.5″，N43° 06′ 09.9″，面积约为12300m^2（图3-7）。

（a）　　　　（b）

图3-7 昭苏县典型采砂矿区域范围

本矿的采矿类型属于采砂矿，各个调查区存在的生态问题具体如下：

3.4.1.1 主采区存在的生态问题

①地形地貌：采掘砂石料形成了2个采砂坑，CK1采坑南侧边坡较深且坡面陡立，边坡角最大可达70°；CK2采坑东侧、北侧坡面较陡，边坡角约65°，且深度大，已有少量土壤滑坡。

②土壤：由于采矿活动，采砂坑表层土壤严重破坏，现状条件下已开挖成蜂窝状，大坑套小坑，土壤物理结构被破坏（图3-8）。

（a） （b）

图3-8 昭苏县砂石矿主采区土壤破坏情况

③地表植被：由于主采区土壤表层有机质被破坏、密度较大，植被结构破坏严重，周围有少量植被分布，主采区本身地表植被基本丧失（图3-9）。

（a） （b）

图3-9 昭苏县砂石矿矿区植被破坏情况

④边坡：由于砂石采掘主采区形成几乎垂直于地表的边坡，边坡角最大可达90°（图3-10）。

（a） （b）

图3-10 昭苏县砂石矿主采区边坡情况

⑤对水系的影响：昭苏马场地下水位较高，水位埋藏深度大于10m，采坑底部已有地下水渗出，马场中间南北向为大卡拉干沟，CK1、CK2分布于干沟东西两侧，CK1东侧1.4km处为小吐尔根布拉克河，两处水系由北向南纵穿平原区，注入特克斯河，矿区环境破坏会直接影响河流水环境。

3.4.1.2 道路形成的生态问题

CK2采坑西南侧为机械、车辆出入口，采坑废弃后，仍有车辆运输大量垃圾至采坑内堆卸，车辆碾压地表的痕迹明显，长此以往造成植被和土壤物理结构被破坏，形成致密的土壤（图3-11）。

图3-11 昭苏县砂石矿矿山道路情况

3.4.1.3 边坡导致的生态问题

在矿区内，主采区采砂坑和堆积物形成边坡，矿区范围内，主采区形成的边坡角最大值可达到90°，CK1采坑周边堆积物形成的边坡角最大可达70°，CK2采坑东侧、北侧坡面较陡，边坡角约65°。边坡的形成严重影响矿区地貌景观，增大滑坡、泥石流的危害，破坏植被立地条件，破坏土壤物理结构，最终导致土层破坏，土壤养分流失，植被无法生长。

3.4.1.4 矿区临时建筑物引起的生态问题

在矿区周围有居民房屋、仓库等，采坑南侧临近民房及电力设施，但南侧边坡坡度较缓，结构较为稳固，无继续扩大的趋势，短期内不会造成坍塌、滑坡等地质灾害。人类活动产生的生活垃圾和污染物等堆积在矿区范围内影响矿区地貌景观，造成土壤污染和大气污染。

3.4.1.5 堆积物引起的生态问题

大量生活垃圾、废土堆和废渣石，对地表土壤及地表水产生污染，随着被污染的地表水侵入地下含水层中，极易对地下水环境造成二次污染，威胁当地用水安全。

3.4.2 额敏县郊区乡锡伯特村西域砖厂生态问题识别与诊断

额敏县郊区乡锡伯特村西域砖厂废弃矿区位于塔城地区额敏县郊区乡锡伯特村南侧（图3-12），向东距额敏县直线距离为10km，中心地理坐标为E83° 29′ 22.76″ ，N 46° 31′ 48.45″ ，总面积约为329738m^2。

图3-12 额敏县郊区乡锡伯特村西域砖厂矿区区位

西域砖厂及周边地区总体地势东北高、西南低，三面环山，属典型的大陆性温带气候，四季分明。采矿类型属于黏土矿，是采掘黏土形成的1个黏土坑，垃圾等废料堆4个，现状条件下已开挖成蜂窝状，大坑套小坑。各个调查区域存在的具体生态问题如下：

3.4.2.1 主采区存在的生态问题

矿采类型属于黏土矿，开采方式是露天开采，采掘黏土形成了1个黏土坑。主采区存在的生态问题包括：

①地貌景观破坏：裸露的采坑顺道路一侧延伸，严重影响视觉景观，破坏当地自然环境，造成土地资源的严重浪费。

②土壤和植被功能：主采区地表内凹凸不平，对原始地形地貌造成严重的破坏，无表土层、亚表土层和植被，土壤和植被的功能基本丧失。

③形成垂直落差：矿坑坡体垂直落差0.5～4m不等，最大4m，如图3-13所示。

④对大气环境的影响：主采区扬尘较大，与风相互作用易形成沙尘天气，甚至沙尘暴，对周边地区空气质量有影响。

(a)

(b)

图3-13 额敏县郊区乡锡伯特村西域砖厂矿区地貌景观破坏情况

3.4.2.2 道路及其周边存在的生态问题

矿区范围内有简易道路通行，运输过程中道路被车辆碾压，导致道路土壤紧密、硬化，无植被生长，道路边缘未形成高边坡，周边地形平坦（图3-14）。

(a)

(b)

图3-14 额敏县郊区乡锡伯特村西域砖厂矿区道路及周边破坏情况

3.4.2.3 边坡及其周边存在的生态问题

矿区内边坡主要形成在黏土坑和垃圾堆积物区内，黏土坑边坡高度为0.5～4m，周围比较平坦，影响地貌环境与周边的一致性，增加危害人身安全的可能性；破坏土壤结构，从而影响植被生长，破坏植被立地条件，使植被无法生存（图3-15）。

(a)

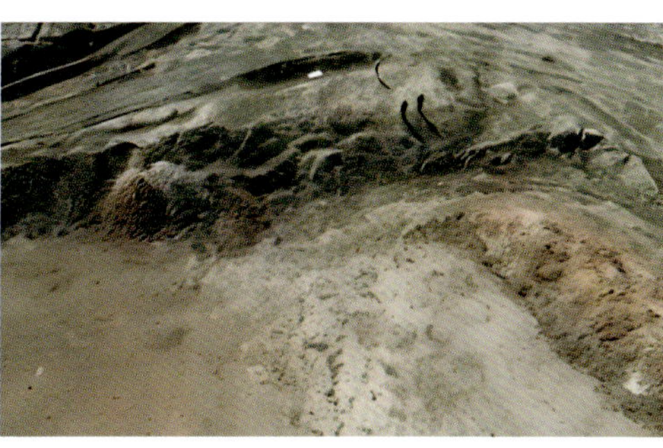

(b)

图3-15 额敏县郊区乡锡伯特村西域砖厂矿区边坡情况

3.4.2.4 临时建筑物引起的生态问题

矿区南侧紧邻农九师团结农场四连，有诸多房屋，主要的破坏方式包括生产、生活垃圾，造成土壤污染与大气污染。此外，废弃矿区本身有诸多废弃开采设施、设备等，影响地貌景观，严重影响矿区环境。

3.4.2.5 堆积物引起的生态问题

矿区范围内堆积的垃圾较多，易造成水体（尤其是地下水）和土壤的污染，影响植被生长，形成堆积物边坡，从而影响土壤结构，使植被无法生长，破坏地貌环境与周边的协调性。

3.4.3 准东大井煤矿区南露天煤矿生态问题识别与诊断

准东大井煤矿区南露天煤矿位于准东煤田大井矿区的西南部、吉木萨尔县城北100km处，行政区划属吉木萨尔县管辖。露天煤矿范围地理坐标为E 89° 13′ 00″～89° 28′ 15″，N 44° 45′ 15″～44° 58′ 30″，中心地理坐标：E89° 19′ 06″，N44° 50′ 43″，海拔500～1100m，南北宽3.26～8.33km，东西长2.97～5.31km，总面积4584hm^2。

准东大井煤矿区南露天煤矿在开采过程中，主要的破坏方式是对土地的开挖和压占，影响的主要因素包括表层土、地质结构、地下水、大气和景观美化度；由于开采区域周边为荒漠戈壁，植被稀少，故对植被的影响不明显（图3-16）。

（a）　　　　　　　　　　　　（b）

图3-16 准东大井煤矿区南露天煤矿植被状况

3.4.3.1 准东大井煤矿区南露天煤矿主采区存在的主要生态问题

现状下，露天采矿对地形地貌破坏较严重，已开采区域地表长度为2012m，宽度为1868m，开采范围约2.34km^2，已露天开采造成2.34km^{2}土地挖损（图3-17）。

（a）　　　　　　　　　　　　（b）

图3-17 准东大井煤矿区南露天煤矿主采区地形地貌

在开采过程中，露天采场的最大开采深度为250m、矿区总体构造形态呈单斜状，边坡角10°～35°；境界内排土场高较低，自然条件下高差多在5～15m（图3-18）。

（a）　　　　　　　　　　　　（b）

图3-18 准东大井煤矿区南露天煤矿主采区排土场边坡

采挖导致主采区表土层和土壤结构破坏，并且地表植被基本丧失，开采造成的大气污染较轻。采矿和疏干排水导致矿区周围主要含水层的影响或破坏。

3.4.3.2 准东大井煤矿区南露天煤矿道路存在的主要生态问题

根据准东矿区总体规划，准东煤电化工业园区规划矿区公路一条，道路长度为70m×103m，矿区道路的占压问题较轻，表土层被占压导致植被丧失（图3-19）。

图3-19 准东大井煤矿区南露天煤矿道路

3.4.3.3 准东大井煤矿区南露天煤矿边坡及周边存在的生态问题

准东大井煤矿区南露天煤矿边坡主要形成在煤坑四周和道路两边，最大边坡角35°，周围比较平坦，但影响地貌环境与周边的一致性，破坏土壤结构程度较小，边坡及周围的植被基本丧失。

3.4.3.4 准东大井煤矿区南露天煤矿临时建筑物存在的生态问题

临时建筑物分布在生活区和辅助生产区，生活区面积为12.21hm^2，包括办公室、体育馆及宿舍联合建筑、提升泵房、原水调节水池、日用消防泵房、生活水池、生产及消防水池、储水池、净水间、锅炉房、宿舍及食堂（图3-20）。辅助生产区面积为18.16hm^2，包括设备库、综合维修间、卡车及工程机械维修保养间、卡车及工程机械库、洗车间、沉淀池及污水处理间、综合材料库、设备器材库、器材棚等建筑物。

（a）

（b）

图3-20 准东大井煤矿区南露天煤矿临时建筑物

3.4.3.5 准东大井煤矿区南露天煤矿堆积物存在的生态问题

堆积物大部分堆积在矿区排土场里，包括建筑垃圾、矸石堆积、剥离的其他岩土，砂、黏土及少量砾石，松散堆积体顶部及平台坡度3°～5°，堆积物边坡角20°。

3.4.4 矿山生态问题诊断指数的计算

根据上述3个矿山存在的地形地貌、土壤与植被环境破坏情况，确定生态问题识别与诊断数据指标，对昭苏县采砂矿、额敏县黏土矿和准东大井煤矿不同矿区的5个功能区存在的生态问题诊断指标来开展调查，随后进行生态问题识别与诊断，计算生态问题指数。

由计算结果可知，3种矿区存在的生态问题严重程度依次为A矿（0.895）>B矿（0.85）>C矿（0.63），计算结果如图3-21所示（其中，A矿为昭苏县废弃采砂矿、B矿为额敏县黏土矿、C矿为准东大井煤矿）。从诊断结果发现：昭苏县废弃采

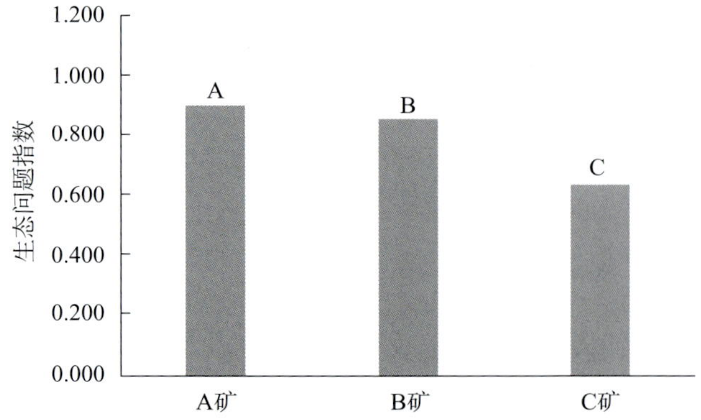

图3-21 三种矿区存在的生态问题诊断及其严重程度对比情况

砂矿的生态问题最严重，受损生态环境修复的难度最大。昭苏县采砂矿由于开采砂石料，对矿区地形地貌、土壤结构破坏比较严重，矿区范围内地表植被基本丧失，导致生态环境破坏程度较大。准东大井煤矿的生态问题识别与诊断指数最小，说明该矿区受损生态环境修复的难度最小。

本章以新疆北部区域内不同地貌类型下的不同类型矿山为研究对象，对不同矿区及其功能区存在的地形地貌与周边环境协调性破坏、土壤结构破坏、植被破坏等生态问题进行了识别与诊断，综合分析和讨论，可以得到以下几点结论：

（1）不同类型的矿产资源开采造成的生态问题存在明显的差异性。金属矿山开采过程中，除了普遍存在的地形地貌、土壤结构、植被长势和物种多样性破坏等生态问题外，还会造成重金属污染，对人类健康带来严重危害；非金属矿山开采过程中，通过生产大量废弃物堆积在地表上，对地貌与周边环境的协调性带来破坏，引起水土流失、泥石流、崩塌、滑坡等危害；煤矿开采过程中通过生产大量高盐矿井水，影响矿区周边生态环境，露天煤矿通过地面及边坡开挖会影响山体和斜坡稳定性，导致岩（土）体变形，诱发崩塌和滑坡等地质灾害。

（2）矿山生态问题识别与诊断，通过将矿区分为5个不同功能区，即主采区、道路、边坡、矿区内临时建筑物、堆积物，以地形地貌破坏、土壤破坏、植被破坏、坡度变化、水系污染等5个指标作为矿区生态问题数据指标，开展调查并进行生态问题识别与诊断。

（3）对不同地貌环境下的3种不同类型的矿山进行生态问题诊断，对3种矿区存在的生态问题识别与诊断的结果表明，3种矿区的主采区所存在的生态问题比其他区存在的生态问题较严重。3种矿区的生态问题综合分析结果表明：3种矿区存在的生态问题严重程度依次为昭苏县采砂矿（0.895）>额敏县黏土矿（0.85）>准东大井煤矿（0.63）；昭苏县采砂矿的生态问题最严重，受损生态环境修复的难度最大，准东大井煤矿的生态问题最轻，受损生态环境修复的难度最小。

第4章
矿区生态修复的微地形营造机理研究

新疆干旱缺水和降水稀少的气候条件决定了在新疆开展生态建设的核心是解决水资源紧缺的问题，有水则是绿洲，无水就是荒漠。在水分相对丰富的山区不仅分布有固体矿产资源，在水资源紧缺的平原绿洲区和荒漠区也分布着大量的煤炭、石油、天然气、盐类等成矿带。就现已开发的矿点分布情况来看，在整个新疆的矿点中，新疆北部地区的矿点占比63%，而在新疆北部区域的矿点中，阿尔泰山的矿点占27%，天山的矿点占25%，其他地区的矿点占48%。因此，针对不同的区域如何实现矿区受损生态修复是摆在我们面前的现实问题，而从可持续发展的角度看，必须以自然恢复为主、人工促进为辅的原则，也就是不依赖灌溉条件实现恢复目标生态系统的生境改善和植被群落结构和功能的自我恢复，而要实现这点则需要创造一个能实现植被自我恢复的外部环境条件，在自然条件下实现水分能够满足植被发育、生长和繁殖的最低需求是矿区受损生态系统修复的前提，如何在年降水量只有几十毫米条件下实现植被的自然恢复困难重重。古人云“师法自然”，这一理念为我们坚持以自然恢复为主、人工促进为辅的原则，实现矿山生态修复目标指明了方向。在矿区周边未破坏区域生长着大量植被，它们是如何存活下来的，需要我们进行深入的研究和分析。

本章从微地形条件下天然植被差异、土壤种子库的差异和土壤粒径的差异以及微地形在改变风沙流的作用几个方面入手进行分析，探究矿区受损生态修复的微地形营造机理，为废弃矿区的受损生态修复工作提供理论依据。

4.1 微地形差异下的天然植被变化

在自然条件下，天然植被的生长主要受几个方面的影响，也就是常说的纬度和海拔两因素，还有就是非地带性，这些都是宏观尺度的因素。从中观尺度上来说，微地形的差异也会影响天然植被的分布，例如，在新疆随处可见的是在道路两侧的浅沟中生长着大量的植被，而在戈壁滩的大平滩上，常常是一株植物都没有，微地形的差异会引起植被种类和长势等差异，这些差异表现在哪些方面？引起差异的原因是什么？

4.1.1 研究方法

为了验证微地形对天然植被的影响，我们选择阿尔泰山南麓的科克苏湿地国家级自然保护区对不同微地形条件下天然植被的组成和物种多样性变化开展研究，选择三组地形区域，即微地形起伏较大但被外界来水能够长时间淹没的区域、微地形起伏较大但较短时间被水淹没的区域和地形平坦且几乎很少时间被水淹没的区域。选择2021年地物特征明显的8月进行采样。共选择16个样点、84个样方，如图4-1所示。每个样点设置4组1m×1m的草本植物样方利用梅花取样法（徐俏 等，2018; Tich *et al.*, 2019）进行采样。详细调查样方内出现的植被情况，包括物种组成、植被高度、植被密度、植被盖度及地上生物量等。将样方内植被齐地剪取，带回实验室在65℃恒温箱中进行烘干处理，测量样方内植被干重。

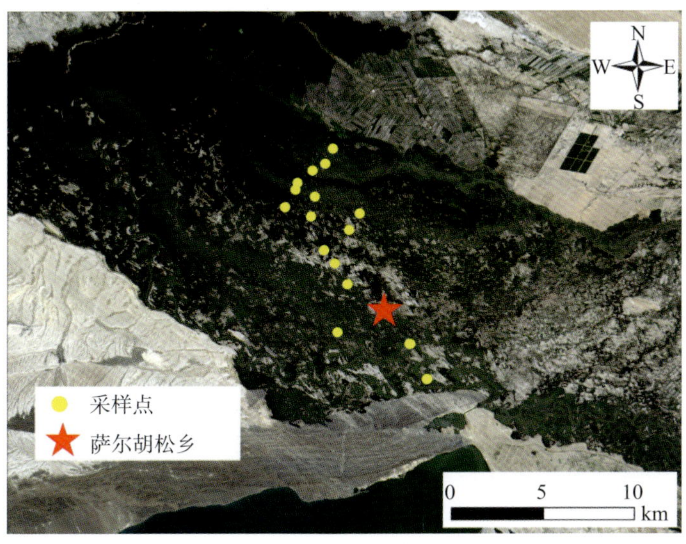

图4-1 科克苏湿地样点分布情况

利用植物样地调查的方法，调查不同微地形差异条件下植被的长势差异和植物多样性的变化，具体调查方法包括以下几方面内容。

4.1.1.1 微地形沟槽区幼苗库调查

幼苗库的调查与地表植被调查同时进行。在每个微地形起伏沟槽样地内人工随机设置5个2m × 2m的幼苗库（高度<2.5cm）样方。调查内容包括：幼苗物种组成、株数、高度和盖度等，具体方法如下：

幼苗物种组成：为了使调查数据更加精确，在调查幼苗物种组成时通过样方内全覆盖面积的幼苗依次按照“Z”字形记录不同的植物物种名称，以免遗漏（傅荩仪 等, 2013）。

株数：在样方内选择1/4能代表整个样方平均水平的范围，通过计数每一个体求得此面积内的植物物种数量，以此数量作为依据扩大4倍即得出每个样方的植物物种株数（王增如 等, 2009）。

高度：在样方内随机选取同一植物物种10株进行测量，以样方内测量高度的平均值作为该物种的种高度，不足10株的物种测量样方内所有该种高度求平均值（Kern *et al*., 2019）。

盖度：通过草本植物盖度的测量方法确定草本植物的覆盖度（徐俏 等, 2022）。

在阿勒泰市巴里巴盖乡萨尔喀仁村监测断面选取典型的自然沟槽。由图4-2所示，沿水位线向上等距离选取沟底、沟中和沟顶3个位置。每个位置设置3个1m × 1m样方，调查不同微地形差异下幼苗物种组成和个体数量。

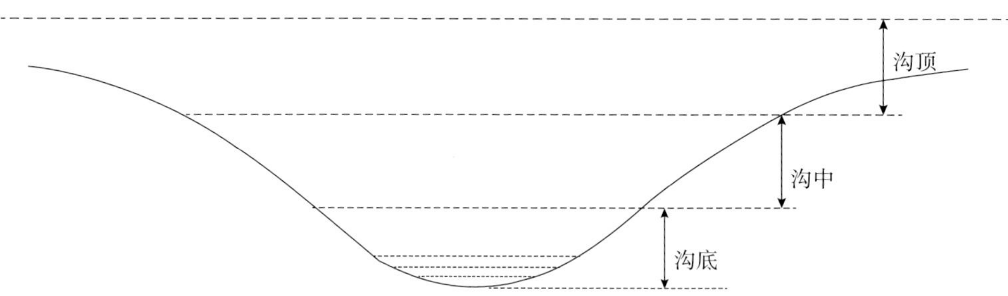

图4-2 萨尔喀仁村监测断面微地形差异下的植被状况

4.1.1.2 物种重要值计算

重要值（IV）既能表示群落中不同物种的分布情况，也可反映出物种在群落中的功能地位，常用来比较某一物种在群落中的重要性，其计算公式：

$$IV=(P+C+H)/3 \tag{4-1}$$

式中，IV为重要值，P为相对频度；H为相对高度；C为相对盖度。

4.1.1.3 物种多样性的测度与方法

物种多样性是指动物、植物及微生物种类的丰富性，它是人类生存和发展的基础。物种的多样性是生物多样性的关键。通常，群落物种多样性采用Margalef丰富度指数（D_{Ma}）、Simpson多样性指数（D）、Shannon-Wiener多样性指数（H'）、Pielou均匀度指数（J），比较各群落多样性的变化特征，比较各群落间相似性特点（许佳 等，2019）。计算公式如下所示：

重要值：IV=（相对高度+相对频度+相对盖度）/3 （4-2）

Simpson指数：$D = 1-\sum_{i=1}^{S} P_i^2 \, (i=1, 2, \ldots, S)$ （4-3）

Shannon-Wiener指数：$H = -\sum_{i=1}^{S} (P_i \ln P_i)$ （4-4）

Margalef指数：$D=\dfrac{S-1}{\ln N}$ （4-5）

Sorensen相似性系数：$SC=\dfrac{2\omega}{(a+b)}$ （4-6）

式中，N为样方的总个体数；N_i为第i种的个体数；S为样方的总物种数；P_i表明第i个物种的出现频率，$P_i=N_i/N$；ω为土壤种子库和幼苗库共有的物种数；a和b分别为土壤种子库和幼苗库各自的物种数。

所有实验数据采用SPSS软件进行单因素方差分析和LSD多重比较。

4.1.1.4 群落数量分类

采用WinTWINS 2.3软件对物种—样地矩阵进行双向指示种分析，在划分过程中，先将所有样地和种类分成0和1两大类，然后这两大类再各自划分成两类，依此类推，直至达到所要求的划分水平为止（Kern *et al.*, 2019）。

4.1.1.5 排序分析

以阿勒泰科克苏湿地国家级自然保护区内微地形影响下物种×样地（19×35）和平坦未受影响下物种×样地（3×11）两组矩阵数据为基础，运用CANOCO 5.0软件进行DCA排序分析，并用以验证TWINSPAN等级分类结果（金玲 等，2022；Schlatter *et al.*, 2015）。

4.1.2 研究结果

4.1.2.1 物种组成

本次调查共出现21种植物，隶属11科18属（表4-1）。其中，禾本科（Poaceae）和菊科（Asteraceae）植物分别占植物物种总数的19.05%；其次是蔷薇

表4-1　微地形差异下植被物种组成状况

科名	属名	种的中文名	学名	平坦区	微地形沟槽区
禾本科 Poaceae	芦苇属 *Phragmites*	芦苇	*Phragmites australis*	√	√
	羊茅属 *Festuca*	羊茅	*Festuca ovina*		√
	芨芨草属 *Achnatherum*	芨芨草	*Achnatherum splendens*	√	√
	黑麦草属 *Lolium*	黑麦草	*Lolium perenne*		√
菊科 Asteraceae	千里光属 *Senecio*	千里光	*Senecio scandens*		√
	蒲公英属 *Taraxacum*	蒲公英	*Taraxacum mongolicum*		√
	苦苣菜属 *Sonchus*	苦苣菜	*Sonchus oleraceus*		√
	香青属 *Anaphalis*	香青	*Anaphalis sinica*		√
蔷薇科 Rosaceae	委陵菜属 *Potentilla*	委陵菜	*Potentilla chinensis*		√
		二裂委陵菜	*Potentilla bifurca*		√
		裂叶委陵菜	*Potentilla fissa*		√
豆科 Leguminosae	棘豆属 *Oxytropis*	矮小棘豆	*Oxytropis pumila*		√
	铃铛刺属 *Halimodendron*	铃铛刺	*Halimodendron halodendron*	√	
蓼科 Polygonaceae	蓼属 *Polygonum*	两栖蓼	*Polygonum amphibium*		√
		酸模叶蓼	*Polygonum lapathifolium*		√
唇形科 Lamiaceae	薄荷属 *Mentha*	薄荷	*Mentha canadensis*		√
车前科 Plantaginaceae	车前属 *Plantago*	车前	*Plantago asiatica*		√
泽泻科 Alismataceae	慈姑属 *Sagittaria*	慈姑	*Sagittaria trifolia*		√
伞形科 Apiaceae	茴香属 *Foeniculum*	茴香	*Foeniculum vulgare*		√
莎草科 Cyperaceae	薹草属 *Carex*	薹草	*Carex* spp.		√
藜科 Chenopodiaceae	藜属 *Chenopodium*	灰绿藜	*Chenopodium glaucum*	√	

科（Rosaceae）植物占植物物种总数的14.29%；豆科植物（Leguminosae）和蓼科（Polygonaceae）植物二者分别占植物物种总数的9.52%；唇形科（Lamiaceae）、车前科（Plantaginaceae）、泽泻科（Alismataceae）、伞形科（Apiaceae）、莎草科（Cyperaceae）、藜科（Chenopodiaceae）植物各占植物物种总数的4.76%。分布于微地形沟槽内的植物有19种，分布于平坦区未受影响的植物有4种。

4.1.2.2 不同微地形条件下的植被变化特征

（1）不同微地形条件下的植物高度、植物盖度、植物密度变化

由图4-3可知，不同微地形条件下的植被密度变化表现为，平地＞沟中＞沟顶＞沟底＞坡上，其中，平地的植被密度较大，为229株/m^2，坡上的植被密度较小，为8株/m^2，平地的植被密度比坡上的植被密度高出93%；不同微地形部位影响下植被平均高度变化表现为，平地＞沟顶＞沟中＞沟底＞坡上，分布于平地的植被平均高度较大，为32cm，分布于坡上的植被平均高度较小，为4cm，平地的植被平均高度比坡上的植被平均高度高出79%；不同微地形部位影响下植被盖度变化的表现也类似，表明地形的差异引起植被的差异。

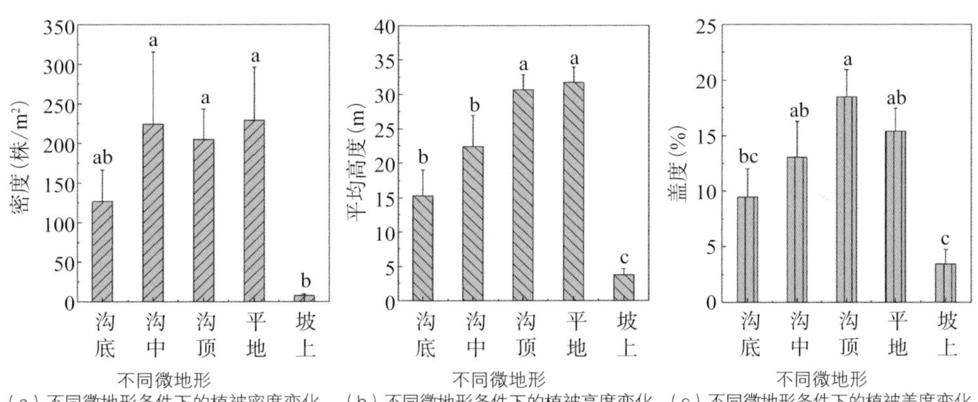

（a）不同微地形条件下的植被密度变化　（b）不同微地形条件下的植被高度变化　（c）不同微地形条件下的植被盖度变化

图4-3 不同微地形对植被的影响

（2）不同微地形条件下的植物物种多样性变化

由图4-4可知，不同微地形条件下的Simpson多样性指数变化表现为，平地＞沟顶＞沟中＞沟底＞坡上，由沟底至坡上呈先增加后减小的趋势，其中，平地的Simpson多样性指数变化较大，其次是沟顶的，其值分别为0.452、0.323，沟底的Simpson多样性指数变化较小，为0.119，平地的Simpson多样性指数变化比沟底的Simpson多样性指数变化高出52.81%，且平地和沟顶的Simpson多样性指数变化显著高于沟中、沟底、坡上Simpson多样性指数变化（$P<0.05$）。

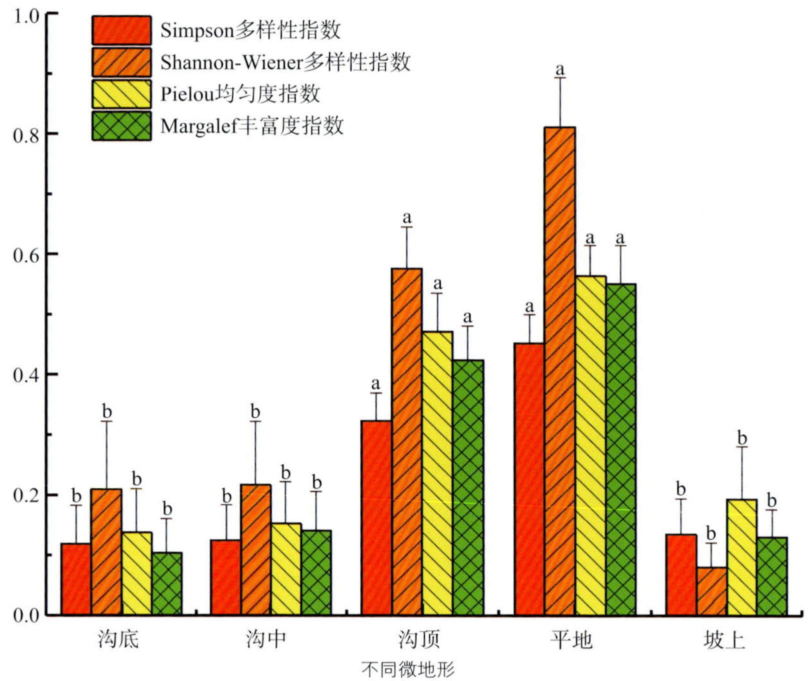

图4-4 不同微地形条件下的植被物种多样性变化特征

4.1.2.3 不同微地形条件下的植物群落空间分布

（1）微地形条件下的植物群落聚类分析

以微地形条件下的各样地物种重要值为基础数据，对各样点进行TWINSPAN群落聚类分析（图4-5）。结果表明，TWINSPAN将物种划分为8个组分，同时将所有样点划分为13个组分，结合野外调查的实际情况和群落生境特征，采用第四级群落水平的划分标准，最终将其归并为5个群落（图4-6）。

通过重要值大小确定各层优势种，并依据《中国植被》的分类原则和系统，对所划分的群落进行命名，各群落类型主要特征及分布范围如下：

类型I：薹草+芦苇群落。含样点11、16、19，海拔483.4～484.8m；优势种为薹草，其盖度为42%～89%，平均高度为56cm；次于优势种的物种为芦苇，伴生种为薄荷和慈姑；群落总盖度较大，范围为50%～96%，平均盖度70.33%。

类型II：薹草+羊茅+芦苇群落。含样点1～3、5～10、13、14、21、25、28、31、32，海拔482.5～490.9m；优势种为薹草，盖度为2%～51%，平均高度为37.51cm；次于优势种的物种为羊茅和芦苇；伴生种为车前、薄荷、芨芨草；群落总盖度相差较大，范围为23%～92%，平均盖度66.21%。

类型III：芦苇+薹草+黑麦草群落。含样点12、22、24、26、27、29、30、

```
                              样点
                              1112        111222331222233323 1112   物种分类
                              16931235678903415812224793456045780
物种                                                                 等级LSD
Plantago asiatica             ----2--4-53455----331--------------   0000
Festuca ovina                 -----5-3---------3-----------------   0000
Polygonum amphibium           -------4---------------------------   0000
Polygonum lapathifolium       ----------------3------------------   0000
Potentill fissa               ---4-------------------------------   0000
Mentha canadensis             -43------4-------------------------   0001
Carex spp.                    55555555555555555555545554555------   001
Lolium perenne                ------------------2---5-4-4545-----   001
Potentilla bifurca            ----------------------------43-----   001
Phragmites australis          -4--554554453455555544555545-555555   01
Taraxacum mongolicum          ---4----2-4---------2---------4----   01
Potentilla chinensis          ----------3-------4-23-33443-35443-   10
Oxytropis pumila              ---------3--2-------3-5--43----443-   10
Sonchus oleraceus             ----------4-3-------2---3-4--3-4---   10
Senecio scandens              ----3--------4------33----------444   110
Achnatherum splendens         --------4----------------------4--5   111
Sagittaria trifolia           -34----------------------------5-4-   111
Anaphalis sinica              ----------------------------------4   111
Foeniculum vulgare            ----------------------------------3   111

                              00000000000000000000000000000011111
                              00000000000000000000111111111100001
                              000111111111111111110000000011
                                 0111111111111111101111111
                              样点分类等级 LSD
```

注：*Festuca ovina*-羊茅；*Polygonum amphibium*-两栖蓼；*Polygonum lapathifolium*-酸模叶蓼；*Potentill fissa*-裂叶委陵菜；*Plantago asiatica*-车前；*Mentha canadensis*-薄荷；*Carex* spp.-薹草；*Lolium perenne*-黑麦草；*Potentilla bifurca*-二裂委陵菜；*Phragmites australis*-芦苇；*Taraxacum mongolicum*-蒲公英；*Potentilla chinensis*-委陵菜；*Oxytropis pumila*-矮小棘豆；*Sonchus oleraceus*-苦苣菜；*Senecio scandens*-千里光；*Achnatherum splendens*-芨芨草；*Sagittaria trifolia*-慈姑；*Anaphalis sinica*-香青；*Foeniculum vulgare*-茴香。

图4-5 微地形条件下的植物群落TWINSPAN聚类矩阵

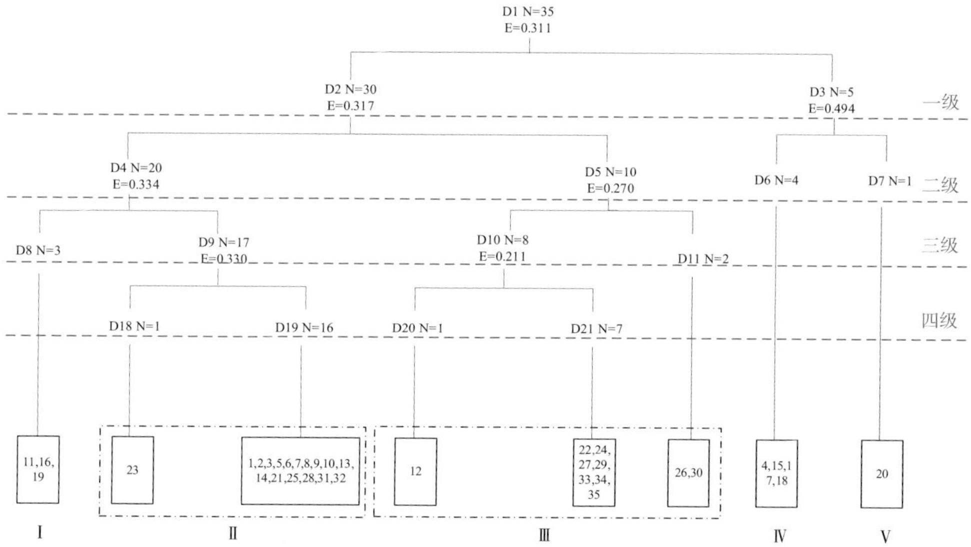

注：E代表特征值，N代表样点数量，D代表分类次数，“级数”表示分类水平数，罗马数字代表群落类型.

图4-6 微地形条件下的植物群落TWINSPAN树状分类情况

33～35，沟底、沟中、沟顶、平地均有分布，海拔483.5～843.2m；优势种为芦苇，其盖度为5%～38%，平均高度为47.75cm；次于优势种的物种为薹草和黑麦草；群落总盖度较大，范围为68%～92%，平均盖度75.2%。

类型Ⅳ：芦苇+慈姑群落。含样点4、15、17、18，海拔483.4～495.8m，；优势种为芦苇，其盖度为3%～50%，平均高度为56.25cm，次于优势种的物种为慈姑；群落总盖度相差较大，范围为25%～90%，平均盖度70%。

类型Ⅴ：芦苇+芨芨草群落。仅含样点20，分布于平地，海拔484.8m；优势种为芦苇，其盖度为30%，平均高度为61.75cm；次于优势种的物种为芨芨草；该群落盖度较小，为45%。

（2）平坦无起伏的地形条件下的植物群落聚类分析

将平坦无起伏地形物种重要值为基础数据，对各样点进行TWINSPAN群落聚类分析（图4-7）。结果表明，TWINSPAN将物种划分为2个组分，同时将所有样点划分为4个组分，结合野外调查的实际情况和植物群落生境特征，采用第二级群落水平的划分标准，最终将其归并为3个植物群落（图4-8）。

```
                         样点 Sample point
                                 1 1
                         34678591120
物种 Species                              物种分类
Achnatherum splendens    5555555-3--   0  等级 LSD
Phragmites australis     -----455555   1
Chenopodium glaucum      ---------53   1

                         00000001111
                         00000110011
                         样点分类等级  LSD
```

注：*Achnatherum splendens*-芨芨草；*Phragmites australis*-芦苇；*Chenopodium glaucum*-灰绿藜。

图4-7 平坦无起伏地形条件下的植物群落TWINSPAN聚类矩阵

类型Ⅰ：芨芨草群落。含样点3、4、6～8，海拔487.5～488.1m；优势种为芨芨草，平均高度为12cm；群落平均盖度7.2%。

类型Ⅱ：芨芨草+芦苇群落。含样点1、5、9、11，海拔486.6～489.95m；优势种为芨芨草，其盖度为0.5%～25%，平均高度为3.33cm；次于优势种的物种为芦苇；群落平均盖度13.88%。

类型Ⅲ：芦苇+灰绿藜群落。含样点2、10，海拔489.5m；优势种为芦苇，其盖度为0.8%～2%，平均高度为5.75cm；次于优势种的物种为灰绿藜；群落平均盖度16.5%。

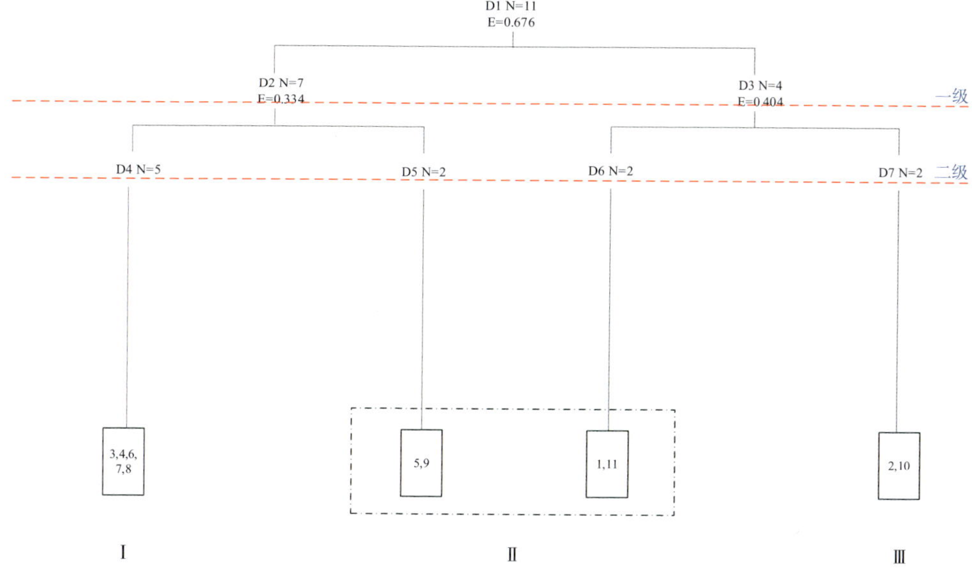

注：E代表特征值，N代表样点数量，D代表分类次数，“级数”表示分类水平数，罗马数字代表群落类型

图4-8 平坦无起伏地形条件下的植物群落TWINSPAN树状分类情况

（3）不同微地形条件下样点DCA分析

采用植物物种—样地矩阵数据，分别对起伏沟槽区和平坦无起伏地形两种不同地貌条件下调查样点进行DCA排序（图4-9）。结果显示：两种不同地形条件下4个排序轴的特征值分别为0.4764、0.3520、0.1530、0.0929（微地形起伏）和0.7040、0.0055、0.0000、0.0000（平坦无起伏地形），二者均表现为第1排序轴特征值最大，第2排序轴次之，显示出重要的生态意义，因此，采用前两个排序轴做二维排序图。DCA排序结果与TWINSPAN分类所产生的各群落类型基本吻合，且在排序图上能

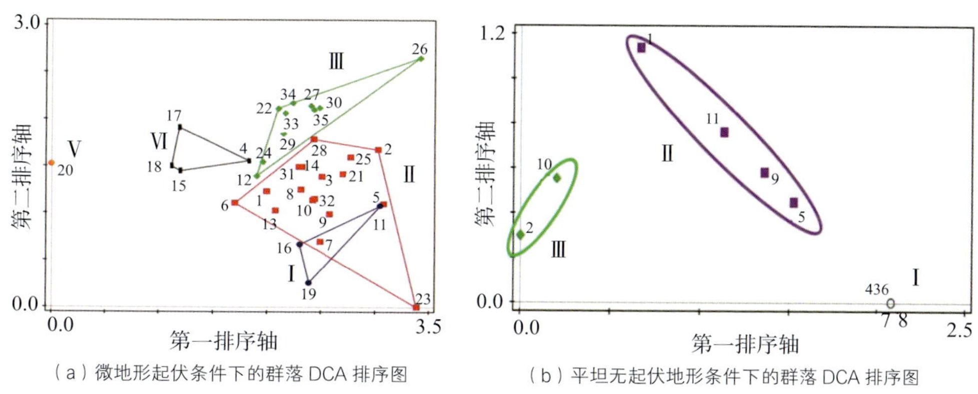

图4-9 微地形（a）起伏和（b）平坦无起伏地形条件下的群落DCA二维排序情况

明显地显示出来，样地排序与植物群落的分类有很大的相似性，说明DCA排序能较好地反映出实际观测情况。

4.1.2.4 不同微地形条件下的各群落物种多样性变化特征

（1）微地形条件下的群落物种多样性变化

TWINSPAN聚类所划分5个植物群落的物种多样性指数变化如图4-10所示。结果表明，各群落类型的物种多样性指数均表现为由群落Ⅰ至群落Ⅴ呈逐渐增大趋势，各群落类型的Simpson多样性指数、Shannon-Wiener多样性指数、Pielou多样性指数整体变化趋势相一致。图4-10（a）和4-10（b）反映出各群落类型多样性的变化特征，各个群落Simpson多样性指数与Shannon-Wiener多样性指数变化均表现为群落Ⅴ＞群落Ⅲ＞群落Ⅳ＞群落Ⅱ＞群落Ⅰ，其中，群落Ⅴ的多样性指数最大；其次是群落Ⅲ的，多样性指数分别为0.495和0.874，群落Ⅰ的多样性指数最小。图4-10（d）反映各群落类型丰富度的变化特征，各群落类型的Margalef丰富度指数变化表现为群落Ⅴ＞群落Ⅲ＞群落Ⅳ＞群落Ⅱ＞群落Ⅰ，其中，群落Ⅴ中物种数量较多。

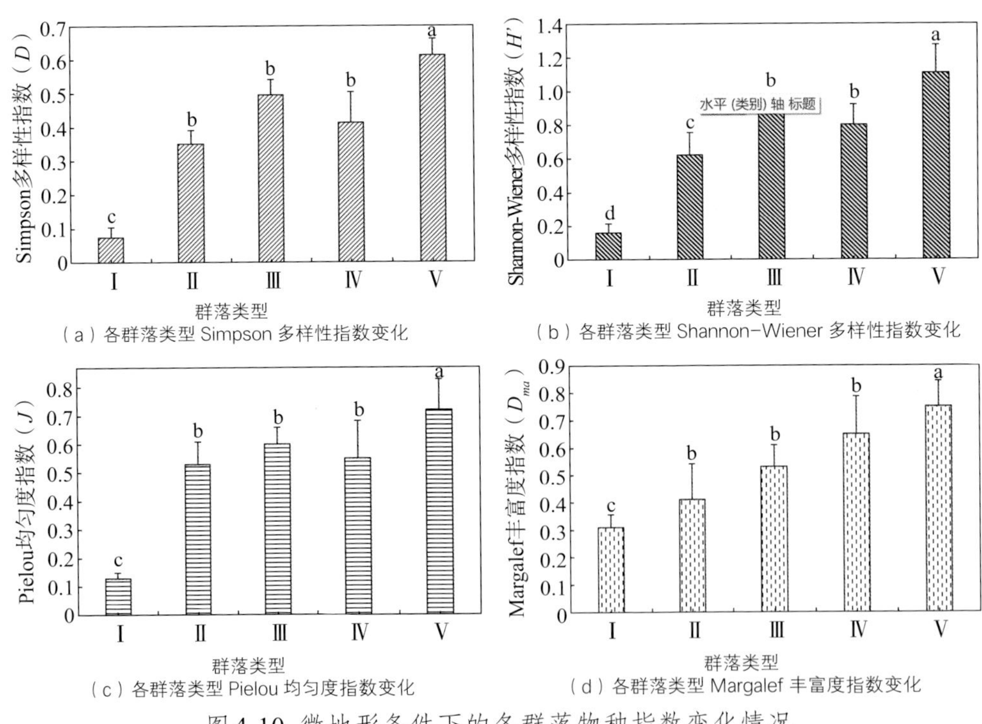

（a）各群落类型 Simpson 多样性指数变化

（b）各群落类型 Shannon-Wiener 多样性指数变化

（c）各群落类型 Pielou 均匀度指数变化

（d）各群落类型 Margalef 丰富度指数变化

图4-10 微地形条件下的各群落物种指数变化情况

（2）平坦无起伏群落物种多样性变化

TWINSPAN 聚类所划分 3 个植物群落的 α- 物种多样性指数变化分析结果如图 4-11 所示。结果表明，各群落类型的物种多样性指数均表现为由群落 I 至群落 III 呈逐渐增大趋势，各群落类型的 Simpson 多样性指数、Shannon-Wiener 多样性指数、Pielou 均匀度指数、Margalef 丰富度指数整体变化趋势相一致。

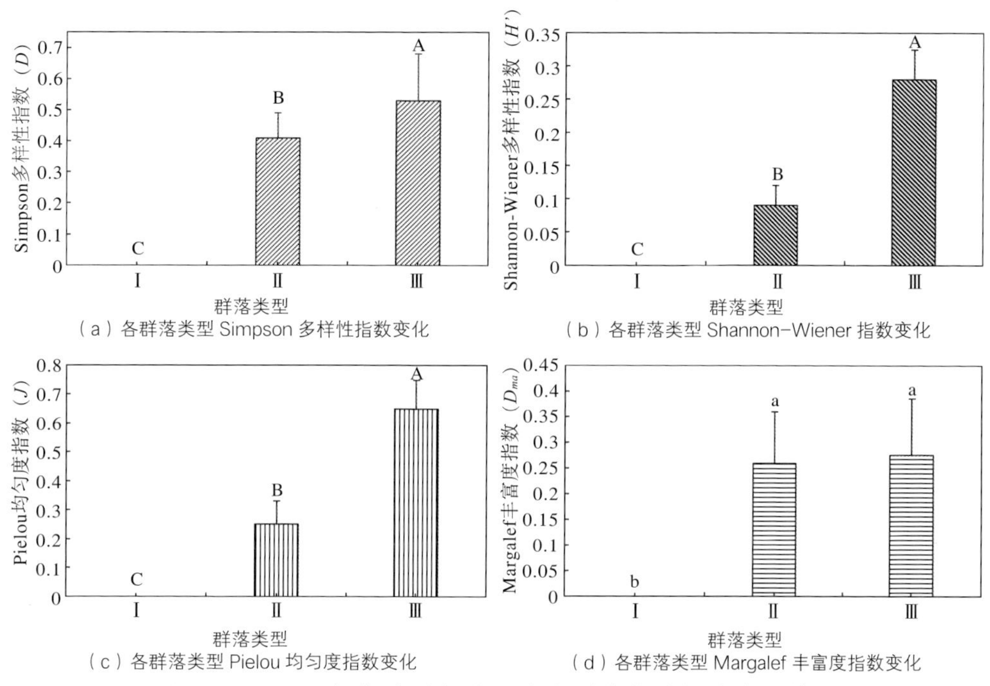

（a）各群落类型 Simpson 多样性指数变化　（b）各群落类型 Shannon-Wiener 指数变化

（c）各群落类型 Pielou 均匀度指数变化　（d）各群落类型 Margalef 丰富度指数变化

图 4-11　平坦无起伏地形条件下的各群落物种指数变化情况

（3）微地形条件下的群落物种多样性差异变化

不同微地形条件下的 α- 物种多样性指数变化分析结果如图 4-12 所示。结果表明，两种方式下的物种多样性指数均表现为由沟槽＞平地，且 Simpson 多样性指数、Shannon-Wiener 多样性指数、Pielou 均匀度指数、Margalef 丰富度指数整体变化趋势相一致。图 4-12（a）和（b）反映出不同微地形条件下多样性的变化特征，Simpson 多样性指数与 Shannon-Wiener 多样性指数变化均表现为沟槽＞平地，受微地形影响沟槽的多样性指数显著高于平地的多样性指数（$P<0.05$）。图 4-12（c）反映出不同地形方式的物种分布均匀程度，Pielou 均匀度指数变化表现为沟槽＞平地，物种在受起伏沟槽地形影响下分布较为均匀，受微地形影响沟槽的均匀度显著高于平地的均匀度（$P<0.05$）。图 4-12（d）不同微地形影响下丰富度的变化特征，Margalef 丰富度指数变化表现为沟槽＞平地，其中，受微地形影响下物种数量较多，沟槽的丰富度显著高于平地的丰富度（$P<0.05$）。

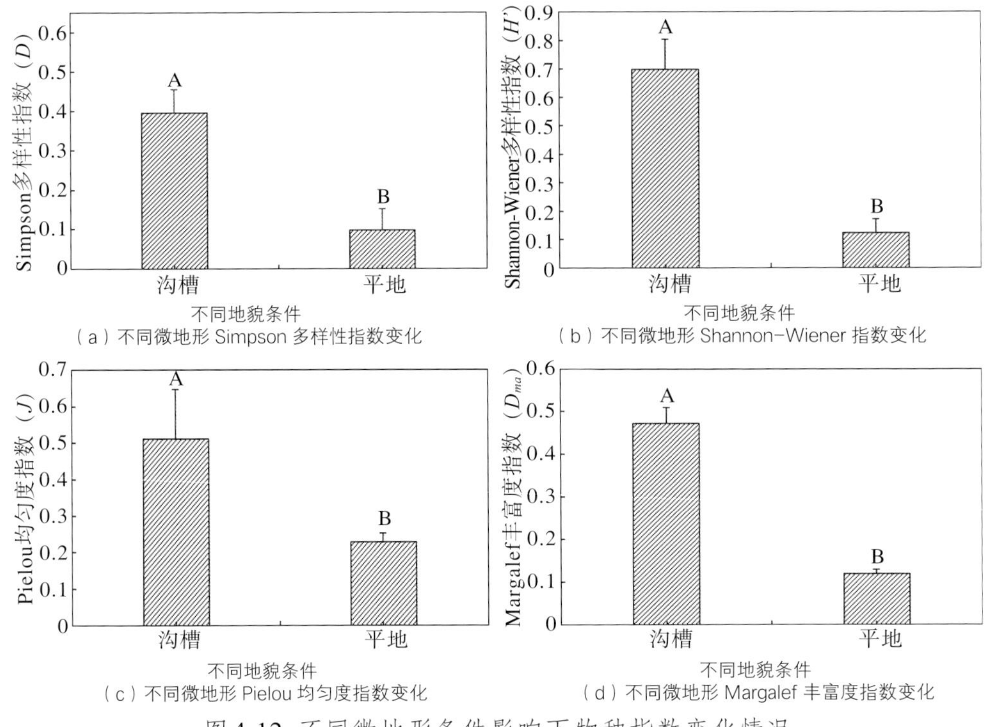

（a）不同微地形 Simpson 多样性指数变化

（b）不同微地形 Shannon-Wiener 指数变化

（c）不同微地形 Pielou 均匀度指数变化

（d）不同微地形 Margalef 丰富度指数变化

图4-12 不同微地形条件影响下物种指数变化情况

4.2 微地形差异下的土壤种子库变化

土壤种子库作为植被群落潜在恢复能力，是衡量群落恢复潜力的重要指标，对植被更新、群落演替及受损生态系统恢复等都具有重要意义，因此，可以通过分析微地形差异下土壤种子库的变化，从机理上分析不同微地形差异下植被种类的变化，间接表征未来植被潜在恢复能力的差异。

4.2.1 研究方法

为了分析微地形开沟不同部位土壤种子库差异，选择石河子莫索湾垦区周边区域，于2021年6月开展了土壤种子库取样及研究，在样地内设置5条样线，在每个植被调查样方的对角线选取5个大小为20cm × 20cm的样方。为保证取样面积的精确，取样时采用专门制作的木框（内径为20cm × 20cm）置于样方上（图4-13），以防周围土壤滑落，用金属小铲取0 ~ 5cm厚的原状土（左艳洁 等，2021）。

土壤种子库萌发试验：选用10cm × 10cm × 5cm的小木盒作发芽床。发芽床内装1 ~ 2cm厚的蛭石作基质。所有的木盒放在露天，以模拟自然环境。每天调查一次，记录种子萌发情况，对萌发的幼苗进行标记，能够辨认出来的幼苗记录其种类。对于无法辨认的幼苗采取盆栽法，培养幼苗，确定幼苗种类。萌发时间一般持续4个月开展试验。通过补充水分，使土壤充分湿润，让土壤中具有活力的种子充分萌发（徐海量 等,2008）。

（a）

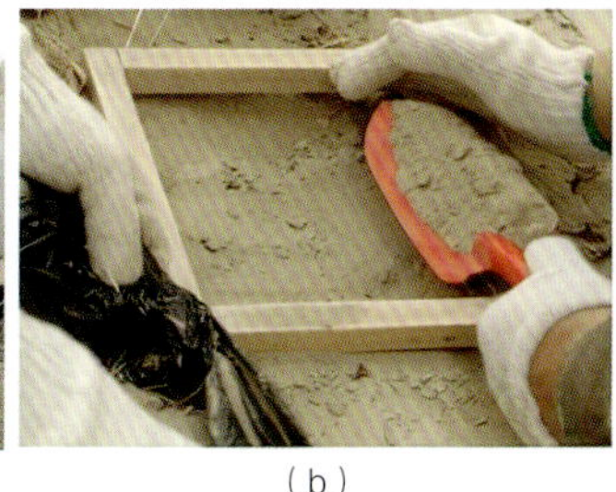

（b）

（c）

图4-13 土壤种子库萌发试验

种子库和幼苗库密度统计：试验萌出的幼苗数量依据所取土样质量和面积，参试供试样土的质量，折算成每平方米所萌出的幼苗数量，即为土壤种子库密度。漫溢区调查的幼苗数量依据样方面积折算成每平方米幼苗数量，即为幼苗密度（Li *et al*., 2012）。

4.2.2 研究结果

微地形的差异可以用一个水平开沟地形不同部位的差异来表现，在此将沟划分为5个微地形，即沟前顶部（A）、沟前中部（B）、沟底（C）、沟后中部（D）和沟后顶部（E）。

对沟槽不同部位的土壤种子库密度进行测定和分析，这里我们借助风向，设定几个位置，迎风向定义为沟前（图4-14）。

图4-14是对一个浅沟中的不同部位进行土壤种子库采样的示意，从图中看与沙丘不同部位类似，在浅沟的不同部位也因风的作用导致地貌部位的差异，在自然

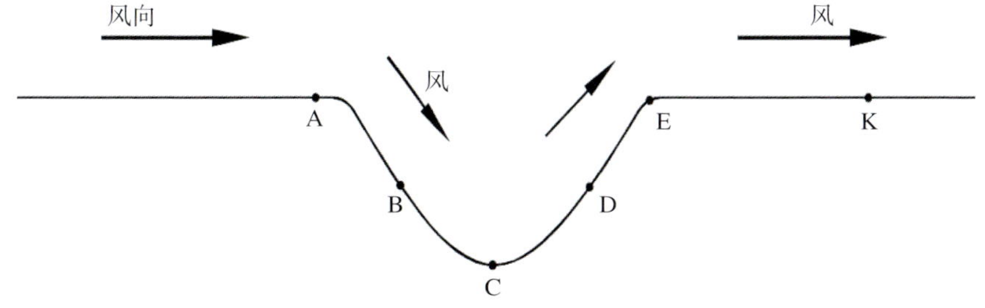

图4-14 地貌不同部位土壤种子库取样示意

沟，首先确定A、C，其中，A点为沟前顶部，C点为沟底最深处，然后在A与C之间平分获得B点，以沟外侧A ~ C间平分获得C点，以沟外侧AB的距离为准，确定沟K的位置。这里A点可以理解为迎风口、B点可以理解为背风向的坡中、C点为沟底、D点为迎风向坡中、E为迎风向的坡顶、K点为空白对照。

沟槽不同部位的土壤种子库密度表现为沟底 > 沟中部 > 沟顶（图4-15）。

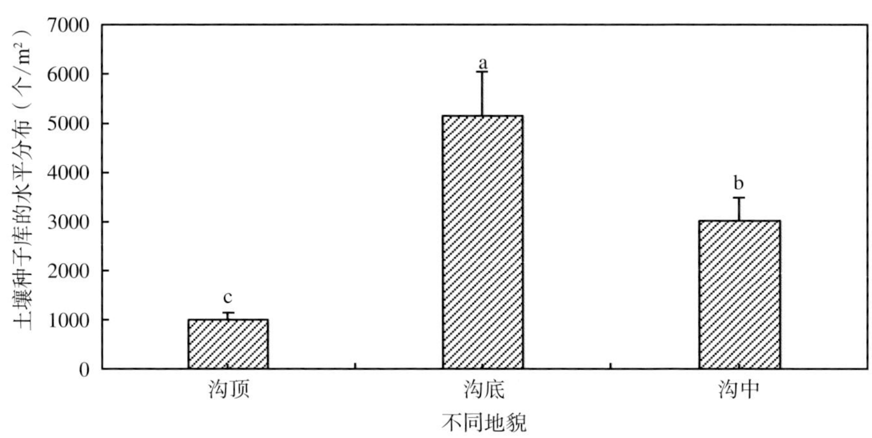

图4-15 不同部位土壤种子库的水平分布（粒/m^2）

土壤种子库密度为沟底 > 沟中 > 沟顶，这是由于风力作用，使大量种子落到沟内，其中，在沟前中部形成一个弱风区，并逐渐向沟底风力减弱，而沟后中部相比沟前中部风力要强，在野外观察可以发现，随着时间的延续沟内物质会逐渐堆积，先后曾连接沟前顶部到沟后中部的一个新沟，再随着时间的延续沟逐渐被填平，而风搬运的物质也如图4-16所示，而背风坡坡底部是土壤种子库的聚集区。

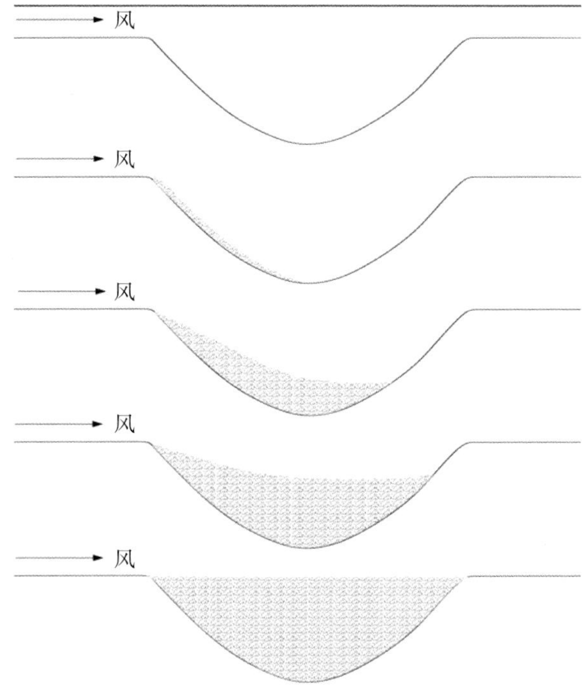

图4-16 风力作用下沟槽填埋过程

因为地貌部位的差异导致土壤种子库也存在显著的差

异，如图4-17所示。

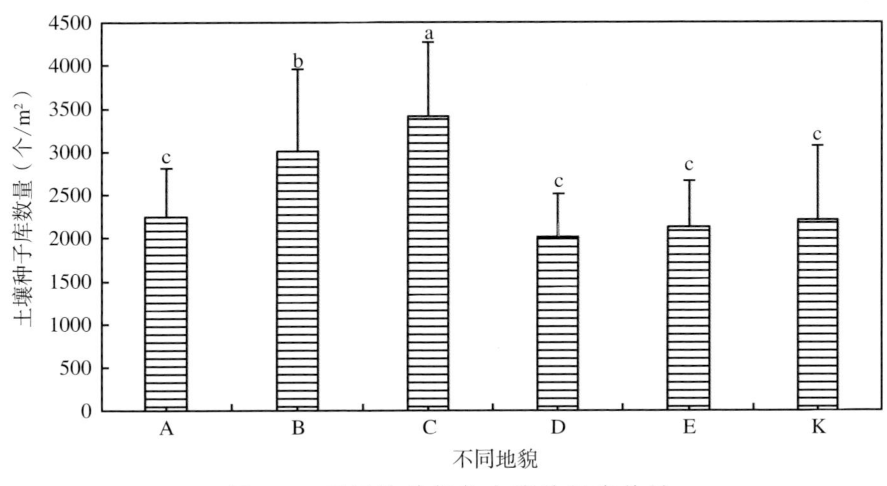

图4-17 不同地貌部位土壤种子库数量

从图4-17看，地貌不同部位因地形和风向的差异可以分为几个不同的取样点，例如，在A点风向可能有水平向下的趋势，B点因位置形成一个弱风区、C点为沟底总体会因风速的减弱而形成沉积区，D点则因风的直接吹蚀形成一个风蚀区，E点也类似只是吹蚀强度和方向发生变化，而空白对照点则是K点，该点可以理解为平坦地形的平均土壤种子库数量。从图上看，种子库数量最高的是C点，这里种子库数量与其他区域差异显著，表明在沟底积存了大量的种子，而在E点则是种子库数量最低的点，这里因为风蚀，种子不易停留，从整体上看土壤种子库呈现为沟底>沟前中部>空白对照>沟后中部>沟顶。值得说明的是，B点和D点的地貌部位是一样的，但二者的差异却是显著的，说明地貌部位的差异不是唯一的原因，风在这个过程中也会引起相应的差异，B点是因地貌差异导致的一个风速的弱风区，D点则是因风速回旋出现的风速的加强区，而作为植物的种子在下落和飘散过程中风起到了决定性作用，在B点可能是沉积，而D点则是吹蚀。

4.3 微地形差异下的土壤粒径和养分的差异

4.3.1 研究方法

（1）土壤粒度特征测定及计算

土壤机械组成的测定采用Microtrac S3500粒径分析仪（Microtrac Inc.）。测定土壤颗粒在不同粒径下的含量，根据中国沙物质粒径划分标准，即：极细砂

（50～100μm）、细砂（100～250μm）、中砂（250～500μm）、粗砂（500～1000μm），计算出各粒级的土壤颗粒体积百分含量（王佟 等，2022）。土壤颗粒分形维数的计算值根据Tyler等所提出的用体积分布表征的土壤分形维数模型计算（Yang *et al.*，2014）。即：

$$P_{ij}=\left(\frac{R_i}{R_{max}}\right)^{3-D}=\frac{V(r<R_i)}{V_r} \tag{4-7}$$

式中，r为测量土粒直径；$R_{\max}$为最大粒级土壤直径；$V(r<R_i)$为小于R_i的累积土粒体积；Vr为土壤各粒级体积之和；D为土壤颗粒分布分形维数。计算方法为：首先求出土壤样品R_i不同粒径（R_i）的体积比对数ln［$V(r<R_i)/V_r$］和粒径比对数ln（$R_i/R_{\max}$），然后以前者为纵坐标、后者为横坐标作散点图并进行线性拟合，拟合后的直线回归方程的斜率K=3-D，求出土壤颗粒的分形维数D。

（2）土壤有机质测定

土壤有机碳含量采用重铬酸钾容量法（图4-18）测定。

（a）（b）（c）

图4-18 土壤取样分析及土壤养分测定

4.3.2 研究结果

4.3.2.1 微地形条件下的土壤粒径变化

在研究中，土壤粒径组成主要为极细砂粒（50～100μm）、细砂粒（100～250μm）和中砂粒（250～500μm）；其中，细砂粒的含量最多占70%左右，中砂粒含量次之，占14%～34%；粉粒（2～50μm）与粗砂粒（100～250μm）含量几乎不到1%。从图4-19中可以看出，不同的微地形条件下土壤的粒径体积百分含量均存在显著差异性（$P<0.05$）。不同微地形对极细砂粒和中砂粒的差异显著（$P<0.05$）；而对细砂、粗砂无显著影响；只有在表层土壤0～10cm中对粉粒存

在显著性差异（$P<0.05$）；在沟槽底部各土层土壤的粉粒体积百分含量均大于沟槽其他部位的相应百分含量，且粉粒在20～30cm土壤中含量最高，表层土壤中含量最低，其他3种微地形条件下土壤粉粒含量几乎为0；同样在沟槽底部各土层土壤的极细砂粒体积百分含量均大于沟槽其他部位的相应百分含量，并与其他微地形存在显著差异（$P<0.05$），极细砂粒含量随着沟槽深度的增加呈升高趋势；但在沟槽底部各土层土壤中的中砂粒含量显著小于其他三种部位的相应百分含量（$P<0.05$）。

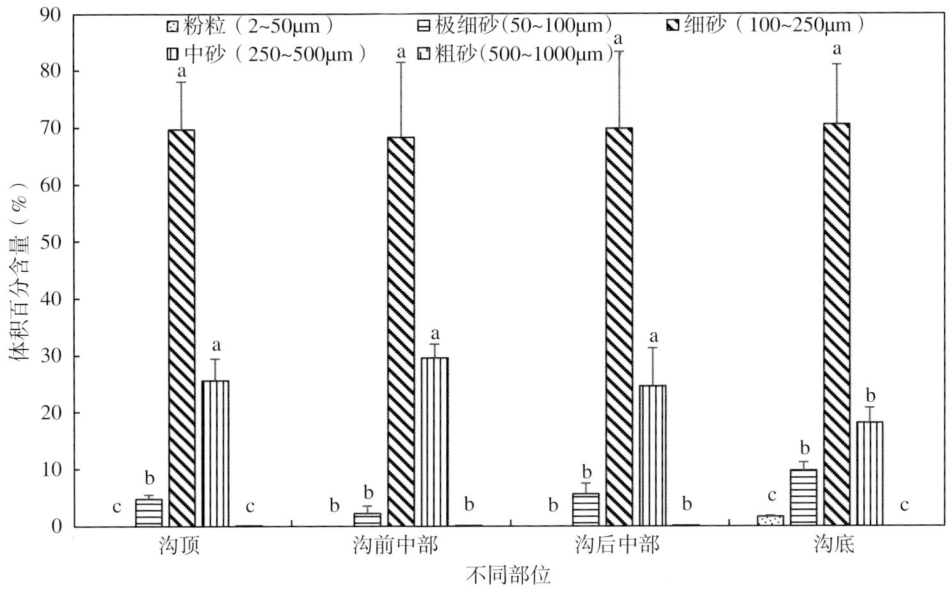

图4-19 沟槽不同部位土壤的粒径体积百分含量

4.3.2.2 微地形条件下的土壤养分差异

从图4-20中可看出，土壤有机质在不同微地形条件下存在显著性差异（$P<0.05$）。沟底部、沟中部和沟顶部位置的土壤有机质含量随着沟槽深度的增加呈上升趋势。在表层土壤中有机质含量较为丰富，不同微地形条件对其影响不明显，有机质含量在不同微地形条件下存在显著性差异（$P<0.05$），且沟底部区域土壤有机质含量显著高于沟中部和沟顶部区域的相应含量（$P<0.05$），导致这一结果的原因很大可能与图4-16所示的风力作用下沟槽被物质填埋的过程有关，当然这需要继续的研究验证。

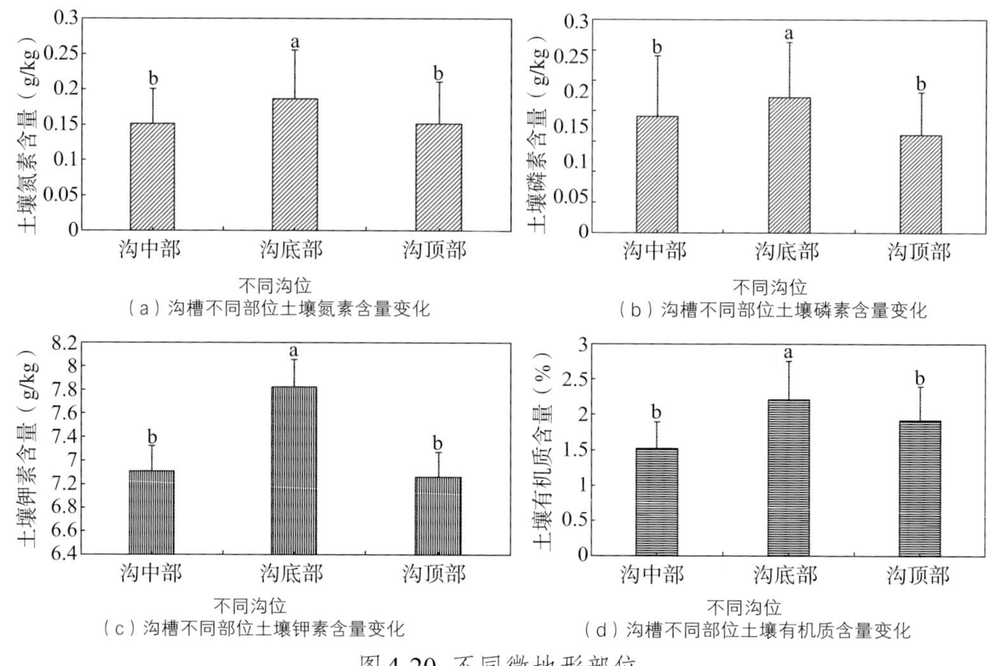

（a）沟槽不同部位土壤氮素含量变化

（b）沟槽不同部位土壤磷素含量变化

（c）沟槽不同部位土壤钾素含量变化

（d）沟槽不同部位土壤有机质含量变化

图4-20 不同微地形部位

4.4 微地形差异下的地表粗糙度变化

前面多次提到微地形的差异引起了植被和土壤的变化，引起这种变化的形式是地貌的差异，而导致这种变化的原因不仅仅是微地形的差异，其中，风的作用是必不可少的，而表征风的差异一般是通过地表粗糙度来实现，它是从流体力学的角度上指出物体表面对流经流体的影响的一个重要综合力学参数，也是衡量地表风速消减作用以及对土壤、雪及种子活动影响力的重要指标。可以通过分析微地形差异下地表粗糙度的变化，从机理上分析不同微地形差异的风速变化情况，进而探讨微地形差异下生态响应变化的机理。

4.4.1 研究方法

风速的测定：选取不同地貌部位，通过架设HOBO小型移动气象站（图4-21），风杯安置5个高度，分别为10cm、30cm、50cm、100cm和200cm，在对照沟区进行相同方式的仪器架设，并与选取的地貌部位进行同步测定。每一个点位测定时间为20min，数据记录间隔时间为2s。

地表粗糙度（Z_0）的计算：

地表平均粗糙度是指下垫面平均风速为零时的某一高度Z_0，也就是说在Z_0处

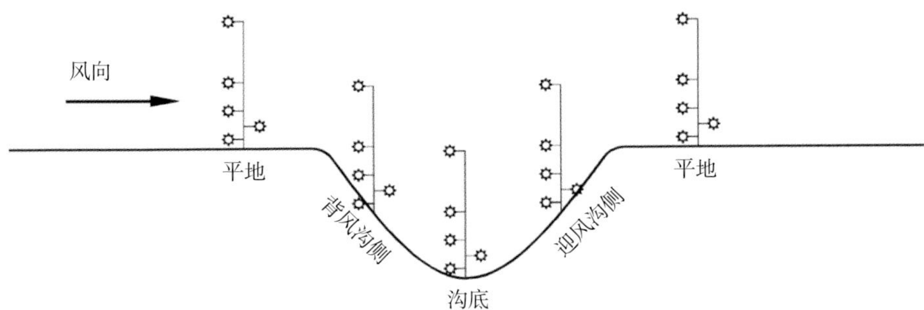

图4-21 微地形横断面仪器架设情况示意

的风速为零。而零风速一般出现在平均表面粗糙因素以上的某一个高度。下垫面越粗糙，零风速出现的高度越高。理论上，地表条件不变的情况下，该处的粗糙度应该是一个定值。但是，杨明元等（1996）经过长期的野外测定和对大量实测数据整理分析后认为，即使是同一组数据，用不同的计算方法所得的结果也存在差异。最后经过多种方法对比得出，首先平均风速比值，然后再计算粗糙度的方法是比较精确的。本试验对10cm和200cm处测得的多组重复风速数据进行平均，通过计算公式（4-8）确定粗糙度Z_0：

$$\log Z_0=(\log u_2-A\log u_1)/(1-A) \tag{4-8}$$

式中，Z_0为地表平均粗糙度（cm）；u_1为高度Z_1处的风速（m/s）；u_2为高度为Z_2处的风速（m/s）。其中，$A=u_2/u_1$，$Z_1=10$cm，$Z_2=200$cm。

4.4.2 研究结果

微地形的差异可以用相同大环境的不同微地形的差异来表现，在此将微地形划分为6个大类型，即建筑区、枯草分布区、农田分布区、道路区、鱼鳞坑区、平地区。

在距离地面0.5m和2m处，在建筑区、枯草分布区、农田分布区、道路区分别进行垂直风向和水平风向的微地形开沟处理，第一是探讨微地形开沟时建筑区、农田分布区、道路区的与没有进行微地形处理时的变化，第二是探讨风向对微地形开沟的影响，第三是在相同下垫面条件下微地形不同沟宽或者沟深对地表粗糙度的影响。

对不同下垫面地表粗糙度的分析结果表明，在不同下垫面地表粗糙度表现为鱼鳞坑区>建筑区>枯草分布区>农田分布区>道路区>平地区（图4-22），分析其原因可能是当下垫面为地面时，地表粗糙度代表近地面平均风速（扣除湍流脉动之后的风速）为0处的高度。它在推导风的对数定律时，作为下边界条件引入。当下边界平坦时，地表粗糙度较小；反之，地表粗糙度较大。

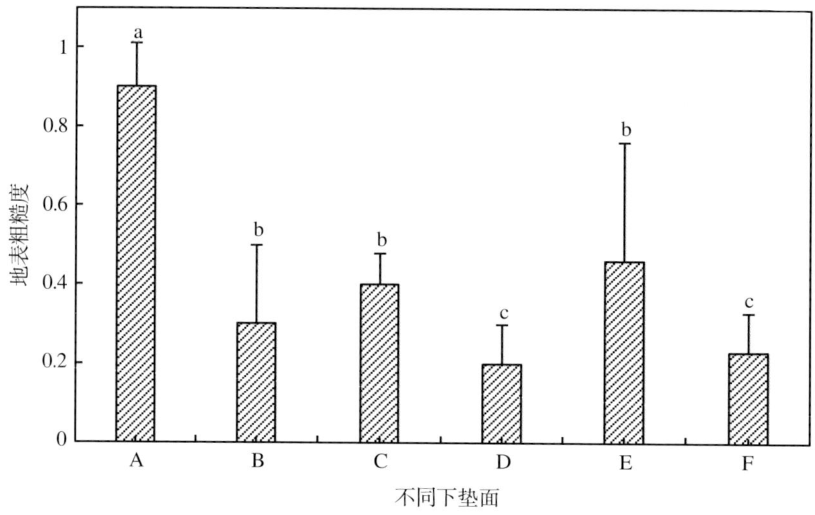

图4-22 沟槽不同下垫面的地表粗糙度

注：A-建筑区；B-枯草分布区；C-农田分布区；D-道路区；E-鱼鳞坑区；F-平地区

对不同微地形条件下的处理后地表粗糙度的变化分析表明：在鱼鳞坑区和建筑区、枯草分布区、农田分布区没有显著差异（$P>0.05$），平地区和道路区之间没有显著差异（$P>0.05$），但鱼鳞坑区、建筑区、枯草分布区、农田分布区与道路区之间均有显著差异（$P<0.05$）。为了说明沟槽不同部位与地表粗糙度的关系，我们选择一个较深的沟槽，沟深0.93m的自然沟，测定了沟槽的不同部位地表粗糙度的变化，结果如图4-23所示。

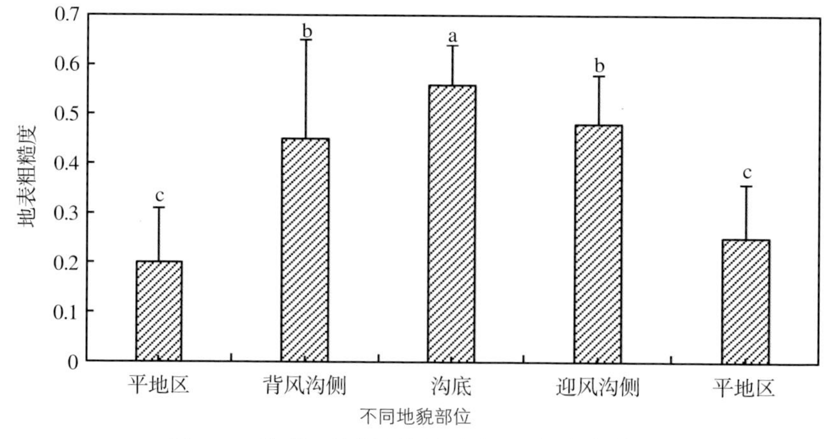

图4-23 沟槽不同部位地表粗糙度变化情况

从图4-23看，沟槽不同部位的地表粗糙度差异显著（$P<0.05$），其中，沟底部的地表粗糙度最大，与沟槽其他部位的地表粗糙度差异显著，而沟中部和沟顶部之间的地表粗糙度也差异显著，说明沟槽事实上增大了地表的粗糙度并表现在沟槽的不同部位，由此造成风在微地形不同部位时有明显变化，而这个变化也就导致了沟槽内物质的变化，如上节所说的增加了一些枯落物，而这又影响了土壤的养分和组成的差异。

4.5 微地形差异下的水分变化

本小节研究的核心是微地形差异下能否改变水分进而影响到植被的恢复，因此，我们开展了微地形不同部位补水试验，分析微地形的差异对水分的影响。

4.5.1 研究方法

4.5.1.1 试验区布设

选择地形、植被、水文等环境条件基本一致的区域，按照模拟不同补水条件分为50mm、100mm、150mm、200mm和250mm五个大区布设水平沟参数处理，进行试验，具体如下：

每个大区包含5个小区，分别为A1、A2、A3、A4、A5五个不同梯度的沟深（A1的深度为10cm，A2的深度为20cm，A3的深度为30cm，A4的深度为40cm，A5的深度为50cm）。

每个小区进行5个处理，分别为B1、B2、B3、B4和B5五个不同梯度的沟宽（B1的宽度为10cm，B2的宽度为20cm，B3的宽度为30cm，B4的宽度为40cm，B5的宽度为50cm）。具体处理为A1B1、A1B2、A1B3、A1B4、A1B5、A2B1、A2B2、A2B3、A2B4、A2B5、A3B1、A3B2、A3B3、A3B4、A3B5、A4B1、A4B2、A4B3、A4B4、A4B5，A5B1、A5B2、A5B3、A5B4、A5B5。

共计五个大区，每个大区包含5个小区，每个小区5个处理，共125个处理，每个大区3个重复，小区做随机区组设计。

另设置对照试验2组，第一组为不做处理的平地自然状态下（未进行试验）不同深度土壤含水率，第二组为不做处理的平地不同降水条件下的不同深度土壤含水率，试验处理结果如图4-24所示。

50mm	100mm	150mm
A1B1 A1B2 A2B1 A2B2 A1B3 A1B5 A2B3 A2B5 A1B4 A2B4 A3B1 A3B2 A4B1 A4B2 A3B3 A3B5 A4B3 A4B5 A3B4 A4B4	A1B1 A1B2 A2B1 A2B2 A1B3 A1B5 A2B3 A2B5 A1B4 A2B4 A3B1 A3B2 A4B1 A4B2 A3B3 A3B5 A4B3 A4B5 A3B4 A4B4	A1B1 A1B2 A2B1 A2B2 A1B3 A1B5 A2B3 A2B5 A1B4 A2B4 A3B1 A3B2 A4B1 A4B2 A3B3 A3B5 A4B3 A4B5 A3B4 A4B4
200mm	**250mm**	**对照试验**
A1B1 A1B2 A2B1 A2B2 A1B3 A1B5 A2B3 A2B5 A1B4 A2B4 A3B1 A3B2 A4B1 A4B2 A3B3 A3B5 A4B3 A4B5 A3B4 A4B4	A1B1 A1B2 A2B1 A2B2 A1B3 A1B5 A2B3 A2B5 A1B4 A2B4 A3B1 A3B2 A4B1 A4B2 A3B3 A3B5 A4B3 A4B5 A3B4 A4B4	不作处理的平地，测定不同深度土壤的含水率

图4-24 补水试验区布设情况

4.5.1.2 人工补水试验设计

用洒水壶模拟补水，将水均匀地浇在沟内。补水量为50mm的处理，所需要的水体积为50L；补水量为100mm的处理，所需要的水体积为100L；在24h之内浇完。垄沟的上方搭建遮雨棚，防止自然天气降雨对试验结果造成影响（图4-25）。

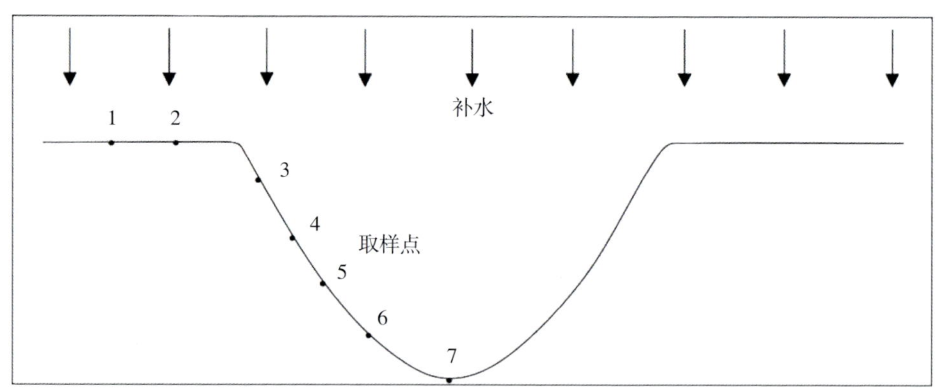

图4-25 不同沟位补水情况

4.5.1.3 指标及方法

采集时间为补水15min后，在沟旁及沟的底部和侧面采样，沟旁测定两组，距离分别为5cm、10cm；测定深度为0～5cm、5～10cm、10～15cm、15～20cm，根据垄沟具体深度采集，A1深度的垄沟采集0～5cm土层，A2深度的垄沟采集0～5cm土层和5～10cm土层，A3深度的垄沟采集0～5cm土层、5～10cm土层和10～15cm土层，A4深度的垄沟采集0～5cm土层、5～10cm土层、10～15cm和15～20cm土层，每个小区沟中同一土层取3钻土样均匀混合后装入铝盒用于测定，每个沟取不同位置的3个重复样，土壤含水量测定及计算：土壤水分含量采用烘干法（10h, 105℃）测定（杜敏晴 等, 2018）。具体操作：称样品（>1 mm风干土）10g，置于已知重量的铝盒中；放入烘箱，在105～110℃（温度过高，有机质易碳化散逸）温度下烘至恒重（8h）。取出放入干燥器（干燥器中的干燥剂氯化钙或变色硅酸要常更换）中，冷却20min，立即称重。同上重复烘3h，取出放入干燥器中，冷却20min，立即再称重（2次重复之差，不大于3mg）。最后结果计算：

以风干土为基数的水分百分数（通常用于化学分析计算）

$$WCF\ (\%) = (W_2 - W_3) / (W_2 - W_1) \times 100 \tag{4-9}$$

以烘干土为基数的水分百分数

$$WCH\ (\%) = (W_2 - W_3) / (W_3 - W_1) \times 100 \tag{4-10}$$

式中，W为含水率（%）；W_1为称皿重（g）；W_2为称皿+风干土重（g）；W_3为称皿+烘干土重（g）。

4.5.2 研究结果

4.5.2.1 自然微地形条件下的土壤水分差异

从图4-26可以看出，土壤含水率在各微地形条件下随着沟位的加深呈上升趋

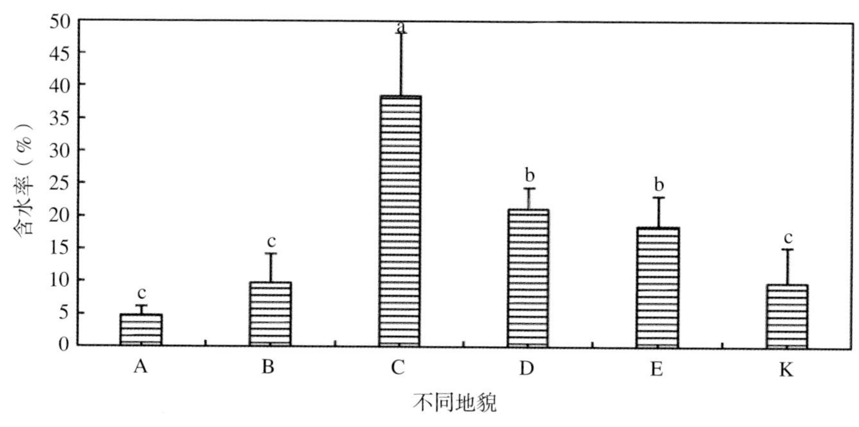

图4-26 微地形不同部位的土壤含水率

势，微地形条件对不同沟位的含水率存在较大影响，土壤含水量在微地形间各沟位存在显著性差异（$P<0.05$），其中，底层最深部位的土壤含水率显著高于其他层级的土壤含水率，沟位E与沟位K之间差异相对较弱。

4.5.2.2 补水条件下的土壤水分差异

从表4-2中可以看出，沟深、沟宽、沟位（指沟的不同部位）与含水率相关关系的显著性水平平均小于0.01，达到极显著水平，表明沟深、沟宽、沟位是影响含水率的关键因素。F值11.97表明沟宽与富集倍数达到极显著相关关系，沟位与富集倍数相关关系显著性水平小于0.01，达到极显著水平，表明沟位是影响富集倍数的关键因素，且随着沟位的深入，富集倍数呈上升趋势。

表4-2 影响含水率因素统计情况

富集倍数因素	关系模型	R^2	F	$df1$	$df2$	$Sig.$
沟深	二次	0.002	11.974	29.0611	30.9389	0.0016
沟宽	二次	0.002	12.566	18.4386	19.7614	0.0011
沟位	二次	0.001	10.286	3.8673	4.1328	0
补水量	二次	0.001	10.505	14.5306	15.4694	0.00478

试验结果发现：微地形对水分富集影响巨大，微地形不同部位下渗和汇流的比例不同导致土壤含水量是有差异的；一般而言，坡的下部相较于坡的中部或上部，含水量呈现递增的趋势。

当补水量和沟深一定时，水分富集倍数随着沟宽的变化而变化，且并不是沟越宽含水率越高，例如，当沟深为10cm，沟宽为25cm（图4-27），补水量条件一定时，土壤含水率最高，也就是富集倍数最高。当补水量和沟宽一定时，水分富集倍数随着沟宽的变化而变化，且并不是沟深越深含水率越高（图4-28）。例如，当沟宽为7cm，沟深为10cm，随补水量的变化，土壤含水率随之变化，而土壤含水率最高，也就是富集倍数最高（图4-29）。

开沟的宽度是受该区域修复的区域受损生态决定的，随着沟的宽度越宽，富集的倍数反倒减小，因此，水量一定时，为保证富集倍数，沟的宽度应该尽量减小，在一个区域来说，沟宽是我们需要治理，希望植被长出的区域，总的沟宽一定不能超过一个阈值，也就是说当降水量越多，总沟宽越大或者说沟与沟的间距就应该越小，当降水量越小的区域，为保证植物的最低需水要求，总沟宽应该越小，也就是说沟和沟的间距越大。

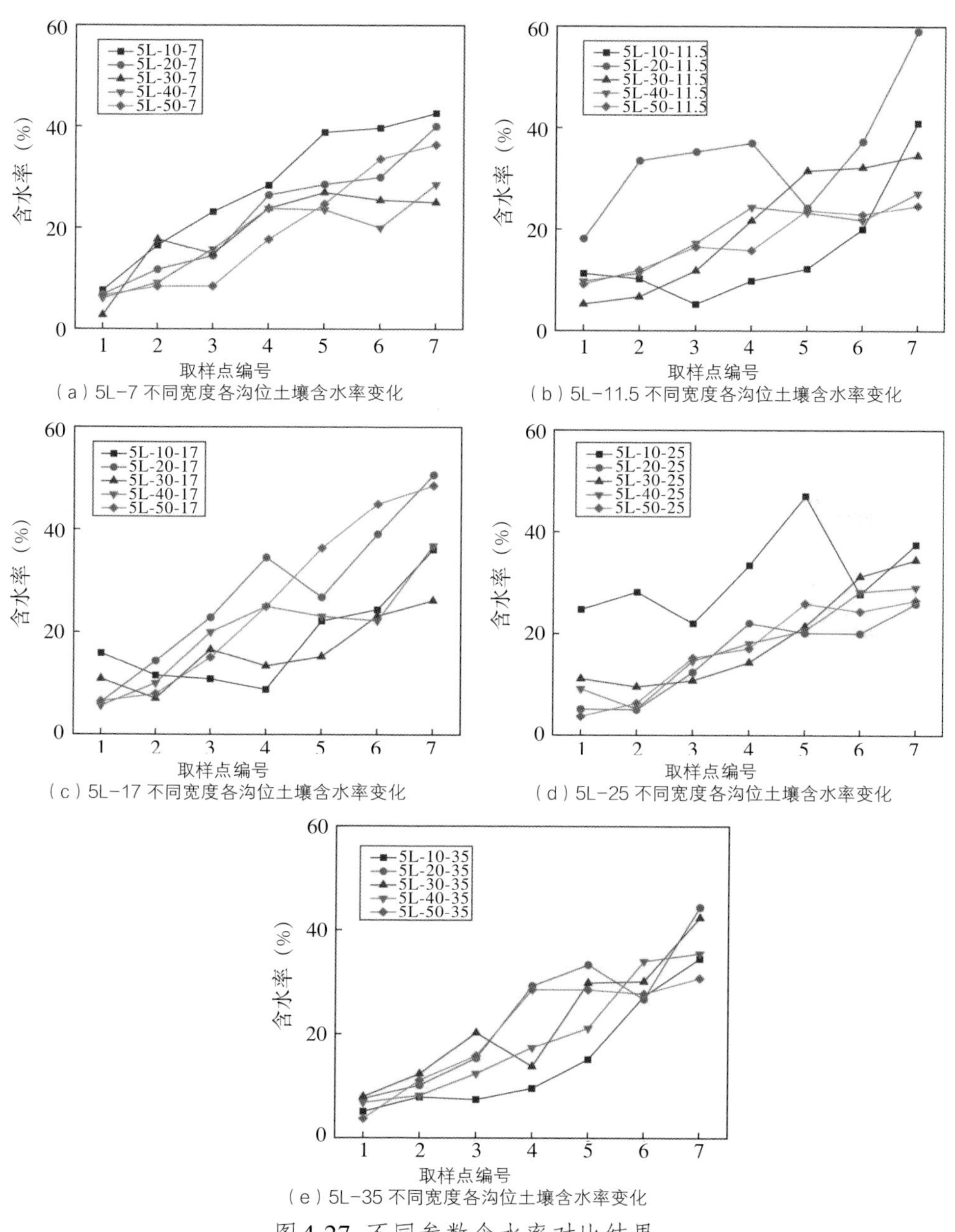

（a）5L-7 不同宽度各沟位土壤含水率变化

（b）5L-11.5 不同宽度各沟位土壤含水率变化

（c）5L-17 不同宽度各沟位土壤含水率变化

（d）5L-25 不同宽度各沟位土壤含水率变化

（e）5L-35 不同宽度各沟位土壤含水率变化

图4-27 不同参数含水率对比结果

沟深也不是越深越好，它受土壤质地的影响，一般沟越浅稳定性越好，沟越深，周边汇水集中的越好，在干旱少雨的区域，沟需要更深一些，以保证富集倍数，而在降水丰富的区域，沟深可以相对更浅一些。当降水量达到一定限度的时候，无须富集，也能实现植被的自然生长；在相同降水条件下，一定存在一个适宜

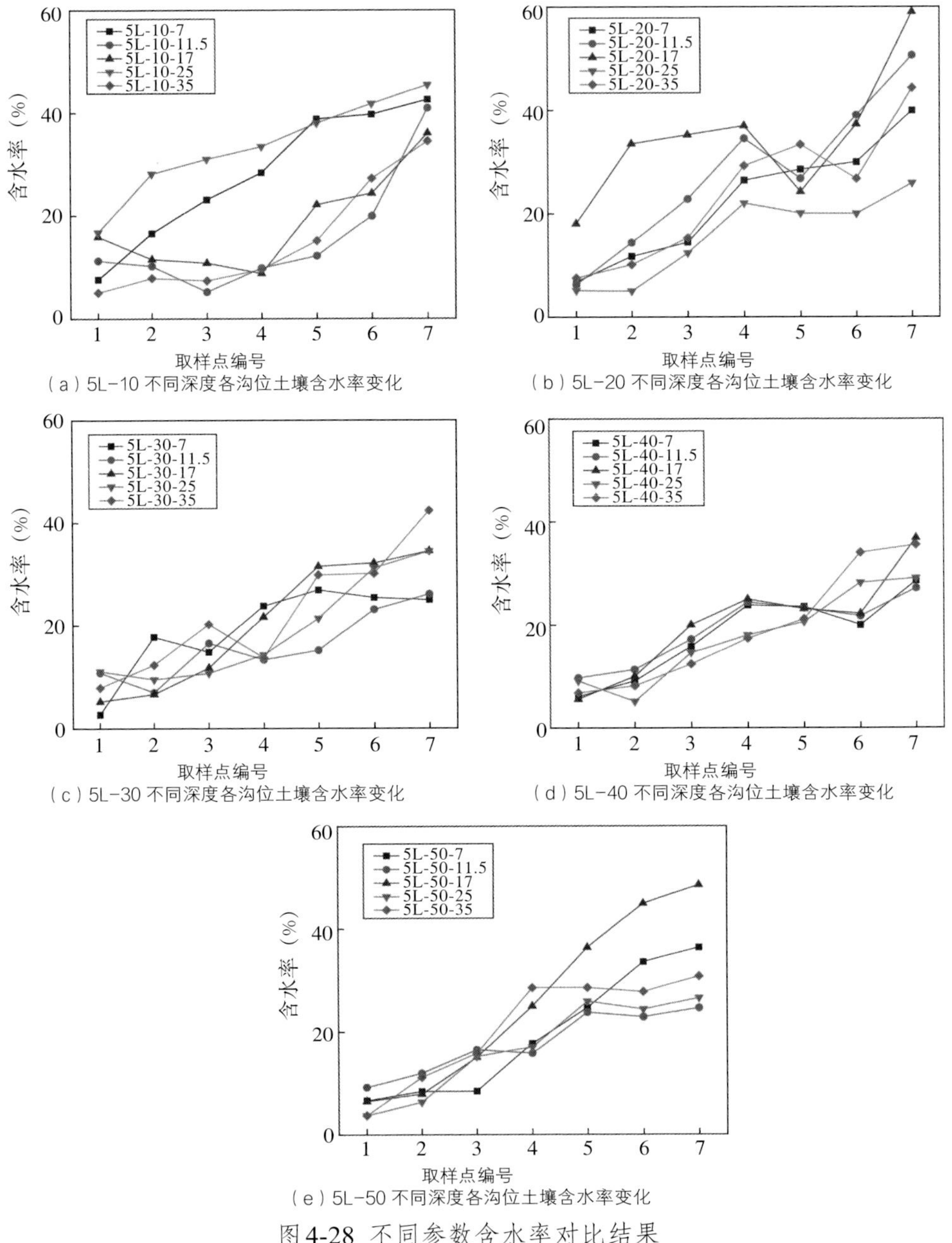

（a）5L-10 不同深度各沟位土壤含水率变化

（b）5L-20 不同深度各沟位土壤含水率变化

（c）5L-30 不同深度各沟位土壤含水率变化

（d）5L-40 不同深度各沟位土壤含水率变化

（e）5L-50 不同深度各沟位土壤含水率变化

图4-28 不同参数含水率对比结果

的沟宽和沟深，此时富集效果最好。

在同样补水条件下，适宜的沟深和沟宽是最能实现水分的富集，因此，不同区域，沟的深度和宽度需要计算，通过建立一套模型将降水、蒸发、风向等参数输入模型，就能很快计算出来微地形的适宜条件，这样就能更好地推广本研究成果。

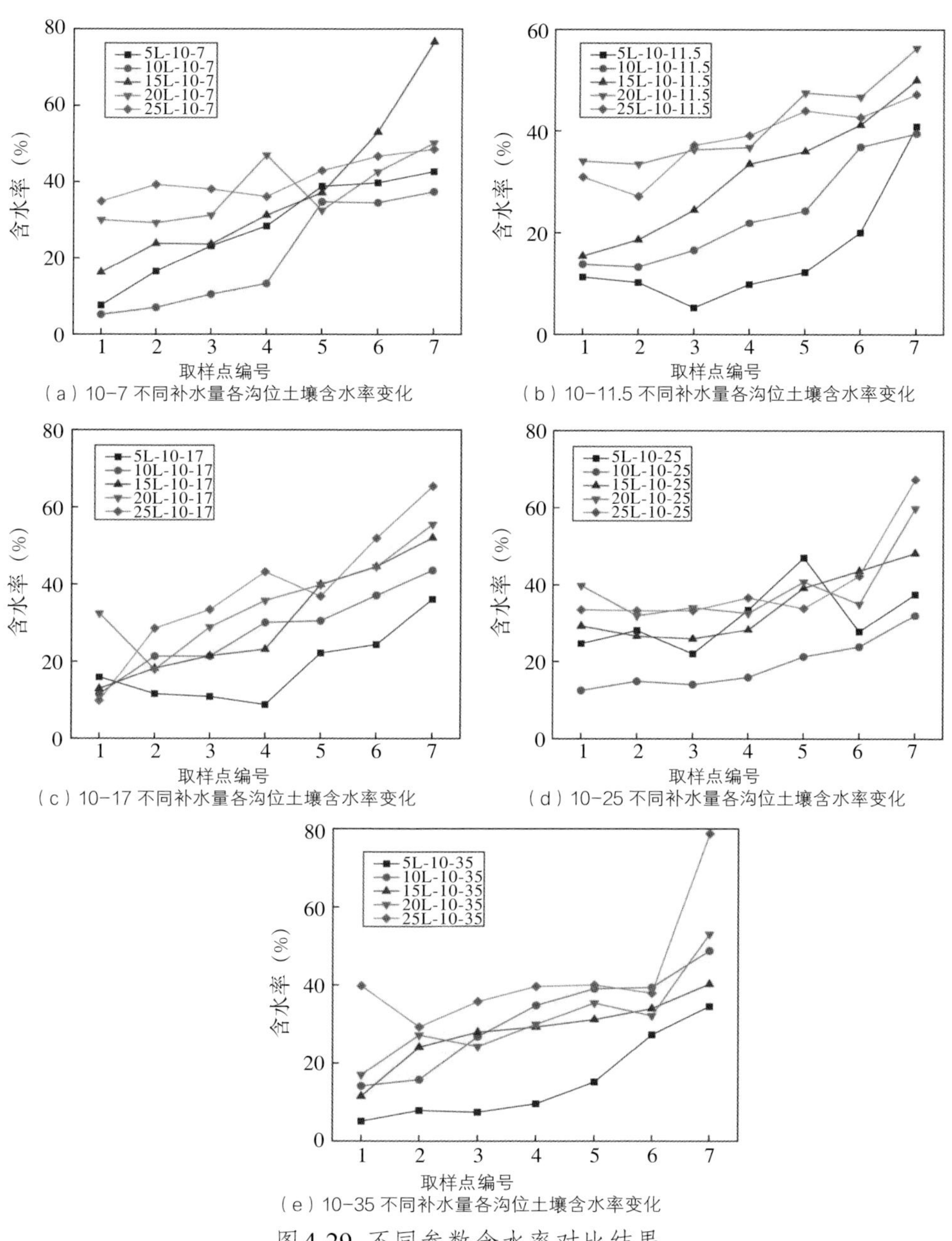

（a）10-7 不同补水量各沟位土壤含水率变化
（b）10-11.5 不同补水量各沟位土壤含水率变化
（c）10-17 不同补水量各沟位土壤含水率变化
（d）10-25 不同补水量各沟位土壤含水率变化
（e）10-35 不同补水量各沟位土壤含水率变化

图4-29 不同参数含水率对比结果

4.6 讨论

矿区受损生态系统修复是生态修复研究的一个重点，其生态修复的机理必须建立在生态响应方式的基础上。为了探讨受破坏区域的生态恢复问题，我们可以通过自然状态下的植被与地形地貌的关系获得科学的研究方向。自然状况下，由于地处干旱区，天然植被的分布受到很多限制，比如说广阔的沙漠和戈壁区域植被极度稀疏，特别是很多地形非常平坦的地方，当地人俗称“光板地”，我们更是难以发现任何植物。但是受地形条件的影响，在沙丘底部以及自然沟槽内，却生存着很多天然植被，它们为什么能存活？其分布的规律是什么？应是我们关注的焦点。而根据国外很多学者的研究，地形差异特别是微地形的差异可以对植被的长势和生物多样性产生明显的影响，干旱荒漠地区的微地形多样性，包括微坡、凹凸特征等，为不同类型的植物提供了各自适宜的生长环境，这对于植被的多样性、生态系统的稳定性和抗逆能力具有重要意义（Srivastava *et al*., 2014; Gao *et al*., 2023）。这点在我们的实地调查中得到明显的验证，例如，在沟槽的不同部位，植被的种类、长势和盖度均出现明显的差异，利用TWINSPAN群落聚类分析的方法，可以看出群落的类型也有明显的不同，说明微地形的差异带来生境的不同，由此造成更多的植物可以选择不同的条件进行定居，相比平坦地形下的单一生境条件，植物的种类增加，物种多样性丰富也就不足为奇了。

微地形条件下植被长势的差异其实还可以用微地形条件下土壤种子库的差异来解释，在一般条件下，地处风大、风频的新疆北部区域，荒漠中多数植物的种子均具备数量大、个体小的特点，易于在风的作用下四处飘散，这样在平坦地形下，自身的种子难以在植株周边聚集，而当外在的风将其吹蚀到微地形差异的凹洼地形时，它们容易形成一个聚集区，这点如果多加观察我们很容易在沟槽发现大量的种子聚集区，这种差异也就反映在土壤种子库的变化上，从本章“4.2微地形差异下的土壤种子库变化”的研究结果看，沟底5000个/m^2多的种子数量几乎是平地的3倍，由此也带来不同微地形差异下植被恢复潜力的差异，导致沟槽的底部有更扎实的恢复基础。

另外，微地形的差异对于土壤粒径和养分也有明显的影响，一般情况下在风蚀和水蚀区，细颗粒物质更容易被带走，而它们的去向更多地停留在风力或水力较弱的区域，微地形形成的避风区或者水流汇聚的沟槽底部则更容易聚集其他地区流失的细颗粒物质，这就造成微地形差异下的土壤粒径的不同，也就解释了沟槽不同部位土壤粒径的差异。而随着植被的长势变化，这种作用将继续强化，由此造成更多的细颗粒物质的停留。而微地形的差异还影响了土壤养分的差异，微地形中的微丘部分土壤相对较为肥沃，具有较好的排水条件，这有利于植物根系的生长和养分吸收，从而可能使植被在微丘部分呈现更好的生长状况。此外，微地形对土壤氧化还原能力的增强也具有重要意义。这一增强作用可能导致生物地球化学过程的加速，从而改变土壤的通气性，保障土壤空气质量优良，有利于土壤的肥力增加

（Riviera *et al*., 2021; Shackelford *et al*., 2018）。这一结果与本章节“4.3 微地形差异下的土壤粒径和养分的差异”的研究结论相一致，在沟槽的不同部位，N、P、K等营养物质呈现明显的不同，其中，沟底最高，这里不仅有自身富集的影响，外来枯落物更多地富集也是一个重要的影响因素，这些枯落物会带来新的营养元素，表明微地形对于地球物理化学循环过程的加速是有益的。

微地形之所以能够改变植被的分布格局，是与其改变地表粗糙度进而影响种子等枯落物分不开的，从本章节的研究结果看，在沟槽的不同部位，地表粗糙度呈现一个明显的差异，与沟底地表粗糙度相比，平地的地表粗糙度数值增大了近3倍，这样形成了风力的避风区，不但能够有效减少风蚀对植被的破坏，也能够将风所携带的枯落物在此进行堆积，而风力的减弱同时也会降低地表的蒸发和减弱植被的蒸腾作用，不但对植被起到一个保护的作用，也减少水分的消耗，为植被的恢复起到促进作用，而本章节研究的结论与国外专家提出的研究结论是一致的，即微地形的凹地部分形成了避风区，通过提供避风作用，微地形有助于保护植物，降低蒸腾速率，减少水分流失，从而促进植被的生长和存活，同时也加快植被多样性的恢复过程（Ren *et al*., 2021）。表明地形差异可以改变风的作用方式，进而影响到植被的生长。

本章开展不同地形差异条件下的植被差异研究，其目的是本着“师法自然”的思想去营造天然植被自然恢复的条件，去为矿区受损生态修复实践服务，这方面国外的一些成功案例也为此研究提供了方向，例如，在以色列的内盖夫沙漠，通过构建微地形的雨水收集系统，成功使大片荒漠地区变为绿洲，为当地农业生产和生态系统的恢复带来了积极效果。此外，在澳大利亚的边缘沙漠地区，微地形技术在沙丘稳定和植被恢复方面取得了显著成果，有效抑制了沙漠化进程。而在新疆，由于气候条件，大地貌类型以及土壤质地的不同，我们有必要将微地形学的研究成果更进一步深化，着眼于量化研究。因此，我们开展了微地形条件下的补水试验，通过不同沟槽深度和宽度的补水试验，发现了其富集水分的过程和富集的倍数有明显的差异，产生这种差异的原因主要受土壤质地的影响，但是在土壤质地相同条件下，沟槽的宽度和深度以及地处沟槽的不同部位是有显著的差别，由此不仅证明了微地形的差异带来生境的多样性，也说明随着人为措施的加入，我们可以根据恢复目标植被群落的要求不同，在一定限度内可以按照恢复目标确定不同的微地形条件，即设置不同的沟深和沟宽条件。当然在自然条件下，由于水力侵蚀的差异、风蚀的差异甚至冻融的差异，导致地表的微地形出现变化，但是无论是自然沟槽还是人为沟槽，其影响水分分布以及改变风力流场的机理是一致的，干旱荒漠区微地形能够影响降水的分布和水分的滞留。微地形中的微坡和凹凸特征有助于将降水暂时截留在地表，延缓水流速度，增加土壤水分含量，为植被提供稳定的水源。在这方面，微地形的凹地部分扮演着重要角色，它可以起到水分截留的作用，将降水暂时保留在地表，防止水流迅速流失和蒸发。这种截留效应使得土壤降水入渗比率增加20%～200%，从而有助于土壤水分的累积和植被的生长，同时也有利于水资源的有效利用（Syswerda *et al*., 2015; Josa *et al*., 2012）。另外，微地形中微小坡度的存在会导致降水在地表的不同部位分别汇聚和排水，从而影响水分在地表的流动路径和速率。这种地表水分的分布和滞留过程对干旱环境中植被的生长至关重要。这也是我们开展补水试验的原因，但是补水后土壤水分增加了多少倍，是否能够满足植被正常发育、生长和繁殖的需要还需要通过模型进行定量分析。

本章从微地形条件下的天然植被差异、土壤种子库的差异和土壤粒径的差异以及微地形在改变风沙流的作用几个方面入手进行分析，探究矿山受损生态系统修复的微地形营造机理，通过分析可以得出以下几点结论：

（1）在干旱、半干旱区，微地形的差异对于地表植被的影响是非常明显的，微地形的差异造成生境条件的差异，不同植物可以选择不同的适宜生境，不仅增加了地表生物多样性，也反映在群落植被的平均盖度、高度和重要值等方面，导致平坦地形和起伏沟槽地形植物群落类型的差异，说明微地形的差异是引起了地表植被差异的关键因素。

（2）自然沟槽和人为营造的沟槽在改变地表植被分布方面的作用是一致的，从监测结果来看，植物物种多样性指数均表现为由沟槽＞平地，且Simpson多样性指数、Shannon-Wiener多样性指数、Pielou均匀度指数、Margalef丰富度指数整体变化趋势相一致。表明如果人为地创造微地形的差异也能够改变植被恢复的条件。

（3）从沟槽不同部位的微地形差异看，土壤种子库在不同部位存在明显的差异，其中，沟底部>沟中部>沟顶部，其中，沟底部的种子库数量较沟顶部的种子数量增加了325%，表明微地形的差异不仅影响地表植被，也反映在植被群落的潜在恢复能力上。

（4）从微地形营造的沟槽不同部位的土壤种子库数量的差异看，土壤种子库在不同部位也存在明显的差异，其中，沟底部>沟前中部>空白对照>沟后中部>沟顶部，这表明微地形的差异是在叠加风力的作用方向上实现的，突出表现在沟槽背风坡的B点种子库平均数量较迎风向的D点种子库平均数量差异显著，并且数量上要高36%。

（5）微地形的差异可以改变土壤种子库的空间分布，引起差异的原因除了微地形之外还有风，微地形的差异是土壤种子存留的基础，而风则是外部的动力，因为风的作用可导致地貌不同部位种子存留量的差异，它在植被群落的恢复上也起到了关键作用。

（6）不同的微地形条件下土壤的粒径体积百分含量均存在显著差异性（$P < 0.05$）。不同微地形对极细砂粒和中砂粒影响的差异显著（$P < 0.05$）；而对细砂、粗砂无显著影响；在沟槽底部各土层土壤的粉粒体积百分含量均大于沟的其他部位的粉粒体积百分含量；同样在沟槽底部各土层土壤的极细砂粒体积百分含量均大于沟槽其他部位的极细砂粒体积百分含量，并与其他微地形存在显著差异（$P < 0.05$），这些证明了微地形能够影响土壤质地。

（7）微地形不同部位的有机质含量也存在一定的差异，主要表现在沟底的有机质含量相对较高，沟底部的土壤有机质含量显著高于沟中部和沟顶部的土壤有机质含量（$P < 0.05$），这一结果论证了微地形可以增加土壤的养分形成。

（8）在沟槽的不同部位，地表粗糙度呈现一个明显的差异，沟底相比平地数值增大了近3倍，这样就形成了风力的避风区，不但能够有效减少风蚀对植被的破坏，也能够将风所携带的枯落物在此进行堆积。表明微地形影响植被恢复是通过改变地表不同部位的地表粗糙度来实现的。

（9）通过不同沟槽深度和宽度的补水试验，可以发现其富集水分的过程和富集的倍数有明显的差异，微地形中凹凸特征有助于将补给的水暂时截留在地表，延缓水流速度，增加土壤水分含量，沟底相较对照的平地土壤含水量平均增加了90%以上，而沟槽内也有明显差异，呈现为随沟槽深度增加土壤含水量增大的趋势。

（10）当补水量和沟深一定时，水分富集的倍数随着沟宽的变化而变化，呈现随沟槽宽度增加减弱的趋势；当补水量和沟宽一定时，沟底富集水分的含量随沟深的增加呈现增大的趋势，当沟宽和沟深一定时，随着补水量的增加水分富集呈现一个先增后减的趋势，说明存在一个最大富集水分的阈值。由此在开展矿区受损生态恢复研究工作过程中，应该根据修复目标的不同，确定合适的沟槽深度和宽度。而平地土壤含水量和沟槽土壤含水量的差异，表明通过微地形营造实现水分富集在理论上是可行的。

（11）综合以上，微地形影响植被差异的生态机理主要是改变了风的作用强度影响了土壤的物质组成；通过对水分富集的影响，提供了植被恢复的水分条件；创造了植被生境的多样性影响了植物物种的多样性。

第5章

矿区生态修复关键技术1——矿区微地形集雪模型构建及应用

新疆矿区生态修复和综合治理任务十分艰巨，任重而道远。与国内其他省份矿区生态修复工作相比，新疆北部区域的矿区受损生态系统修复工作面临着更多的困难。由于该区域为典型内陆干旱区，具有干旱少雨、风频风大的气候特点，且年均降水量只有50～100mm，普遍表现为降水稀少和蒸发强烈，随着夏季温度的升高和空气湿度的降低，导致土壤含水量下降，植物因缺水生长受到胁迫，因此水成为影响植被生长最重要的限制因子。但是，新疆北部区域冬季普遍有30～50mm的降雪量，而大量植物可以依靠它们生长，例如在古尔班通古特沙漠，存活着大量短命植物，它们主要依靠春季的融雪水生存，在较短时间段就完成一个生命周期。如果能够将这些融雪水利用起来，无疑对矿区生态恢复具有重要意义。而另一方面，新疆北部区域水资源利用矛盾总体非常突出，地表水利用率普遍在90%以上，无论是开展草场修复还是矿区的生态修复，几乎都很难有充裕的灌溉条件。从可持续角度考虑，最好的利用方式就是在非灌溉条件下依靠自然降水来维系植被的生存和繁衍。本章正是基于这一思路，通过构建微地形营造的数学模型，试图将微地形集水过程定量化，为着力破解新疆北部区域发展的瓶颈制约提供科学依据和理论基础。

5.1 微地形局部集雪模型构建的思路

新疆北部区域的废弃矿区普遍具有降水稀少、蒸发强烈的气候特点，而降雪是保障植物萌发、生长的重要水分来源，但受地形、风力等环境因素的影响，降雪难以集中对植物生存和生长形成有效供水。因此，如何对这些宝贵的水资源进行收集，充分利用这些水资源保证植物的存活与生长，是矿区生态修复关键技术研究的重点。采用微地形集水技术，使得沟槽有效地积存降雪，提高植被的可用水量，从而有效改善废弃矿区植被的生境条件，巩固和提升生态修复成效。具体方案如下：

在不同的降雪条件下，矿区受损生态系统修复采用的微地形集水技术具体参数有所不同，其中，重要依据之一就是积雪的累积倍数，影响因素包括产流面积、降雪量等。在降雪过程中，流域上产生径流的区域称为产流区，其面积称为产流面积；降雨扣除植物截留、蒸发、下渗、填洼等损失后，剩余的部分称为净雪（李鹏 等, 2004）；降雪转化为净雪的过程称为产流过程，净雪量（径流量）的计算称为产流计算（任玉芬 等, 2005）。

多数情况下，本次降雪所对应的产流过程，不仅包括本次降雪形成的地面径流和地下径流，而且还包括前期降雪的地下径流（Leff J *et al.*, 2018）。

（1）前期影响雪量计算：降雪开始时流域是干旱还是湿润，这一状况对此次降雪产生径流的多少影响极大，流域的干湿程度常用流域蓄水量或其前期影响量表示。前期影响量的计算公式如下：

$$P_{a,t}=KP_{t-1}+K^2P_{t-2}+K^3P_{t-3}+\cdots+K^{15}P_{t-15}+\cdots \tag{5-1}$$

（2）流域蓄水容量 Wm 的计算：W_m 是流域综合平均指标，一般用实测降雪资料分析确定。选取久旱无雪后一次降雪量较大且全流域产流的降雪资料，计算流域平均降雪量 P 及产流量 R。因久旱无雨，可认为降雪开始时流域蓄水量 W=0。所以：

$$W_m=P-R-E \tag{5-2}$$

（3）产流计算：产流计算主要研究区域内降雪扣除植物截留、蒸发、下渗、填洼等各种损失过程，转化为净雪过程的计算方法。产流方式主要分蓄满产流和超渗产流。蓄满产流：雨末包气带达到田间持水量时，包气带的水量平衡方程：

$$P=E+(W'_m-W'_0)+RS+RG \tag{5-3}$$

超渗产流：雪末包气带未达到田间持水量，包气带的水量平衡方程：

$$P=E+(W'_e-W'_0)+RS \tag{5-4}$$

（4）初损法与后损法计算地面净雪过程：将下渗损失过程简化为初损和后损两个阶段（图5-1）。初损：产流前降雨量全部损失 I_0（$i \leqslant f$），包括植物截流、填洼等，历时 t_0；后损：产流后降雪量的损失，P 为平均下渗能力。

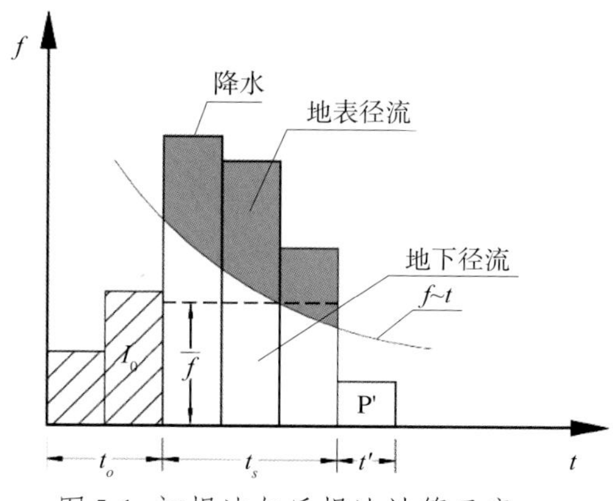

图 5-1 初损法与后损法计算示意

由水量平衡原理得：

$$R_S = P - I_0 - \bar{f} t_S - P \tag{5-5}$$

式中，I_0 为初损；t_0 为初损历时；t_s 为产流历时；R_s 为后损中的非超渗雪。

通过调查确定未定型沟道内形成径流量周边植被及其生态需水量，设定未定型径流形成面为汇水面积，推算其微地形修复的沟道间隔及其深度。

对于自然降水较少，但在冬季有明显降雪而且风大的区域，可以通过开挖不同宽度、深度及间隔的水平沟的方式，在沟槽内形成积水区（图 5-2）。采用数学模拟的方法，模拟不同沟宽、沟深及沟间距条件下降雪的富集倍数，参考周边植被的生态需水量，确定出不同降雪条件下适宜当地植物生存及生长的沟宽、沟深及沟间距等微地形关键技术参数。

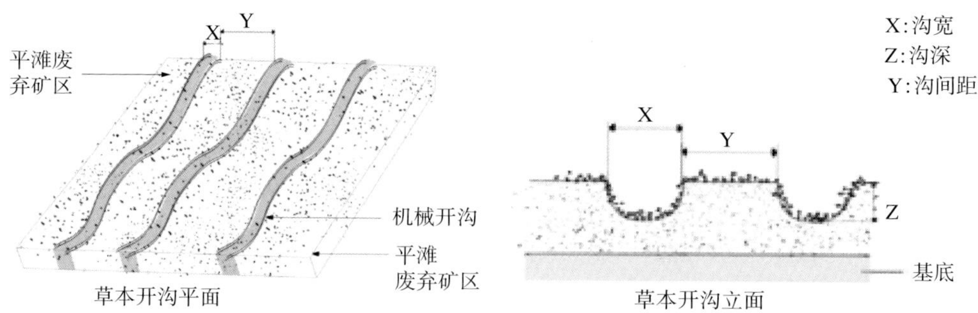

图 5-2 微地形开沟效果示意

5.2 微地形局部集雪模型构建的试验方法

水资源短缺的问题在干旱地区开展受损生态系统修复的过程中亟待解决，通过有限水资源创造自然恢复的条件成为干旱区矿山受损生态系统修复技术的核心，本试验采用人工模拟水平沟集雪的方式，研究相同降雪条件下不同参数水平沟处理后土壤含水量变化规律，以及相同参数水平沟土壤含水量对降水的响应，为不同修复条件下水平沟各参数的应用提供数据支撑。其中，试验区布设、人工模拟补水试验及具体方法详见本书第四章“4.5 微地形差异下的水分变化”的内容。

5.3 微地形局部集雪模型构建的参数选择

在干旱地区开展矿山受损生态系统修复的过程中，水资源的短缺是生态修复的瓶颈，如何解决有限水资源的利用成为干旱区矿山受损生态系统修复技术的核心，我国生态修复原则是以自然恢复为主，人工修复为辅，这是为了今后受损生态系统修复工程不成为生态保护与修复的负担，在这里有一些很好的经验，例如，鱼鳞坑集水技术（Leff *et al*., 2018; 李虹辰 等, 2014; 李艳梅 等, 2008）。而近些年通过微地形处理来解决水分的局部富集也成为简便易于推广的技术。通过多年的实践，在矿区总结了一些可行的受损生态修复技术，其中，最有代表性的就是微地形整理实现局部水分富集的技术措施，该措施可以理解为主要依靠当地的降水条件，通过微地形的处理实现局部水分的富集，促进植被生长，达到生态修复的目的。

通过开沟实现微地形局部整治，在国内外都有先例，但是多集中在农业和林果业，而将其应用在矿区受损的生态修复上少有报道。在我国农业开沟一般宽度40cm左右，深度在30 ~ 40cm，这样有利于根系迅速吸收养分，与此同时，不会对根系造成影响（Chao *et al*., 2014）。但在确定具体深度时，还需要考虑土壤条件，结合当地的实际情况，选择合适的开沟宽度，这又涉及另一个关键参数开沟宽度，或者说沟壁坡度角，坡度角越大，则稳定性越差（徐海量, 2018; Chamran *et al*., 2002）。

从影响微地形集水倍数的相关因素看，主要的技术参数有：

（1）开沟深度

开沟深度是开沟时的核心参数，想要提高植被的成活率就必须要从实际出发，科学确定开沟深度。

（2）沟壁坡度角

沟壁坡度角会对沟型断面面积产生一定的影响，因此在开沟过程中，沟壁坡度角的取值直接影响了沟型断面的面积，也会影响微地形营造的稳定性。

（3）沟间距

沟与沟的间距是微地形营造的一个关键指标，简单地说沟间距决定了一个区域单位面积能够富集的水分，例如，沟间距越密说明沟底所占比重越大，而汇水面积则越小，在降雨（雪）量大的地区，较小的汇水面积就能够满足植物生长需要，可以采取较密集的沟间距，而在干旱缺水的地区，汇流面积只有在足够大的时候，才能保证沟底的水分满足植物生长需要，这就要求沟与沟之间必须保持一个较大的间距，因此，该指标与当地的气象要素是密切相关的。

（4）沟宽

从宏观上看，地形条件主要包括地形类型和分布、地势、地面起伏以及海拔和相对高度等，而开沟宽度则是尺度相对较小的地形变化重要参数之一，描述了在微地形开沟过程中与开沟深度相垂直的水平地面向上开口的大小。根据沟壁坡度的角度以及开沟深度可以求出一定条件下开沟宽度的最大值以及最小值，其大小是划分开沟类型的一个重要指标。

（5）富集倍数

决定生态恢复的最重要限制因素就是水，水分的富集倍数就是通过地形的差异引起地貌不同部位水分差异的倍数，这里也可以指利用已知的植被存活所需水量，结合当地的实际降雪量，确定一个理想状态下局部区域开展受损生态系统恢复所富集的倍数值。

（6）稳定性

稳定性是指营造的微地形差异可以维持的时间长短，它决定着微地形营造的成败，如果稳定性低，沟侧则易塌毁，因此在确定矿区微地形局部集雪模型时需着重考虑稳定性，当稳定性过低时，则其他参数值无效。

5.4 微地形局部集雪模型的构建

植物种植与水分条件有密切的关系。由于边坡土壤结构和土壤入渗率的影响很小，降雨和灌溉一样容易产生地表径流、侵蚀和水土流失现象。干旱地区与湿润区植物的需水要求是完全不同的，一般而言，在新疆北部区域分布有很多特有植物，如梭梭等，其具备超强的抗逆性，既抗旱又抗寒，耐盐性和防风固沙能力也很强，能够在几十毫米降水条件下顽强地生长。根据中国科学院新疆生态与地理研究所的科研人员长期野外监测研究成果，梭梭能够利用空气中的凝结水，同时在炎热的夏季可以通过关闭气孔实现休眠，从而减少水分的消耗，这样在受损生态待修复的矿区如果能够实现水分富集到100mm以上时，其正常生长的水分条件就能满足，因此可以通过数值模拟的方式来确定相应的模型参数。同样，对于矿区的草本植物，我们可以设定拟富集的倍数，从而通过模型确定需要营造的地形参数来实现其水分需求，当然不同的区域，环境因子不同时选取的微地形局部积雪模型构建的各参数也是不同的，这只能依靠模型来实现。

从理论上看，微地形营造的目标就是要达到水分的局部富集，而实现这一点需要搞清楚恢复到什么水平。如果在修复区植被的盖度仅5%～15%时，考虑实现废弃矿区整体都被绿色植物所覆盖，成本会很高，并且在没有更多的后期人为辅助条件下，也一定会演化成与周边植被景观一致的植被水平，即最终维持植被盖度在5%～15%这一水平。基于这一认识，我们在修复矿区的受损生态系统时必须有舍有取，假设本区天然降水大约在50～100mm，如果我们可以把这些降水用在20%或30%的区域上，实现局部区域的水量能够达到150～200mm。那么，在目标恢复区域的植被长势一定会变好，而舍弃部分可能没有植被，但从整个区域看，植被总体的盖度和长势相比周边植被的盖度和长势不降低或者可能更高则说明实现了植被恢复的目标。基于此思路，我们可以做一个基本分析：

依据流沙最大自然降角 $\angle\theta<34°$ ，设定沟宽度 B 为50cm，可以得出深度 H 为16.8cm（其中规律：当宽度一定时，角度越小，深度越小，即宽度一定时深度 ≤16.8cm为合理）。一定区域内降雪体积=长 × 宽 × 降雪厚度（后期存在降雪量和降雪厚度的一个换算关系，这里都记作降雪量），一组修复体积=沟宽 × 一组宽 × 降雪量；一组宽与倍数有关，预期修复倍数 T，一组宽 $=T\cdot B$（表5-1）。

表5-1 预设参数计算（部分）

设降雪量h（mm）	60.00	70.00	80.00	90.00	100.00	110.00	120.00		60.00	70.00	80.00	90.00	100.00	110.00	120.00
设修复面积m									10m*10m	10000mm*10000mm					
修复长度（mm）	10000.00	10000.00	10000.00	10000.00	10000.00	10000.00	10000.00		10000.00	10000.00	10000.00	10000.00	10000.00	10000.00	10000.00
修复宽度（mm）	10000.00	10000.00	10000.00	10000.00	10000.00	10000.00	10000.00		10000.00	10000.00	10000.00	10000.00	10000.00	10000.00	10000.00
雪的体积	6000000000.00	7000000000.00	8000000000.00	9000000000.00	10000000000.00	11000000000.00	12000000000.00	0.00	6000000000.00	7000000000.00	8000000000.00	9000000000.00	10000000000.00	11000000000.00	12000000000.00
不同土壤质地	砾石	砾石	砾石	砾石	砾石	砾石	砾石	砾石	砾石	砾石	砾石	砾石			
度数&	34.00	34.00	34.00	34.00	34.00	34.00	34.00	34.00	34.00	34.00	34.00	34.00	34.00	34.00	34.00
tan&	0.67	0.67	0.67	0.67	0.67	0.67	0.67	0.67	0.67	0.67	0.67	0.67		0.67	0.67
沟宽度B2（mm）	500	500	500	500	500	500	500	500	500	500	500	500	500	500	500
沟深度H（mm）	168.6271292	168.6271292	168.6271292	168.6271292	168.6271292	168.6271292	168.6271292	168.6271	168.6271292	168.6271292	168.6271292	168.6271292	0	168.6271292	168.6271292
修复区宽是多少条 一条沟集中的雪量	20.00	20.00	20.00	20.00	20.00	20.00	20.00	0.00	20.00	20.00	20.00	20.00	20.00	20.00	20.00
修复一组的宽	沟宽*倍数														
修复一组的体积	降雪量*沟宽*修复倍数*长														
集中的体积	沟深*沟宽/2*长														
修复倍数	沟深/2/降雪量														
修复倍数	1.41	1.20	1.05	0.94	0.84	0.77	0.70	#DIV/0!	1.41	1.20	1.05	0.94	0.00	0.77	0.70
设降雪量h（mm）	60.00	70.00	80.00	90.00	100.00	110.00	120.00		60.00	70.00	80.00	90.00	100.00	110.00	120.00
不同土壤质地	砾石	砾石	砾石	砾石	砾石	砾石	砾石	砾石	砾石	砾石	砾石	砾石			
度数&	10.00	10.00	10.00	10.00	10.00	10.00	10.00	10.00	10.00	10.00	10.00	10.00	10.00	10.00	10.00
tan&	0.18	0.18	0.18	0.18	0.18	0.18	0.18	0.18	0.18	0.18	0.18	0.18		0.18	0.18
沟宽度B2（mm）	50.00	50.00	50.00	50.00	50.00	50.00	50.00	50.00	50.00	50.00	50.00	50.00		100.00	100.00
沟深度H（mm）	4.41	4.41	4.41	4.41	4.41	4.41	4.41	4.41	4.41	4.41	4.41	4.41		8.82	8.82
修复倍数	0.04	0.03	0.03	0.02	0.02	0.02	0.02	#DIV/0!	0.04	0.03	0.03	0.02	0.00	0.04	0.04
设降雪量h（mm）	60.00	70.00	80.00	90.00	100.00	110.00	120.00		60.00	70.00	80.00	90.00	100.00	110.00	120.00
不同土壤质地	沙土	沙土	沙土	沙土	沙土	沙土	沙土	沙土	沙土	沙土	沙土	沙土	沙土	沙土	沙土
度数&	20.00	20.00	20.00	20.00	20.00	20.00	20.00	20.00	20.00	20.00	20.00	20.00	20.00	20.00	20.00
tan&	0.36	0.36	0.36	0.36	0.36	0.36	0.36	0.36	0.36	0.36	0.36	0.36		0.36	0.36
沟宽度B2（mm）	50.00	50.00	50.00	50.00	50.00	50.00	50.00	50.00	50.00	50.00	50.00	50.00		100.00	100.00
沟深度H（mm）	9.10	9.10	9.10	9.10	9.10	9.10	9.10	9.10	9.10	9.10	9.10	9.10		18.20	18.20
修复倍数	0.08	0.06	0.06	0.05	0.05	0.04	0.04	#DIV/0!	0.08	0.06	0.06	0.05	0.00	0.08	0.08
设降雪量h（mm）	60.00	70.00	80.00	90.00	100.00	110.00	120.00		60.00	70.00	80.00	90.00	100.00	110.00	120.00
不同土壤质地		壤土	壤土	壤土	壤土	壤土	壤土	壤土	壤土	壤土	壤土	壤土	壤土	壤土	壤土
度数&	30.00	30.00	30.00	30.00	30.00	30.00	30.00	30.00	30.00	30.00	30.00	30.00	30.00	30.00	30.00
tan&	0.58	0.58	0.58	0.58	0.58	0.58	0.58	0.58	0.58	0.58	0.58	0.58		0.58	0.58
沟宽度B2（mm）	50.00	50.00	50.00	50.00	50.00	50.00	50.00	50.00	50.00	50.00	50.00	50.00		100.00	100.00
沟深度H（mm）	14.43	14.43	14.43	14.43	14.43	14.43	14.43	14.43	14.43	14.43	14.43	14.43		28.87	28.87
修复倍数	0.12	0.10	0.09	0.08	0.07	0.07	0.06	#DIV/0!	0.12	0.10	0.09	0.08	0.00	0.13	0.12

一条沟体积$V=LB(H/2)$，开沟前原来这块面积降雪体积$V=LBm$，富集倍数T=一条沟体积/开沟前原来这块面积降雪体积$=LB(H/2)/LB\cdot m$。$T=(H/2)$，可以得$2mT=H$到，其中，L为开沟长度即根据生态修复区面积而定，降雪量设定为m，沟深带入数值16.8cm，可以得到$1.68=2mT$，mT=84mm（图5-3）。上述步骤中记录深度需≤16.8cm，结合第四步沟深带入数值16.8，即得到结论$mT\leq$84mm，降雪量×富集倍数需要＞不同草地类型下植被正常生长所需降雪量（在这里植被所需降雪量记作M）即$mT>m$，得$M\leq mT\leq$84mm。

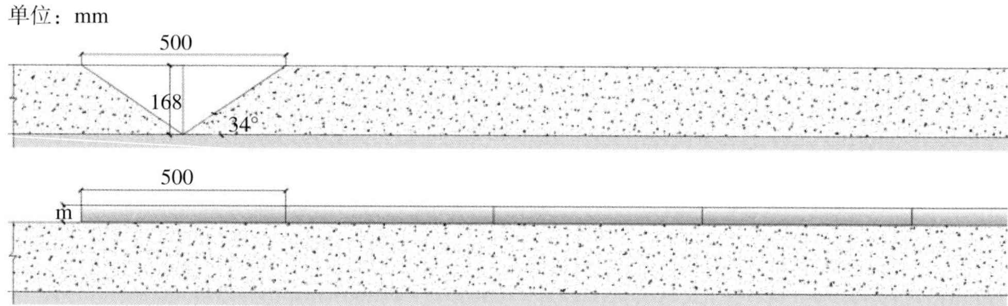

图5-3 开沟与实际降雪剖面情况

当富集倍数为T时，增加T–1倍，而此时降雪量有3种情况，分别为M<84mm；m=84mm；M>84mm。当T=1，M=84时，所有的雪都进入沟内，此时沟的体积为0.042m^3，但是84mm深度的雪×沟宽是长方体，长方体落入三角柱体中具体计算为（84mm·50mm）/（500mm·168mm/2）=1，是相等的，如图5-4所示。

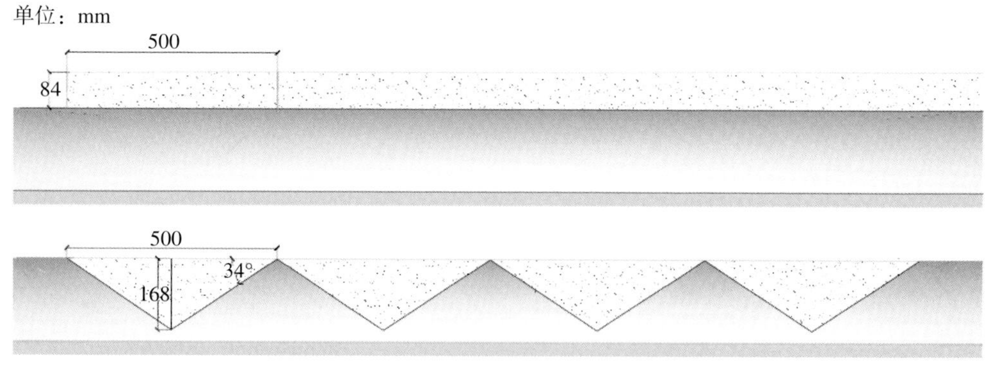

图5-4 预设富集倍数为1开沟剖面情况

当M＜84mm时（图5-5），三角形内的雪集不满，那么周边的雪全部可以进对应的沟中、不存在K，K存在无意义，积雪倍数本就小于1（M＜84，沟不变，无间距，积雪量=原降雪量，无意义）。

单位：mm

m<84

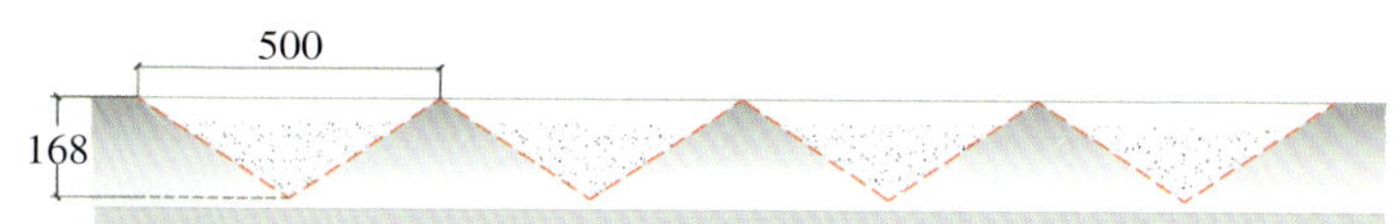

图5-5 降雪小于临界值开沟剖面情况

当$M<84$mm，且$T>1$时，在风的作用下，沟的空间还可以容纳沟周边的雪（间距内部）进入沟中。首先做个假设，开的沟是刚好富集4倍的雪的条件，即$T=4$，增加3倍，如图5-6所示。

单位：mm

图5-6 预设富集4倍降雪开沟剖面情况

由表5-2可得$2mT=H$，间距$B=(T-1)$；$K=(T-1)B/B$，此时沟的深度为168mm，宽度为500mm，角度34°，并且已知$M<84$mm，且$T>1$，刚好能把间距中的雪全部集中到沟里的情况，此时出现K。

表5-2 降雪全部集中至沟内各参数值

T	M(mm)	间距(mm)	K	等量代换
4	21	3×500	3	500×168/2×长=M×500×长×4
3	28	2×500	2	500×168/2×长=M×500×长×3
2	42	1×500	1	500×168/2×长=M×500×长×2

当$M=84$mm的时候，易出现混淆。是否此时已经达到临界值无意义，实际结果如图5-7所示，并不是此时的降雪实际体积大于开沟体积，因此，会有多出部分平摊至修复区域内。

假设另一种情况，沟间距的雪不能完全进入沟中，有剩余部分，再平推到试验区面积中，如图5-8所示：

其中：由 B 可以推出 $\tan\theta=H/(H/2)$、$H=\tan\theta/(B/2)$，由 S 可以推出 $S=H/2$；$S=\tan\theta(H/4)$，自然降雪 M 与临界值 S 关系式求 N。

$$N=[MK+(M-H/2)/T]-(M-H/2)+M/M \quad (M>S;\ N<2) \tag{5-10}$$

$$N=[K/(K+1)+1] \quad (M=S) \tag{5-11}$$

$$N=[(MK-S/T+S]/M=[(MT-\tan\theta\cdot B/4)/T/M] \quad (M<S),\ N=f(\theta,B,T,M) \tag{5-12}$$

可以得出 $N=f(\theta, B, T, M)$ 相关，其中，$M=\varphi(T)$ 表示降雪量与设定的倍数的关系；$B=y(\theta)$ 表示宽度与角度的关系。角度越大，沟宽越窄，沟深越浅越好，得出唯一一组沟宽 B、沟深 H、倍数 N。至此可以初步得出开沟影响因素示意图（图5-11）。

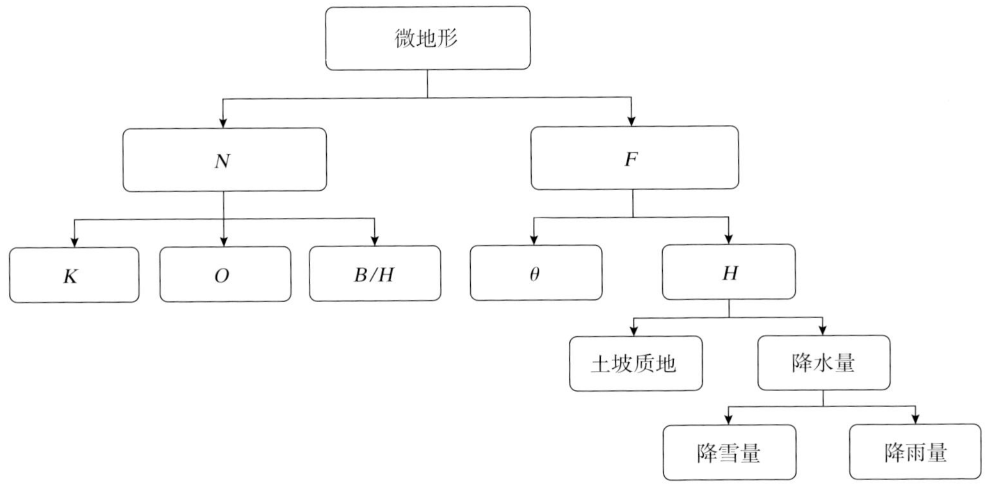

图5-11 开沟影响因素示意

假设条件：宽度 b= 已知参数情况下，

倍数：θ 角度越大，倍数越高，已经推出倍数 $N=1+1.56\tan\theta$

深度：$H=0.25\tan\theta$，θ 越大，深度越深，实际上 $\theta=0$ 时，稳定性 W 无穷大，深度 H 为0（表5-3）。

表5-3 稳定性与深度设定值

角度	深度	稳定性	角度	深度	稳定性
$\theta=0$	$H_0=0$	$W_0=$	…	…	…
$\theta=1$	$H_1=$	$W_1=$	$\theta=34$	$H_{34}=0.168$	$W_{34}=$
$\theta=2$	$H_2=$	$W_2=$	$\theta=35$	$H_{35}=$	$W_{35}=$
$\theta=3$	$H_3=$	$W_3=$	$\theta=36$	$H_{36}=$	$W_{36}=$

第一步拟合W的曲线，第二步中W要随着深度的增大，稳定性减弱，随着角度的增大，同样稳定性减弱，二者呈负相关关系（图5-12），所以我们要用H的值减去34° 时候H的值，也就是0.168，W=0.168–H时，注意：W等于负值的时候取0。此时W是一个关于θ的函数，$W=\varphi(\theta)$，即W=0.168–0.25tanθ，此时再进行归一（W=0.168–0.25tanθ）/W_{max}，这时得出的结果是稳定性只与深度有关的情况。

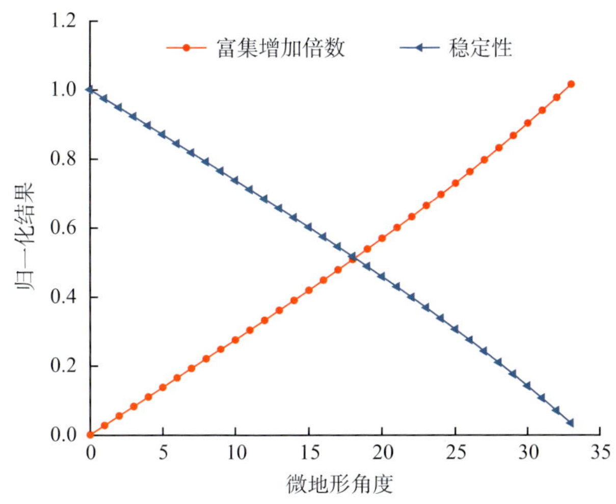

图5-12 单一因素稳定性与富集倍数变化关系

此时的最合理的度数在19°。

而实际情况W不仅和深度有关，还与角度有关，因此继续研究，原本设想A：$N\cdot W$取最大值，代表着稳定性和倍数同等重要，B：$\sqrt{N}\cdot W$取最大值，代表着倍数相对重要，稳定性减弱的情况下，C：$N^2\cdot W$取最大值，代表着稳定性相对重要，倍数减弱的情况下。

$$N=N_i/N_{34}\quad (i=1, 2, 3, ..., 34) \tag{5-13}$$

$$W=W_i/W_{max}\quad (i=1, 2, 3, ..., 34) \tag{5-14}$$

$$NW=N_i/N_{34}\cdot W_i/W_{max} \tag{5-15}$$

$$W=1.68-\tan(56+\theta) \tag{5-16}$$

在干旱区：选择两点，A为倍数最大，最大角；B为稳定性和倍数同等重要的情况29° 点；C为倍数更高，稳定性其次。倍数更重要，兼顾稳定性30°；稳定性更重要，兼顾倍数27°；二者兼顾，同等重要29°；只考虑倍数34°，如图5-13所示。

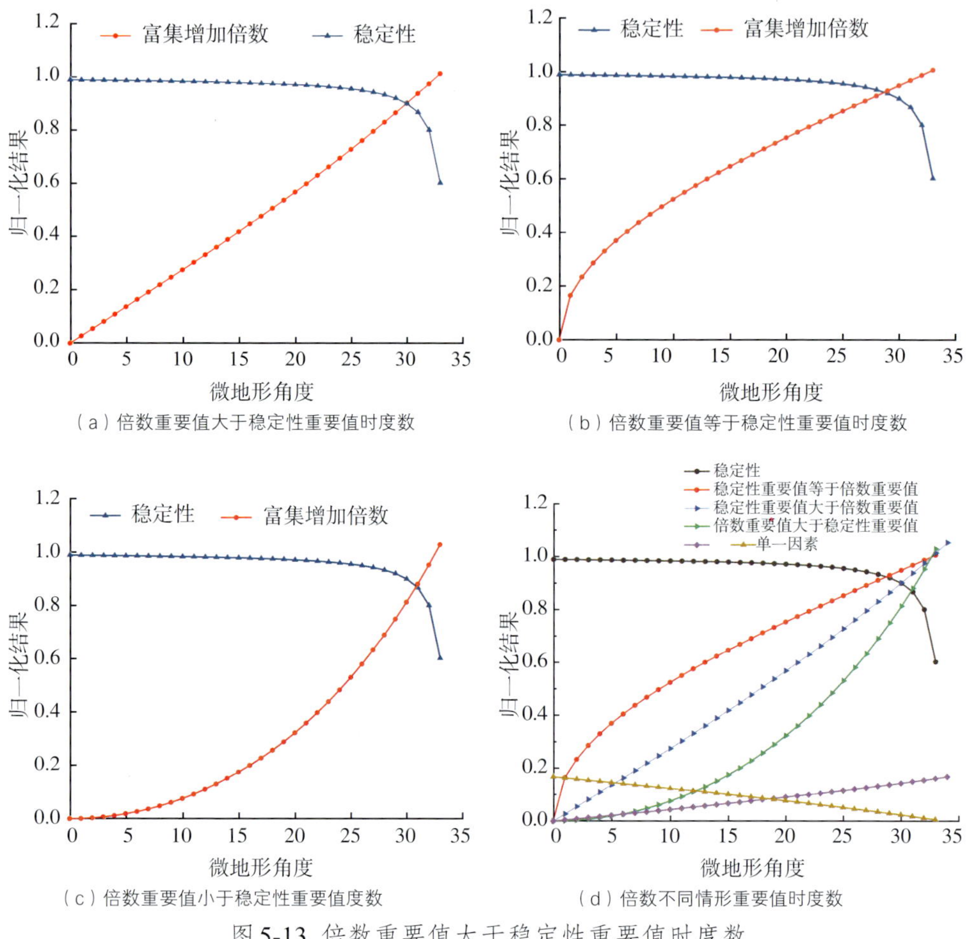

（a）倍数重要值大于稳定性重要值时度数
（b）倍数重要值等于稳定性重要值时度数
（c）倍数重要值小于稳定性重要值度数
（d）倍数不同情形重要值时度数

图5-13 倍数重要值大于稳定性重要值时度数

通过以上的分析和计算可以得到微地形营造的基本数学模型可以分为3种情形，分别是：

（1）当$m<M$时，关注富集倍数，富集倍数决定于降雪量，富集倍数的公式为：$N=1+[1-(1/T)]B/4M\tan\theta N$，一般可富集倍数＞1.5，开沟参数相同时降雪量越小，富集倍数越高。

（2）当$m=M$时，关注距离之比，富集倍数由间距决定，公式为：

$N=K/(K+1)+1$，间距越大，富集倍数越大。

（3）当$m>M$时，实际富集倍数N一般＜2，公式为：

$N=[(MK+M-(H/2)]-M[M-(H/2)+M]/M, (M>S), (N>2)$。

5.5 野外工程成效及案例

（1）于2020年，矿区生态修复的微地形营造技术模式开始应用在新疆阿尔泰山两河源自然保护区库尔木图废弃矿区，中心地理坐标为E 89° 11′ 58″，N 47° 53′ 58″，治理面积约5019亩。

治理前因为采金活动导致土壤几乎完全被破坏，地表残留物中都是由粒径大于0.3cm的砾石组成，地表也几乎没有任何植物生长，治理项目实施2年后，土壤和植被的恢复效果显著（图5-14）。

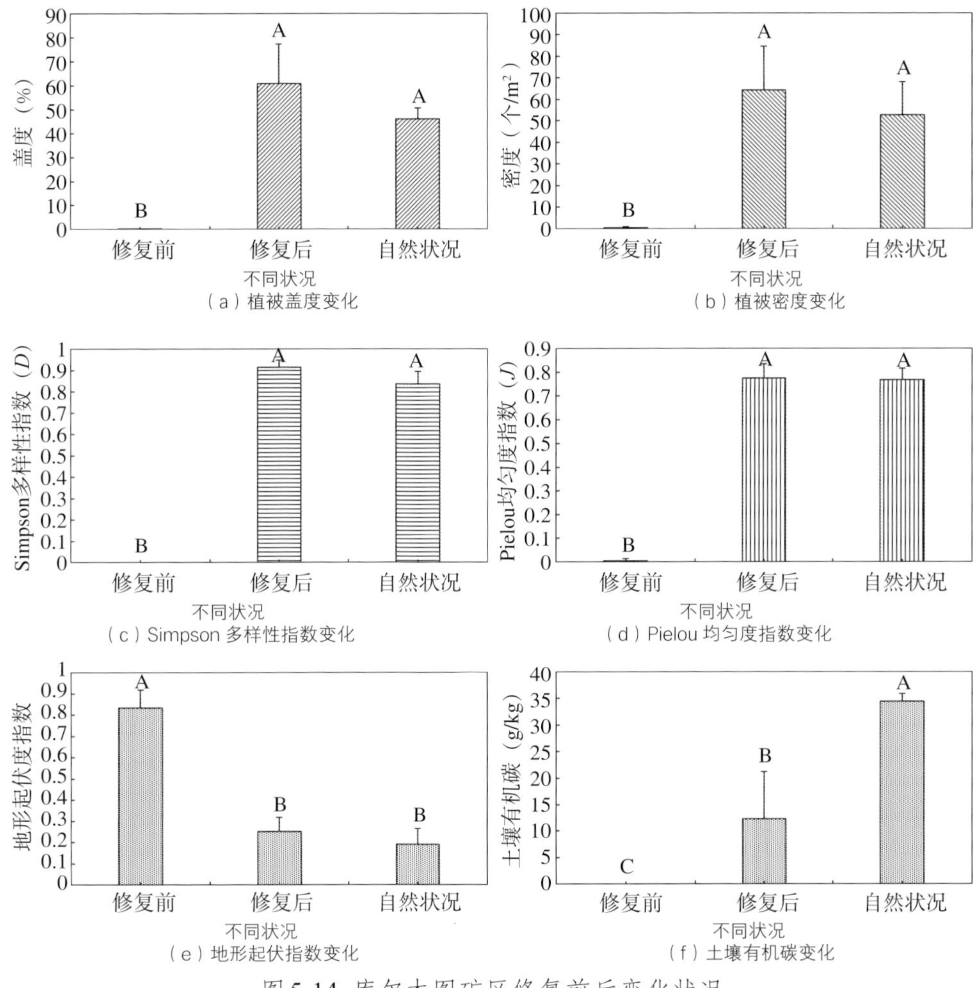

图5-14 库尔木图矿区修复前后变化状况

图5-15是采取补充土壤种子库后经微地形营造修复措施的对比结果，从试验结果看，经过微地形营造修复植被恢复效果很明显，修复前植被几乎完全丧失，密

度和盖度值基本在0左右，修复后先出现了蒲公英（*Taraxacum mongolicum*）、野薄荷（*Mentha haplocalyx*）等先锋植物，其后早熟禾（*Poa annua*）、蒿草（*Artemisia* spp.）和异燕麦（*Helictorichon schellianum*）等大量出现，植被盖度达到了55%，生物量鲜重甚至达到了300g/m^{2}以上，从修复效果看，成效明显。

（a）（b）

图5-15 库尔木图矿区生态恢复效果

本区修复时由于地处山区，自然降水充沛，加上修复过程采用了撒播土壤种子等措施。因此，选择荒漠区仅通过微地形营造单一措施的恢复案例进行对比。

（2）同时期，在新疆卡拉麦里有蹄类自然保护区欧骆矿坑生态恢复先导试验工程采用了矿区生态修复的微地形营造技术模式，中心地理坐标为E 89° 38′ 58.63″，N 45° 21′ 04.31″，治理面积约900亩。

针对治理区因矿区修复导致地形地貌破坏严重，加之当地气候干旱，年平均降水量仅50.0mm左右，如何实现近自然状态的修复成为生态修复的主要问题。本研究充分利用微地形营造的技术措施，采取地形整平后，开挖宽0.3m，深度0.2m，间隔1.5m的沟槽，播撒草种和局部补种梭梭等当地植物，整个修复过程中均采用免灌措施（图5-16）。

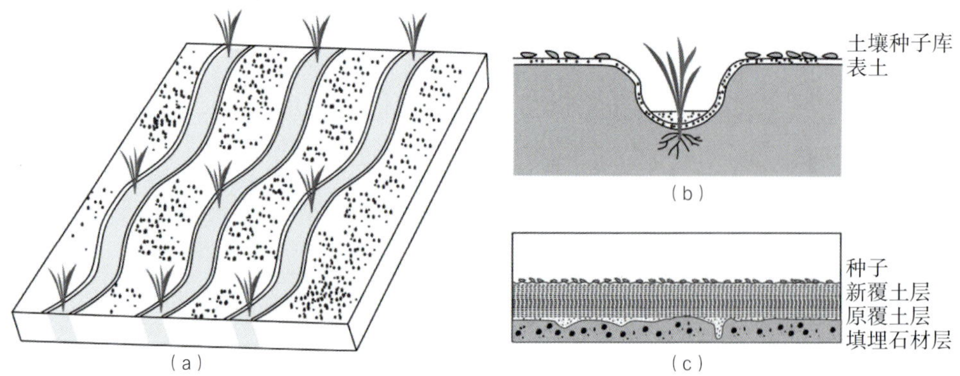

图5-16 微地形营造及施工情况

工程始于2019年9月，于2021年9月进行了修复效果的调查，梭梭的留存率超过50.0%，植被盖度整体达14.3%，比周边自然状况未破坏区提高85.0%，植被密度也类似，平均密度为7.2个/m^2，超过自然状况下的5.2个/m^2，植物多样性也发生明显的变化（图5-17、图5-18）。

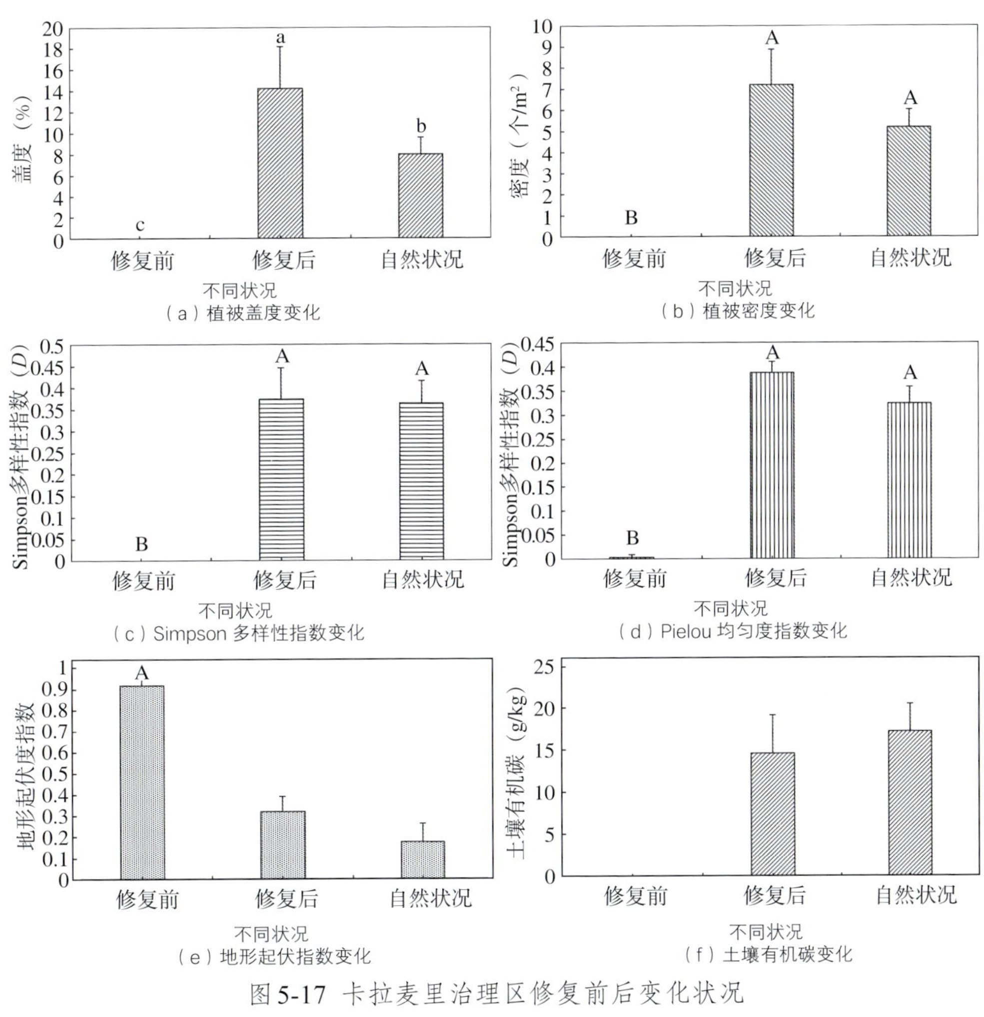

图5-17 卡拉麦里治理区修复前后变化状况

（a） （b） （c）

图5-18 卡拉麦里有蹄类自然保护区修复后的效果

（3）于2021年，矿区生态修复的微地形营造技术模式应用于富蕴县、福海县“阿尔泰山森林公园、自然保护区受损区域地质环境修复与生态修复治理项目”，项目区中心地理坐标分别为E88° 53′ 07.56″，N47° 37′ 10.27″和E88° 50′ 31.3″，N47° 09′ 05.8″，治理面积分别为17500亩、7796亩。

从图5-19看，本章研究的矿区生态修复的微地形集雪技术模式被推广应用后，修复效果依旧非常明显，照片上显示，在沟槽内撒播的草种随着微地形集水作用的发挥，大量草本植物甚至灌木得到萌发，其结果与计算的富集倍数得到了相互印证。

通过前面的分析可以发现，在一个区域降雪量不变的情况下，通过微地形集水技术措施，可以实现水分的局部富集，从而满足植被生长的需要，但是这种微地形集水技术措施只适合在一定区域。假如该区冬季无积雪，或者没有风，那么该技术就很难实现。这是因为如果积雪量是零，再富集多少倍也没有意义，而外在的风能把这些雪吹送到沟里。在古尔班通古特沙漠，它与塔克拉玛干沙漠不同之处就在于冬季有明显积雪，同时该区域风大风频，能够满足雪一落下就可以输送到水平沟里的要求。而积雪在第二年春天4～5月集中融化，从而满足了当地植被对水分的需要，这也解释了为什么当地存在大量短命植物的生态机理。

（a）

（b）

图5-19 富蕴县新桥治理点修复前后情况对比

5.6 讨论

通过前面的分析可以发现，在一个区域降雪量不变的情况下，通过一些技术措施，可以实现水分富集，从而满足植被生长的需要，但是这种微地形集水技术措施只适合于一定区域范围。假如该区冬季无积雪，或者没有风，我们就难于实现水分富集。在古尔班通古特沙漠，它与塔克拉玛干沙漠不同之处就在于冬季有明显积雪，同时该区域风大风频，能够满足雪一落下就可以输送到水平沟里的要求。而积雪在第二年春天4～5月融化，从而满足了当地植被对水分的需求，如修复区的短命植物，依靠这种融雪（水）完成了一个物候的周期，进而可以大规模应用微地形营造修复技术措施，展示出修复效果。

矿区生态修复的微地形集水技术措施适用于新疆北部区域内，降水量大于50mm，在所有采矿活动后的土地复垦时，在地质修复过程中，为保证植被生长和自然更新，通过改造局部地形条件，实现矿区复垦后水、土、种子局部富集这一目标的技术要求。

基于水、土、种局部富集的理论构想，首次创建了矿区生态修复的微地形营造技术措施（图5-20）。根据积雪和融雪过程，提出了适用于新疆北部区域荒漠区微地形营造集水技术，利用风力吹积降雪存于沟槽，提高春季植被的可用水量。

图5-20 微地形营造局部水、土、种富集区

鉴于新疆北部区域荒漠区气候干旱，降雨量小，蒸发量大，水资源时空分配不均，不能满足植物需水的要求，植被生产力因水分限制而衰减。加之，矿区受损区地形地貌与土壤结构被破坏，保水保肥能力下降，植物生产力及植被长势较差，覆盖度低。通过矿山生态修复的微地形营造集水技术，增加地表粗糙度，对有限的降水进行重新分配，致使径流携带土壤水分、养分在沟谷处汇集，调节水分入渗补给，实现节水免灌恢复植被。

微地形营造集水技术是通过人为措施创造局部地形的变化，增加降雨、融雪径流在地表的汇集，进而收集利用的过程。该技术的核心：一方面是控制水分的非目的性输出，另一方面，充分、高效利用微地形的功效实现水分的积聚。

③水分无法存留，土壤养分极度匮乏：土壤是植物生长的基础，同时它还兼具涵养水分和提供植物生长养分的作用，但当土壤被破坏，只残留粗砂石时，水分无法存留，养分几乎为零，这些都是开展矿山遗留地受损生态修复工作必须解决的难点所在。

④资金和条件限制下唯有通过简便可行的方式：山区人口稀少，数百千米内几乎没有人烟，造成我们在开展废弃矿区生态修复时只能依靠简单的人工辅助措施，而生态恢复的实现必须以自然恢复为主，因此，修复措施的选取必须科学、简便、可行。同时，前面提到过，仅阿尔泰山单单采金矿就涉及上千平方千米，如果按照常规的生态修复措施，需要数千亿资金才能实现，没有如此强大经济实力支撑的新疆，如何实现新疆北部区域的山区内矿山遗留地受损生态修复？这也是摆在我们面前的当务之急。

6.2 废弃矿区生态修复思路和边界条件的确定

阿尔泰山矿区受损生态系统修复的难点可以归纳为：几乎没有土壤，植物也完全丧失，种子必须采用乡土草本植物的，在养分匮乏、保水功能丧失条件下，必须在低投入的前提下依靠自然恢复实现矿山的生态修复。要想达到这一目标，必须根据当地的实际条件确定具体的解决方式：

①缺土：要想实现废弃矿山遗留地受损生态的恢复，土壤是必不可缺的首要条件，因此，应该用最少的土或找到最接近土壤的替代物，在这里土壤用量决定了受损生态修复成本的高低，而在整体覆土难以实现的情况下，在粗砂石中间实现土壤的局部富集是唯一的出路。

②植物种子：购买商品草本植物种子来实现恢复山区自然保护地是不可行的，因此，必须通过采集乡土草本植物的种子，而采集的难度又决定了必须少量用种子，故种子只能在局部有土的区域进行繁殖。

③养分匮乏：在山区运土的费用高昂，运输肥料也一样，如果这些物质能够起到养分和土壤替代物的作用将其作用发挥到最大则是修复材料选择的前提。

④水分的适当补给：在缺乏土壤的情况下，岩石是无法保留水分的，虽然山区的降水量相对平原区的降水量要多，但季节分配不均匀，尤其是在种子萌发的初期必须有足够的水分保障，因此，适量补水也是必不可缺的。

要想攻克上述难点实现矿区受损生态修复是有困难的，而祖先告诉我们一个道理，师法自然，当我们解决不了修复受损生态的难点问题时，可以到自然界去观察、学习和探索，从中汲取灵感和启示，探寻治理措施。师法自然的观念是基于自然界中存在的智慧、美感和价值，通过模仿和学习自然界的规律和秩序，更好地实现人与自然的和谐共处。

①房顶上长出小树或小草的启示：在现实生活中，我们会发现有的房顶上能长出树苗或小草，而这些房顶有的甚至是水泥浇筑而成，不具备植被生长的条件，但因为时间长了，在离地好几米的屋顶也会有尘土的堆积，仅靠沉积来自空气中的尘土，可能是一场雨后，湿度合适了，温度再适宜，通过风传播或动物传播等形式落在房顶的植物种子就能够生根发芽了。这一自然现象告诉我们，刮风和下雨会把尘土带到屋顶并留在那里沉淀形成房顶一点点儿泥土，在这种土壤极匮乏的情况下（图6-1），再遇上点雨水，房顶上的那部分微量泥土也都能供养植物的生长。

（a）　（b）

图6-1 土壤匮乏区植被生长状况

②石头缝里会长树和草的启示：石头经过风吹雨打会出现少量营养成分，同时石头缝伴随风吹会有少量泥土出现，当植物种子落在了石头缝中，石头下面最能保持水分不被蒸发，更有利于种子发芽，小草吸收，出现在石缝的植物也就靠这里的微量养分土壤与雨水，进行光合作用，生存成长（图6-2）。这一自然现象告诉

（a）

（b）

图6-2 石缝区植被生长状况

我们，植物可以在石头缝隙中存活，这些缝隙因为深浅不一，在很少的土壤条件下就形成了一个满足植物扎根和营养供给的小环境。也就是说，只要石头缝里形成适合植物生长发育的基质——土壤、水分、养分等条件，有的植物种类就能在这个石头的缝隙部位生长，而有的则不能生长。

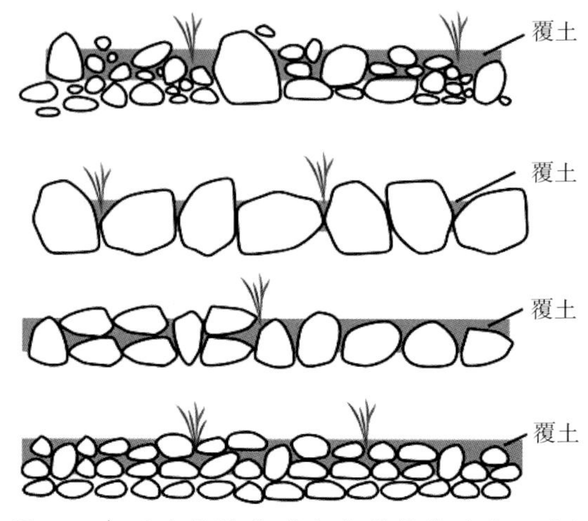

图6-3 在石头缝隙实现水土种局部富集示意图

为此，我们可以思考一下，假如我们将宝贵的土壤不是整个覆盖在粗砂石表面，而是将表层的粗砂石缝隙填满，虽然不能保证整个区域都生长植物，但是在石头的缝隙部将能够创造一个植物生长的小环境（图6-3），这样是否可以以最小的代价实现粗砂石区域的植被恢复。

③“羊种草”让废弃矿区再披绿装的启示：我们在阿尔泰山区采矿遗留地调查时发现一个奇特的现象，采矿过程中被破坏但后来又被简单推平的一些区域成为牧羊人短期的驻扎羊群的栖息地。当羊群离开后，地表覆盖了一层厚薄不一的羊粪，几个月后地表呈现出一片绿色，如图6-4（b）。原来，在已经被破坏的历史遗留废弃矿区几乎没有植被生长，但是在羊群驻扎过的废弃矿区明显存有一片植被生长区，这个区域正是羊群所驻扎的地方，在以往的经验中认为有羊群会破坏草场，但是在已经被破坏成寸草不生废弃矿区中，羊群的驻扎起到了积极的作用，废弃矿区遗留的大颗粒砂石中几乎不含有土壤、养分等，但是在羊群较长时间的驻扎后，在区域面积内羊蹄所携带的泥土到了驻扎区“安家”，长时间积累了少量的土壤，伴随其粪便排出携带的草种及养分等，当有降雨时羊群驻扎区存有的植物种子依靠仅有的一点土壤及养分发芽生长，所以当羊群离开后，可以看到废弃矿区处有一片区域带有绿色，有植被的生长。

废弃矿区被游牧民当“羊圈”重复利用，变“废”为“宝”的这一现实情况给我们一个很重要的启示，在采金遗留地（图6-4a），当地表粗砂石被羊群驻扎后（图6-4b），存留的羊粪带来了足够的养分，据研究结果显示：羊粪中的有机物含量是大牲畜中最高的，一般为24% ~ 27%；其他三要素含量属于中等水平，氮元素的含量一般为0.7% ~ 0.8%、磷元素的含量一般为0.45% ~ 0.6%、钾元素的含量一般为0.4% ~ 0.5%。羊尿有机质含量为5%，氮素为1.3% ~ 1.4%，磷素极少，钾素很丰富，

（a）被破坏的矿区

（b）羊群驻扎区域

（c）羊群驻扎后恢复的“绿色”

图6-4 采金遗留矿区修复前的景象

含量为2.1%～2.3%。在羊粪的发酵过程中，将其与经过粉碎的秸秆、生物菌进行搅拌混匀，再经耗氧发酵、粉碎、造粒等工序加工后可作为牧草的优质有机基肥，还能使粪污达到零排放（黎运红，2015）。而且羊粪本身也起到了土壤细颗粒物质的作用，能够给植被生长提供快速的生长环境（图6-4c）。另外，从很多文献上也反映，羊粪中含有大量的种子，这说明羊粪的补充可以起到一举三得的作用，而在阿尔泰山山区，每年有450万只羊上山，山上是很容易获得羊粪的（张鸣 等，2010）。

④挂网喷浆的启示：历史遗留废弃矿区的地形条件均十分恶劣，如边坡地区坡度较陡，且地表土层被剥离，地下矿砂上翻，几乎无土壤含量，植被也消失殆尽，在治理废弃矿区环境时，采取挂网喷浆技术模式，即在边坡上锚固金属网、钢筋网或高强塑料三维网，然后使用喷泥浆技术，将土壤以及含有保水剂、黏合剂、长效有机肥等材料的水分，按一定比例与植物种子均匀混合喷射到矿区边坡，在坡面构建一个具有自生长能力的生态固坡系统（图6-5）。在边坡恢复初期，网起到稳定作用，经过几年之后，植物根系慢慢穿透砾石，扎入土壤中，形成密布的锚固系统，而且锚固作用越来越强，边坡大面积被植被覆盖，逐渐稳定，网子也逐渐被降解，以利于灌木、乔木等幼苗生长（高甲荣，1999）。

挂网喷浆技术应用于废弃矿区环境治理过程的实例给我们一个启示，如果能够将羊粪、土壤、种子和水按一定的比例喷洒到采金后留下的粗砂石表面，只需要

（a）

（b）

图6-5 挂网喷浆示意

保证粗砂石表面的缝隙处完全被这些混合物覆盖，那么一个简便有效的恢复措施就可以实现，而实现这一措施的思路就是：通过创造局部水分、土壤、种子富集的思路来实现受损生态的恢复。

通过大量的研究，结合实地调查，本着师法自然的理念，确定了新疆北部区域废弃矿山受损生态修复的思路：

6.2.1 粗砂石之间的缝隙是实现水、土、种局部富集的方向

在开采过程中，矿山地表土层被剥离，土壤中细颗粒物质被风蚀掉，地下矿砂上翻，砂石裸露，几乎无土壤存在。在此类废弃矿区中，多以砾石为主，由于区域中缺水、缺土、缺种，植物无法生存、生长和繁殖，因此，很难对其进行生态修复。但是，受植被生长发育良好的山地基岩区或以裸露岩石广布的戈壁地区植物根系深植于岩石裂隙，植被生长茂密的启发，粗砂石之间的缝隙是我们实现局部水分、土壤、种子富集的方向。当然，这里也存在一个简单而深刻的思想，就是在恢复这一极其困难、有诸多限制因素的前提下，在开展矿山受损生态恢复时，坚持有舍有得的思想是实现恢复目标的唯一的出路，如果希望每一块石头上都长植物，那么代价将是十分巨大的，在人迹罕至的区域这样做是否值得一定会有各种争议，而我们当前的做法就是放弃石头表面，将有限的资源全部用于石头的缝隙，如果这一目标实现了，实践效果也是非常突出的。

6.2.2 泥浆拌种的比例需要试验研究

基于废弃矿区多以砾石为主，在缺水、缺土、缺种的条件下植被无法恢复的事实，以及第一点粗砂石之间的缝隙是我们着重考虑的土壤、水分、种子富集的区域和方向，进而着重关心通过将土壤、种子、养分等注入粗砂石中实现植物生长的

条件，试想使覆土、播种、补水等工序一次完成，土和种子能够在水的作用下直接进入石头的缝隙，会大大提高废弃矿区受损生态恢复速度和质量。那么设置不同的土壤、水分、种子及羊粪的比例，形成具有种子及养分的泥浆就需要开展试验研究，通过反复大量试验筛选出既能保持泥浆流动进入砾石间缝隙，又能富集足够的土壤、养分供植物生长的适宜的土壤、水分、种子及羊粪的比例，进而探讨不同土壤、种子、水分及养分条件下泥浆拌种喷播技术对废弃矿区粗砂石或砾石间隙中土壤、种子富集的影响。

6.2.3 最少的覆土、种子量需要模型研究，确定其最低阈值

设置泥浆拌种喷播试验，筛选出既能保持泥浆流动进入砾石间缝隙，又能富集足够的土壤、养分供植物生长的适宜的土壤、水分、种子及羊粪的比例。但是仅靠试验获得的是比较宽泛的一个适合比例，而在满目疮痍的废弃矿区生态环境极其脆弱，立地条件差，植物难以生长，客土覆盖技术代价也很大。考虑更多的是如何降低成本实现效益的最大化，那么在试验的基础上，需要构建模型更加精确地确定覆土以及种子量的需求，以最少的覆土和种子量为目标确定最低阈值，实现最大的生态效益。

6.3 泥浆拌种喷播比例的试验研究

6.3.1 试验目的

泥浆拌种喷播技术可以同时从土壤含量、土壤营养、种源、水分四个方面对修复区进行补充。使覆土、播种、补水等工序一次完成，土和种子能够在水的作用下直接进入砾石的缝隙，提高生态恢复速度和质量，土壤和草籽喷播均匀，发芽快，物种多样性丰富。

在靠近水源的情况下，泥浆拌种喷播在矿区受损生态修复中有着很好的恢复效果和较低的治理成本。但在具体实施时，泥浆拌种喷播的比例关系是关键，泥浆拌种喷播过稀则起不到修复效果，喷播过稠则治理成本大幅提升。

为此，开展室内和野外泥浆拌种喷播试验。在实验室模拟野外情况，研究不同配比的黏稠度和色泽并进行不同比例土壤、种子和羊粪配比萌发试验，确定不同土质条件下三者最优的萌发配比；开展野外修复试验，测算不同比例泥浆拌种的喷播厚度的人力和物力投入，监测几种配比下的实施效果，制定泥浆拌种喷播的操作规程及工程定额，建立示范区，并进行推广，为泥浆拌种喷播技术的应用实践提供理论依据和技术支撑。

的对比试验确定最佳的生态修复效果。

针对修复区，选取土壤粒径0～3cm、3～10cm、10～20cm、20～30cm和大于30cm 5个土壤条件，针对5种土壤条件，各分别设置5个试验小区，每个试验小区为10m×10m。在5种土壤条件下设置不同比例的泥浆浓度，分别进行$0.12m^3$、$0.24m^3$、$0.48m^3$、$0.84m^3$和$1.08m^3$ 5个土壤添加量梯度。

在泥浆添加过程中，还需要补充一定量的羊粪，不但可以增加泥浆黏稠度，还可以通过羊粪混合补充大量的乡土草本植物种子。因此，在设置土壤添加梯度试验时，还进行了羊粪补充交叉对比试验。分别设置每块试验地添加羊粪为$0.045m^3$、$0.075m^3$、$0.105m^3$、$0.135m^3$和$0.165m^3$ 5个梯度。通过土壤和羊粪的交叉试验，各划分为25个试验小区，通过对比修复后的土石比和植被恢复情况来确定最佳的泥浆配比效果。

（2）泥浆中土壤添加试验

修复区最大比例的土壤平均粒径为10～20cm，针对这一土壤条件，分别设置5个试验样地，每个试验小区为10m×10m。通过每块试验小区泥浆用土量设置$0.3m^3$、$0.375m^3$、$0.450m^3$、$0.525m^3$和$0.6m^3$ 5个梯度（图6-6），并添加羊粪$0.104m^3$，通过土壤修复后的治理效果分析，确定本修复区内最佳的泥浆黏稠度及最佳的土壤添加量。

羊粪添加试验					泥浆土壤添加试验
平均粒径 0~3cm	平均粒径 3~10cm	平均粒径 10~20cm	平均粒径 20~30cm	平均粒径 大于30cm	
样地1 用土量：$0.120m^3$ 羊粪量：$0.045m^3$	样地6 用土量：$0.240m^3$ 羊粪量：$0.045m^3$	样地11 用土量：$0.480m^3$ 羊粪量：$0.045m^3$	样地16 用土量：$0.840m^3$ 羊粪量：$0.045m^3$	样地21 用土量：$1.080m^3$ 羊粪量：$0.045m^3$	样地26 用土量：$0.300m^3$ 羊粪量：$0.104m^3$
样地2 用土量：$0.120m^3$ 羊粪量：$0.075m^3$	样地7 用土量：$0.240m^3$ 羊粪量：$0.075m^3$	样地12 用土量：$0.480m^3$ 羊粪量：$0.075m^3$	样地17 用土量：$0.840m^3$ 羊粪量：$0.075m^3$	样地22 用土量：$1.080m^3$ 羊粪量：$0.075m^3$	样地27 用土量：$0.375m^3$ 羊粪量：$0.104m^3$
样地3 用土量：$0.120m^3$ 羊粪量：$0.105m^3$	样地8 用土量：$0.240m^3$ 羊粪量：$0.105m^3$	样地13 用土量：$0.480m^3$ 羊粪量：$0.105m^3$	样地18 用土量：$0.840m^3$ 羊粪量：$0.105m^3$	样地23 用土量：$1.080m^3$ 羊粪量：$0.105m^3$	样地28 用土量：$0.450m^3$ 羊粪量：$0.104m^3$
样地4 用土量：$0.120m^3$ 羊粪量：$0.135m^3$	样地9 用土量：$0.240m^3$ 羊粪量：$0.135m^3$	样地14 用土量：$0.480m^3$ 羊粪量：$0.135m^3$	样地19 用土量：$0.840m^3$ 羊粪量：$0.135m^3$	样地24 用土量：$1.080m^3$ 羊粪量：$0.135m^3$	样地29 用土量：$0.525m^3$ 羊粪量：$0.104m^3$
样地5 用土量：$0.120m^3$ 羊粪量：$0.165m^3$	样地10 用土量：$0.240m^3$ 羊粪量：$0.165m^3$	样地15 用土量：$0.480m^3$ 羊粪量：$0.165m^3$	样地20 用土量：$0.840m^3$ 羊粪量：$0.165m^3$	样地25 用土量：$1.080m^3$ 羊粪量：$0.165m^3$	样地30 用土量：$0.600m^3$ 羊粪量：$0.104m^3$

图6-6 野外样地不同土壤条件下的羊粪添加试验

6.3.4 野外试验监测

（1）样方布设

在实施泥浆拌种喷播措施的每种修复区内随机选取5个1m×1m的固定样方，样方采用角钢固定，以铁丝围成，样方在修复区内呈均匀分布。在各种措施不同修复梯度的试验样地内，在样地的中心和四角都设置固定样方，用于监测。预估建立泥浆喷播种等不同修复措施监测样方150个（泥浆拌种喷播修复过程见图6-7）。

（a） （b）

（c） （d）

图6-7 泥浆拌种喷播修复过程

（2）土壤测定

详细记录每个样方内的修复前和修复后的土石比，分析土壤有机质含量。土壤调查表见附表2。

（3）植被监测

详细记录修复后各样方内的物种总类（N）、每种的个数（n）、高度（h）和盖度等信息；地上生物量的测定采用收获法，将样方内的全部植物齐地面刈割，除去黏附的土壤、砾石等杂质装入密封塑料袋中，在65℃恒温箱内烘干至恒重，植物调查表见附表3。

（4）施工和用工情况监测

在开展矿区受损生态修复过程中，许多修复过程没有统一的修复标准和定额，可以通过记录不同修复措施所使用人力、物力、施工和用工情况（施工和用工情况调查表见附表4），综合考虑该区域的修复成本，制定适合大青格里河[①]修复区的修复标准和定额，为整个大青格里河受损生态修复工作奠定基础。

（5）修复效果评估

根据植被样方调查数据，进行物种多样性、群落相似性指数计算。其中，植物物种丰富度、物种多样性采用Shannon-Wiener指数，均匀度采用Pielou指数，群落优势度采用Simpson指数，群落相似性采用Sorenson指数。选取植被盖度、地上生物量、物种多样性指数，提出最佳的泥浆拌种喷播试验方案。

6.3.5 试验结果

（1）澄清度变化

通过对比土壤和水的比例为1∶4、1∶3和1∶2三个梯度进行对比。试验发现泥浆搅拌后1分钟内，三种比例泥浆澄清度变化不大，5分钟静止后出现明显差异，

（a）混合泥浆搅拌 1min 后

（b）混合泥浆搅拌 5min 后

（c）混合泥浆搅拌 10min 后

图6-8 泥浆澄清度变化情况

① 大青格里河（Da Qinggil he），亦称大青河，鉴于此种情况，为了规范表达这一民族语地名，本专著使用了“大青格里河”表达，是依据新疆维吾尔自治区测绘局编制，中国地图出版社于2005年6月出版发行的《新疆维吾尔自治区地图集》（第1版）和星球地图出版社编制，星球地图出版社于2020年出版的《新疆维吾尔自治区地图册》（第2版）以及《新疆地名大词典》编纂委员会编著，中国大百科全书出版社于2012年1月出版的《新疆地名大词典》为标准进行规范表达，特此说明。

10分钟后泥浆分层更加明显，但是澄清度相近（图6-8）。

澄清度测定结果表明，泥浆黏稠度以选在5～8分钟为宜。

（2）黏稠度变化

通过1006马氏泥浆黏度计测定泥浆黏度，各类型的泥浆黏度数据如表6-2和图6-9所示：

表6-2 泥浆配比试验处理表

试验编号	处理1	处理
1	处理1	$T_0F_0S_0$
2	处理2	$T_0F_2S_2$
3	处理3	$T_1F_2S_2$
4	处理4	$T_2F_0S_2$
5	处理5	$T_2F_1S_2$
6	处理6	$T_2F_2S_2$
7	处理7	$T_2F_3S_2$
8	处理8	$T_2F_2S_0$
9	处理9	$T_2F_2S_1$
10	处理10	$T_2F_2S_3$
11	处理11	$T_3F_2S_2$
12	处理12	$T_1F_1S_2$
13	处理13	$T_1F_2S_1$
14	处理14	$T_2F_1S_1$

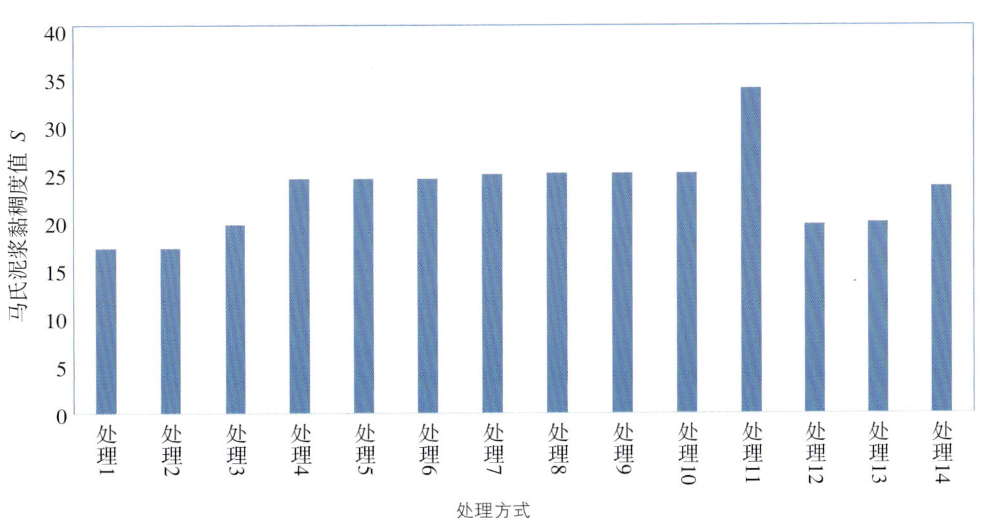

图6-9 不同处理方式下的泥浆黏度值变化情况

由此可以看出，土壤添加是增加泥浆黏稠度的最大影响因素，泥浆越黏稠，其抗剪力强度越大。从实际调查结果看，当砾石粒径越大，需要的泥浆黏稠度越大，而当砾石粒径越小时，为了实现局部富集，需要泥浆黏稠度下降，流动性提高，方便更多的水将土带入石头的缝隙，这也是我们开展野外泥浆拌种喷播试验的原因。

（3）植被变化

通过对比不同泥浆拌种喷播厚度下试验区修复前后的物种数、植被盖度、生物丰富度和多样性指标进行监测，对结果进行了对比分析。调查喷播后1个月、喷播后1年的植被变化情况并对结果进行对比分析（图6-10）。

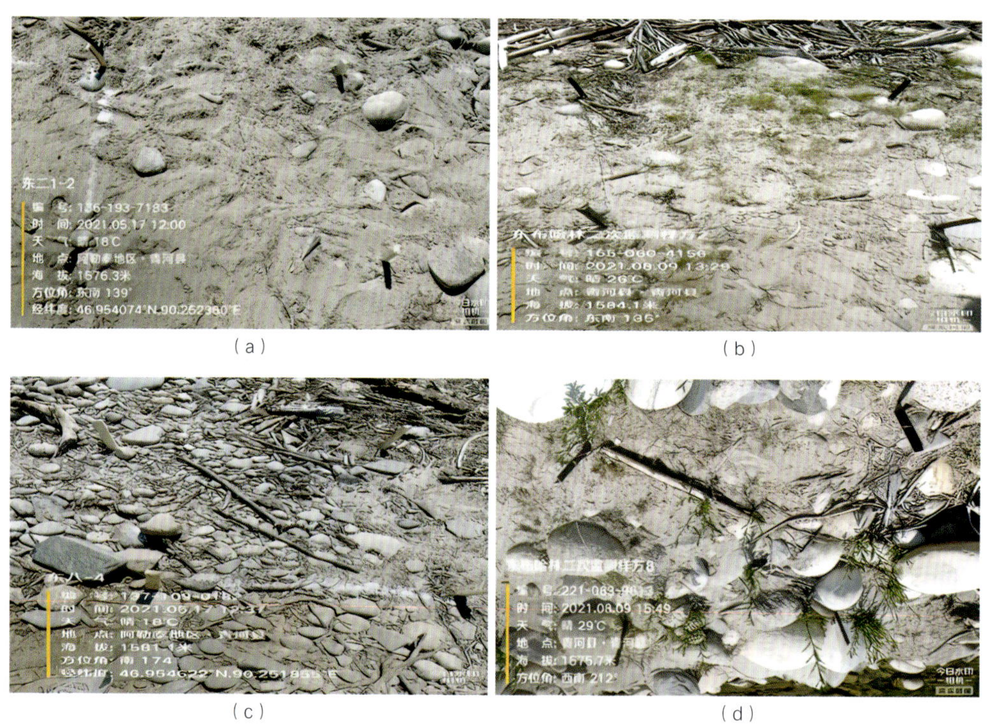

（a）　（b）

（c）　（d）

图6-10 相同样方修复前后的植被变化情况对比

其中，对比修复前，样方内植物株数有6.21株/m²，厚度随着泥浆喷播厚度的增加，1mm泥浆喷播后植物株数提高到64.78株/m²，2mm厚度泥浆喷播后，植物株树提高为91.39株/m²。植被盖度也由修复前的2.5%增加到1mm厚度泥浆喷播后的9.8%和2mm厚度泥浆喷播后的10.31%（图6-11）。

（4）多样性变化

通过对修复泥浆喷播后的植被生长情况进行统计，修复前后植被物种数出现

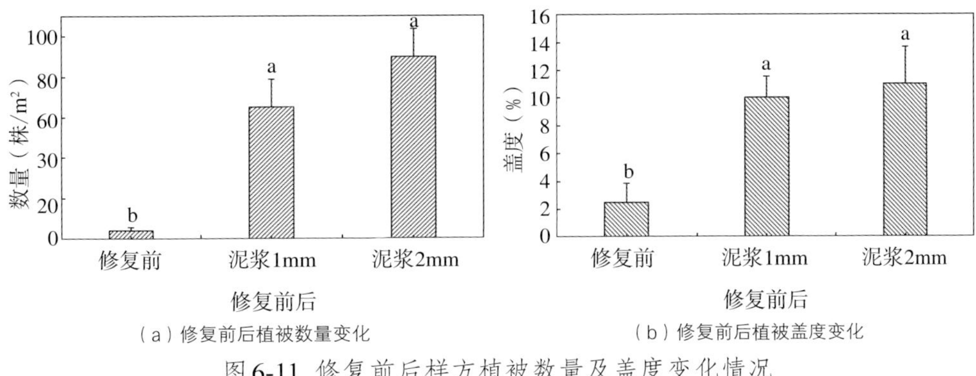

（a）修复前后植被数量变化
（b）修复前后植被盖度变化
图6-11 修复前后样方植被数量及盖度变化情况

大幅增长，物种数由原来的8科12属12种，一年后提高到18科31属32种植物，生物多样性大幅增加（表6-3）。

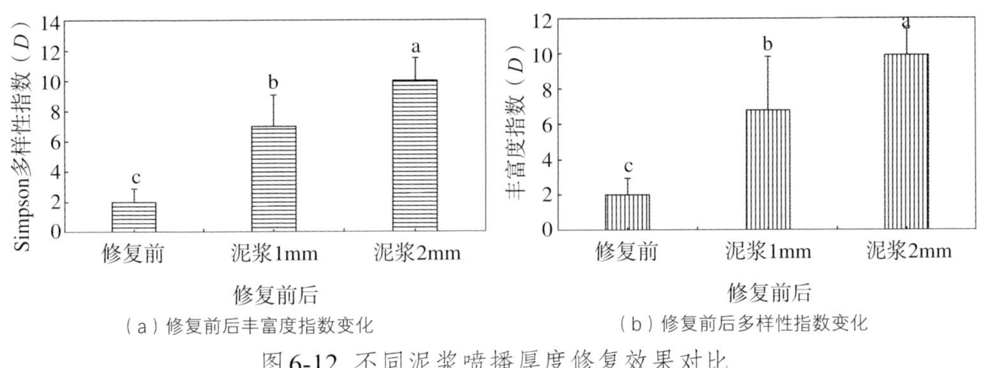

（a）修复前后丰富度指数变化
（b）修复前后多样性指数变化
图6-12 不同泥浆喷播厚度修复效果对比

从图6-12试验结果可以看出，泥浆喷播对于生态修复效果有明显的促进作用，对比修复前，物种个数、植物株树、植被盖度、物种丰富度Margalef指数和香农多样性指数均有大幅提高，且提高的幅度与泥浆喷播的厚度有明显的正相关性，即随着泥浆喷播的厚度增大，修复的植被盖度和物种数均大幅增加。

物种丰富度Margalef指数和香农多样性指数，随着泥浆喷播厚度每增加1mm，指数分别增加239.42%、14.53%。

从试验结果可以看出，泥浆喷播厚度对项目区的生态修复有明显的促进作用，但是随着喷播厚度的持续增加，其作用逐步减缓。通过对比不同泥浆配比内添加种子数量的多少，分析可以发现：泥浆拌种喷播实践中，随着泥浆内补种数量的增加，生长的植物无论是盖度、株树都随着用种子量的增加而增加。增加的物种与补

表6-3 修复后植被多样性变化情况

物种中文名	物种学名	科	属	修复前	修复后
蒲公英	*Taraxacum mongolicum*	菊科	蒲公英属	√	√
毛枝柳	*Salix dasyclados*	杨柳科	柳属	√	√
紫花苜蓿	*Medicago sativa*	豆科	苜蓿属	√	√
高羊茅	*Festuca elata*	禾本科	羊茅属	√	√
柳兰	*Epilobium angustifolium*	柳叶菜科	柳叶菜属		√
灰绿藜	*Chenopodium glaucum*	藜科	藜属	√	√
薹草	*Carex altaica*	禾本科	薹草属	√	√
无芒雀麦	*Bromus inermis*	禾本科	雀麦属	√	√
蒿属	*Artemisia*	菊科	蒿属	√	√
针茅	*Stipa capillata*	禾本科	针茅属		√
西伯利亚云杉	*Picea obovata*	松科	云杉属	√	√
垂枝桦	*Betula pendula*	桦木科	桦木属	√	√
苦杨	*Populus laurifolia*	杨柳科	杨属		√
白车轴草	*Trifolium repens*	豆科	车轴草属		√
野火球	*Trifolium lupinaster*	豆科	车轴草属		√
羽衣草	*Alchemilla japonica*	蔷薇科	羽衣草属		√
高山委陵菜	*Potentilla chinensis*	蔷薇科	委陵菜属		√
高山蓼	*Koenigia alpina*	蓼科	冰岛蓼属		√
油菜	*Brassica rapa* var. *oleifera*	十字花科	芸薹属	√	√
鹤虱	*Carpesium abrotanoides*	菊科	鹤虱属		√
新疆芍药	*Paeonia sinjiangensis*	毛茛科	芍药属		√
阿尔泰金莲花	*Trollius altaicus*	毛茛科	金莲花属		√
高山耧斗菜	*Aquilegia alpina*	毛茛科	耧斗菜属		√
黄芪	*Astragalus membranaceus*	豆科属	黄耆属		√
百里香	*Thymus mongolicus*	唇形科	百里香属		√
卷耳	*Cerastium arvense*	石竹科	卷耳属		√
穗花婆婆纳	*Veronica spicata*	玄参科	婆婆纳属		√
洋甘菊	*Matricariarecutita*	菊科	母菊属		√
景天	*Sedum*	景天科	景天属		√
独行菜	*Lepidium apetalum*	十字花科	独行菜属		√
草地早熟禾	*Poa pratensis*	禾本科	早熟禾属	√	√
天仙子	*Hyoscyamus niger*	茄科	天仙子属		√

种物种的多少密切相关（图6-13）。

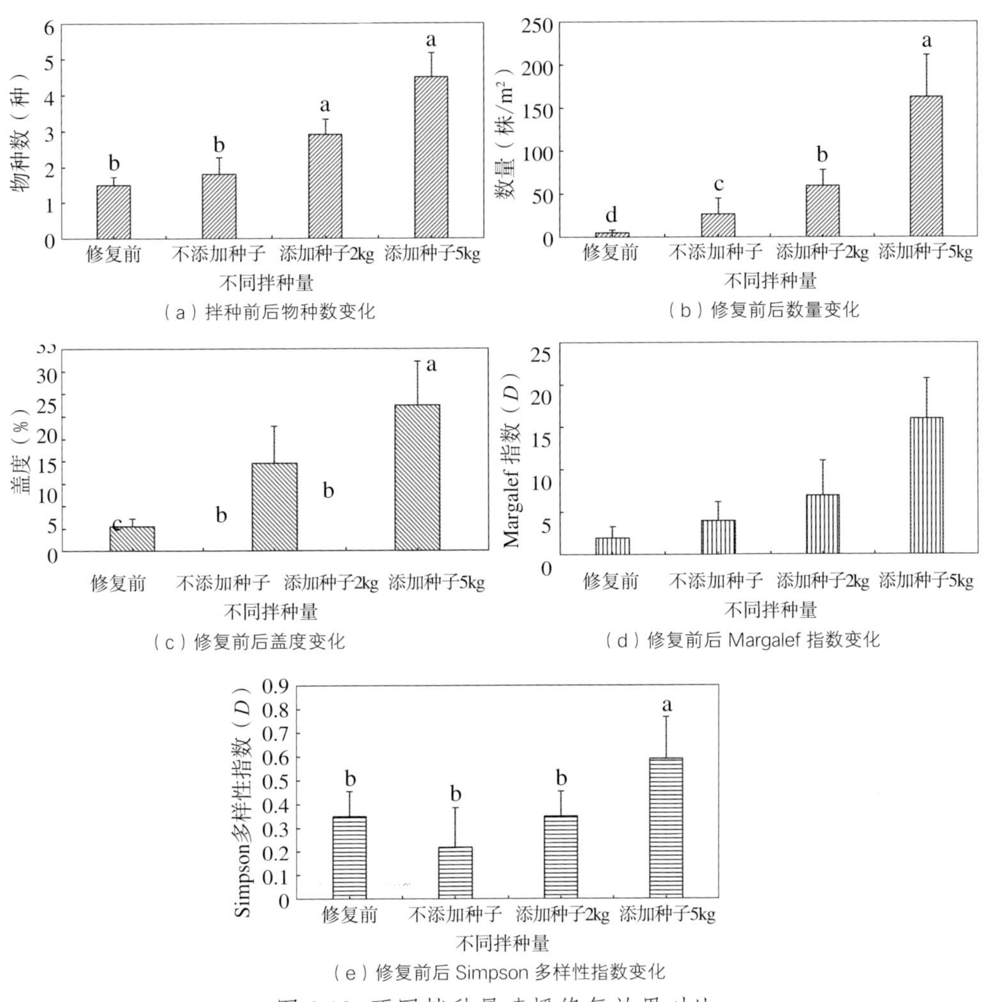

图6-13 不同拌种量喷播修复效果对比

通过统计萌发的物种个数可以发现，种子添加后，出现最多的物种是紫花苜蓿和柳树，这与试验添加的物种是对应的，特别是紫花苜蓿在研究区虽然存在，但不是周边未破坏区域的建群种，表明完全是喷播的结果，但是其在未来是否能够长期维系，后期的修复效果还需要进一步验证。

羊粪中不仅含有丰富的有机质，还有一定数量的乡土草本植物种子，因此进行泥浆添加羊粪的种子试验。在一半的修复面积中添加羊粪，另一半修复面积中不添加羊粪，修复结果如图6-14所示。

从对比的试验结果可以看出，泥浆中添加的羊粪对修复后的物种数、盖度和

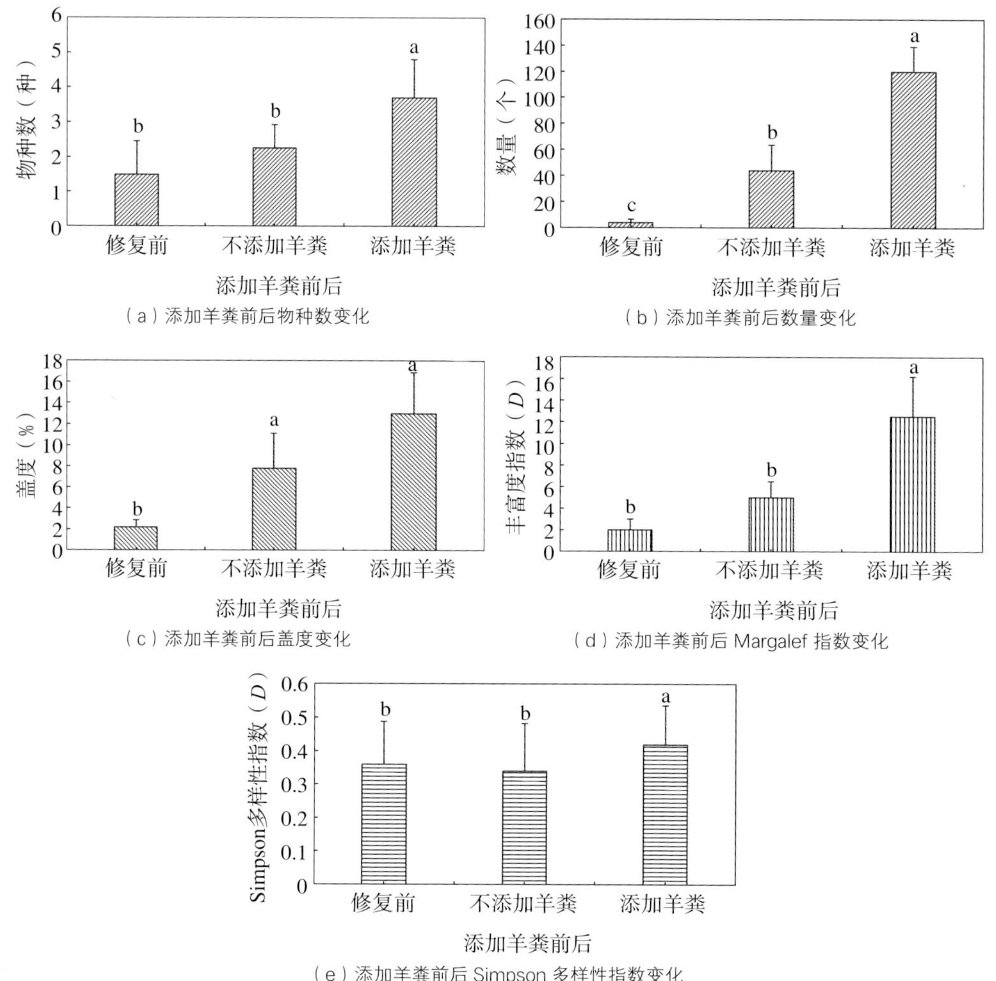

（a）添加羊粪前后物种数变化

（b）添加羊粪前后数量变化

（c）添加羊粪前后盖度变化

（d）添加羊粪前后 Margalef 指数变化

（e）添加羊粪前后 Simpson 多样性指数变化

图6-14 添加羊粪喷播修复效果对比

植物株树有明显的促进作用，且羊粪补充了土壤肥力，有利于喷播后补充的种子萌发和生长，这对于原生土壤几乎完全破坏、只残留无法给植被提供任何有效养分的砾石区是非常重要的。

（5）土壤修复效果

针对山区土壤破坏、地表只残留砾石的区域（不仅是山区的矿区，新疆山区河谷也基本是这一状况），评价土壤恢复效果的一个重要指标是土壤细颗粒物质的占比，本章选择土石比这一指标作为矿区受损生态恢复研究中土壤修复的重要指标。

土壤是植被生长发育的物质基础，尤其是在废弃矿区，土壤不仅为植被提供着床的基础环境，而且为其提供生长发育所需的养分。在研究区特定的环境条件下，土壤含量的多少可能对植被长势有一定的影响，最直观的反映是植被地上生物量的大小。本章研究基于土石比和地上生物量的拟合关系（图6-15），探究改良土壤含量来恢复废弃矿区草地植被的可行性与有效性。

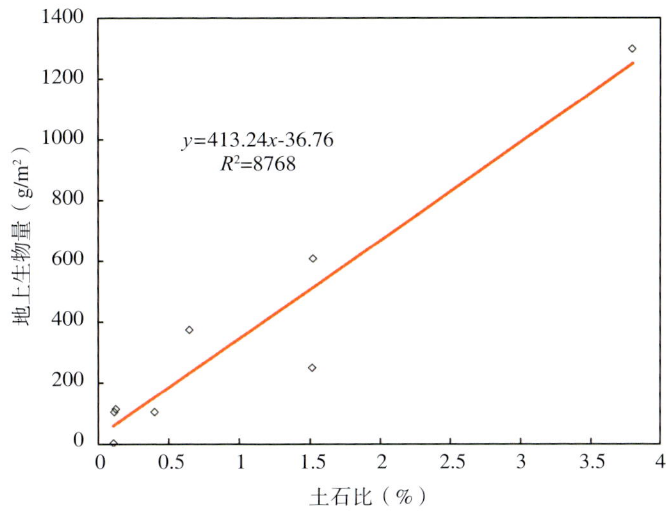

图6-15 土石比与地上生物量的拟合关系

对各恢复措施样地内的土石比值和地上生物量进行回归分析，并进行显著性检验。结果显示：二者为线性正相关关系，即草地地上生物量随着土石比的增大呈增加趋势，满足方程y=413.24x–36.76（R^2=0.8905, P<0.05）。

随着泥浆喷播厚度的增加，土壤细颗粒物质增加明显，土壤细颗粒物质由修复前的35.79%增加到采用平均1mm泥浆喷播厚度后的42.53%，平均2mm泥浆喷播厚度后的48.40%，增加明显，土壤改良效果显著。

随着泥浆喷播厚度的增加，有机质也增加明显，其平均值由修复前的0.102g/kg增加到1mm泥浆喷播厚度后的138.24%，平均2mm泥浆喷播厚度后的411.76%，土壤改良效果明显（图6-16）。

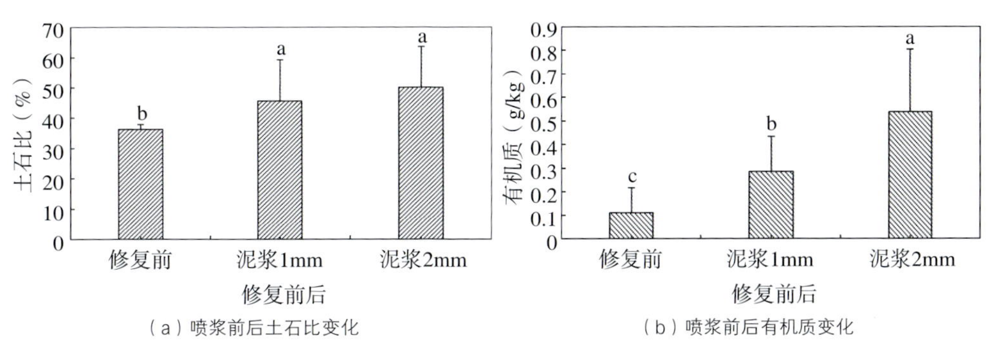

（a）喷浆前后土石比变化

（b）喷浆前后有机质变化

图6-16 喷浆前后土石比及有机质对比

6.4 泥浆拌种喷播模型的构建

6.4.1 泥浆拌种喷播模型构建的思路

泥浆拌种喷播的想法是通过技术措施让覆盖在地面的石头缝隙处聚集上水、土、种子和养分，当这个微环境满足植被生长的需要时，植被就能够萌发，同时这些石头的缝隙又好比第4章和第5章提到的微地形处理（这里是一个比开沟更小的局部区域），因为微环境的差异它们又能够起到水分的局部富集，而随着植被的生长，其根系又会在加速石头的分解基础上，给自身的生长创造更好的条件；与此同时，因为石头缝隙处风力减弱，导致种子回落后又能够在此聚集，因此，又形成一个自我更新和自我繁殖的小生境。而在这一过程中，石头缝隙大小主要是由砾石的直径所决定的，假设我们将土和水的混合物喷洒在砾石上，这些混合物在重力的作用下会流到砾石的缝隙被土填满，那么这一修复方式中土壤的用量主要由砾石的直径所决定，而砾石和砾石缝隙的深度又决定了最大的土壤富集深度，这个深度越大也就是富集的倍数越大，这也就越有利于植被今后的生长，比如，在平地泥浆拌种喷播2mm，水将土和种子及羊粪都带到石头缝隙中，导致缝隙处的局部土壤厚度有可能达到10mm甚至更深，这个土壤的厚度足以使得一些浅根系的山区植物能够生长，也就满足矿区生态修复的目标。因此，可利用理想环境构建模型，看在一定石头粒径条件下形成的局部土壤厚度，根据植被生长需要我们提出一个合理的深度，然后再根据这个深度反推最少的土壤用量。

6.4.2 泥浆拌种喷播模型的计算

山地矿区生态修复过程中，采用泥浆拌种喷播处理时，根据不同本底环境及周边植被情况调查，确定适宜自然植被生存、生长所需基本条件的富集倍数，以前期澄清度试验分析及泥浆黏度测定为基础，结合已修复区实践调查，参考修复区平均砾石径级确定拌浆修复的土壤及种子用量，具体计算方式为：

假设一些石头是覆盖在地面的，当用土覆盖整个地表时，比如设定平铺在砾石上1mm的土，则由于重力和水的作用，土壤被水带到石头缝隙处，当石头的粒径为无限小时，则砾石缝隙中的土层厚度应该为1mm，而随着石头粒径R的增加，则缝隙中存留的土的深度h会逐渐增加，因此，需要构建二者的关系模型。首先假设几个石头摆放在地面（图6-17a），则砾石的缝隙就是一个多边形的漏斗（图6-17b），漏斗的切面如图6-17c的阴影部分，它的体积则是该阴

影绕 Y 轴旋转后的图形，因此，我们需计算该部分的面积，故再做一个旋转变化则为图6-17d。

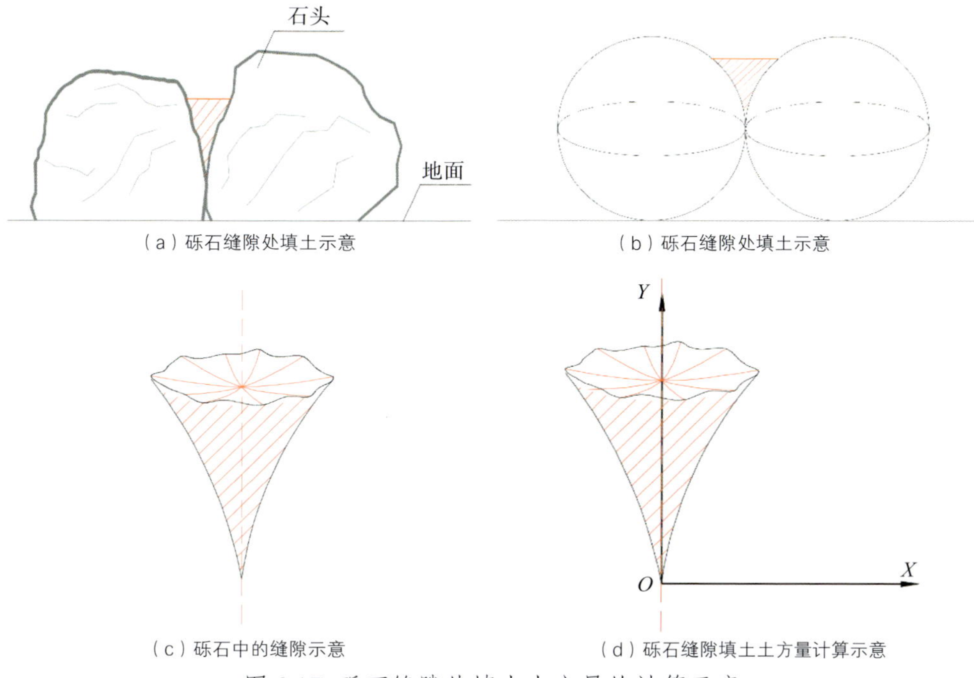

（a）砾石缝隙处填土示意
（b）砾石缝隙处填土示意
（c）砾石中的缝隙示意
（d）砾石缝隙填土土方量计算示意

图6-17 砾石缝隙处填土土方量的计算示意

这里覆土后图层上的点 x 和 y 分别代表了覆土层的厚度，其中，这个小锥体的半径设为 r，则

$$r=R-y \tag{6-1}$$

$$X^2+y^2=R^2 \tag{6-2}$$

$$\frac{1}{3}\pi\left(R-\sqrt{R^2-X^2}\right)^2 X=\frac{1}{2}\left(4R^2T\right) \tag{6-3}$$

在这里当我们知道 R 时，方程中只有 x 一个未知数，方程进行变化也可以理解为 $x=f(R)$，说明这里富集的倍数仅与粒径有关，表明在不同粒径的砂石上进行覆土，我们只需要考虑石块的粒径。

同时，单位面积平均覆土厚度与石头缝隙处的土含量相等。此时，关键点为计算缝隙处的面积和体积（图6-18）。

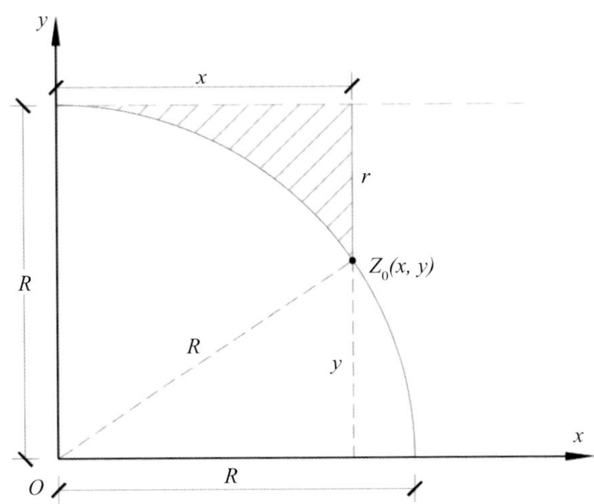

图6-18 坐标变换后附土区域面积计算曲线

这里阴影部分的面积是：

$$S=\int_0^X (R-\sqrt{R^2-X^2})\,dx \tag{6-4}$$

而阴影绕x轴旋转后的积分则是阴影部分的体积，

$$V=1/3\times\pi\,(R-\sqrt{R^2-X^2})\,X \tag{6-5}$$

而计算中有一个很重要的指标就是平均覆土厚度与缝隙处厚度的比值N，这个比值就是缝隙处覆土厚度与平均覆土厚度的富集倍数，该倍数对于我们指导实践工作意义重大，当该值越大说明实现土壤的富集倍数越大。于是整个公式可以写为式6-6，同样在这个过程中种子、羊粪等也是一样的富集思路，当我们已经确定了水、土、种子、羊粪的比例后，则种子和羊粪的倍数也可以用同样的模型进行计算，如式6-7和式6-8：

$$\begin{cases} 1/3\times\pi\,(R-\sqrt{R^2-X^2})\,X=1/2\,(4R^2T) \\ f(X)=R\,(0<X<R) \\ N=X/R \end{cases} \tag{6-6}$$

$$\begin{cases} N_m=X_m/R_m \\ P_m=S[1/3\times\pi\,(R_m-\sqrt{R_m^2-X_m^2})\,X]/[1/2\,(4R_m^2)] \end{cases} \tag{6-7}$$

$$\begin{cases} N_m = X_m / R_m \\ O_m = aS[1/3 \times \pi (R_m - \sqrt{R_m^2 - X_m^2}) X] / [1/2(4R_m^2)] \end{cases} \quad (6\text{-}8)$$

式中，T为地形平坦区人为覆土厚度；R为粒径大小；x为修复后覆土厚度，N为土壤富集倍数；其中，S为修复区面积；P_m为富集倍数为m时土壤用量；R_m为富集倍数为m时粒径大小；x_m为富集倍数为m时为修复后覆土厚度；O_m为所需修复倍数为m时种子用量。

这里因为石头粒径未知，则公式比较复杂，实践中可以通过编制程序实现快速计算的目的。事实上应用中几乎不存在一个区域石块粒径都是均一的情形，因此，我们在修复前可以调查一个区域不同粒径石块的占比，然后分别计算多种粒径的覆土量，再增加权重值后依然可以得到该区域覆土的总量，从而便于实践中的应用。

$$F = \sum_{i=1}^{n} f_i q_i \quad (6\text{-}9)$$

式中，F为一个地块总覆土量；f为不同粒径石块覆土量；q_i为该粒径石块在修复面积中的占比。

6.4.3 泥浆拌种喷播模型结果的应用

选取新疆维吾尔自治区阿尔泰山国有林管理局青河分局东布哈林的试验场为例，该区位于青河分局哈拉布拉管护站南部河道进行修复的东侧山坡地。哈拉布拉修复区范围为E90° 17′ 4.76″ ~ 90° 16′ 22.2″，N47° 2′ 13.3″ ~ 47° 2′ 54.8″，地处海拔1710 ~ 1750m，修复区长度1420m，宽度130 ~ 180m，总面积246.71亩。东布哈林试验修复区范围为E90° 15′ 35.15″ ~ 90° 15′ 39.6″，N46° 58′ 8″ ~ 46° 56′ 58″，地处海拔1550 ~ 1570m，总面积483亩。

表6-4是调查的喷播土壤粒径分布情况，并计算出的不同粒径下的覆土量和羊粪及种子量。

这里说明一下，用于喷播的土壤是从80km外的一处推土场拉来的，该地属山地草原土壤，分为山地黑钙土和山地栗钙土，山地黑钙土分布在森林草原带的阳坡和灌木草原上部海拔1200 ~ 2000m处；山地栗钙土分布在海拔900 ~ 1300m的阳坡和半阳坡。因为水库建设，将表土堆积在一起，由于堆积时间超过5年，土壤中的种子已经基本失活，因此，在喷播时必须补种或用当地的羊粪等替代。

表 6-4　土壤粒径调查情况

项目区	土壤细颗粒（<0.5cm）	细砂（0.5~1cm）	粗砂（1~5cm）	小砾石（5~10cm）	大砾石（10~40cm）	土方量（m^3）
1	0.60	0.20		0.20	很多	2.00100
2	0.05	0.10	0.20	0.40	0.25	3.06035
3	0.20	0.10	0.30	0.40	0.20	2.59389
4	0.05	0.20	0.30	0.30	0.15	2.40120
5	0.05	0.20	0.20	0.35	0.20	2.89033
6	0.05	0.20	0.20	0.25	0.30	3.51287
7	0.20	0.30	0.20	0.15	0.15	2.86810
8	0.20	0.25	0.30	0.15	0.10	2.12227
9	0.05	0.15	0.20	0.25	0.15	2.72358
10	0.05	0.20	0.30	0.30	0.15	2.40120
11	0.05	0.20	0.20	0.35	0.20	2.89033
12	0.05	0.10	0.20	0.30	0.35	3.60965
13	0.05	0.20	0.30	0.30	0.15	2.40120
14	0.05	0.20	0.20	0.35	0.20	2.89033
15	0.20	0.25	0.30	0.15	0.10	2.12227
16	0.60	0.25	0.10	0.05	很多	1.11167
17	0.05	0.20	0.20	0.35	0.20	2.89033
18	0.05	0.20	0.20	0.35	0.20	2.89033
19	0.30	0.30	0.20	0.15	0.05	1.91763
20	0.10	0.15	0.20	0.35	0.20	2.89033
21	0.05	0.15	0.20	0.25	0.15	2.72358
22	0.20	0.10	0.30	0.40	0.20	2.59389
23	0.05	0.10	0.20	0.40	0.25	3.06035
24	0.05	0.20	0.30	0.30	0.15	2.40120
25	0.05	0.10	0.20	0.30	0.35	3.60965
26	0.05	0.20	0.20	0.25	0.30	3.51287
27	0.05	0.20	0.20	0.35	0.20	2.89033
28	0.05	0.15	0.25	0.35	0.20	2.75138
29	0.05	0.15	0.30	0.40	0.10	2.08438
30	0.05	0.15	0.30	0.40	0.10	2.08438
31	0.05	0.15	0.30	0.40	0.10	2.08438
32	0.05	0.15	0.25	0.35	0.20	2.75138
33	0.05	0.10	0.30	0.35	0.20	2.62876
34	0.05	0.10	0.30	0.35	0.20	2.62876
35	0.05	0.15	0.30	0.40	0.10	2.08438
36	0.05	0.15	0.20	0.25	0.15	2.72358
37	0.05	0.15	0.20	0.25	0.15	2.72358
38	0.05	0.15	0.25	0.35	0.20	2.75138
39	0.05	0.15	0.30	0.40	0.10	2.08438
40	0.05	0.15	0.30	0.40	0.10	2.08438
…	…	…	…	…	…	…

6.4.4 泥浆成本核算

经济成本是衡量矿区生态修复措施能否大面积推广应用的一个重要指标，因此，在施工工程中，我们对每项支出进行了实地的统计，修复措施用工情况见附表4。当然这些都是直接支出，缺少了管理费等间接指出，不过对于衡量工程费用有一定的借鉴意义。

面包车拉人2天，每天200元，合计为400元，小货车拉运试验材料2天，每天200元，合计为400元；雇佣人工4人，2天完成，工费为300元/天·人，费用合计为2400元，购买样方材料为10400元，该工程费用总计为13600元，修复面积为20亩，综合单价每亩680元。

6.5 野外工程成效

泥浆拌种喷播修复效果评估：根据植被样方调查数据，结合地形起伏指数和土壤有机碳监测数据，分析矿区植被恢复的生态效益，并根据新疆维吾尔自治区阿尔泰山国有林管理局青河分局东布哈林试验场所实施的总面积为483亩的野外工程的成效进行局部的修改，提出合适的泥浆拌种喷播方案。

6.5.1 哈拉布拉修复区

哈拉布拉修复区地形较平坦，地表基本为砾石组成，粒径普遍在0.5cm以上，最大可达1m以上，因为距离河道较近，细颗粒物质基本被冲走，地表土壤破坏严重，但因为破坏的时间距今较长，在风力和河水冲积作用下，一些石缝中集聚了一些土壤物质，已经零星发育一些草本植物，这可以从植被密度和盖度上显现，修复前密度平均在4株/m^2，盖度在5%左右，不足周边密度的10%，说明如果仅靠自然界的自我调节，周期是非常长的，根据王楚含等的研究成果，如果仅依靠自然作用，恢复到未破坏前的状况需要100～200年（王楚含 等，2016）。

为了加速本区的植被恢复，采取少许的地形推平处理后直接用泥浆拌种喷播的技术措施进行恢复，土壤和水的配比根据砾石直径80%以上在0～15cm、15～30cm和30cm以上分三个区间，分别用1：4、1：3和1：2的配比浓度，喷播厚度根据模型计算结果来确定，为了方便操作分别用1mm、1.58mm、2.03mm厚度所需要用到的亩均土壤用量为667kg、1054kg和1354kg，羊粪用量在35kg左右、种子用量在2.5kg左右，开展了较大规模的试验，结果如图

6-19所示。

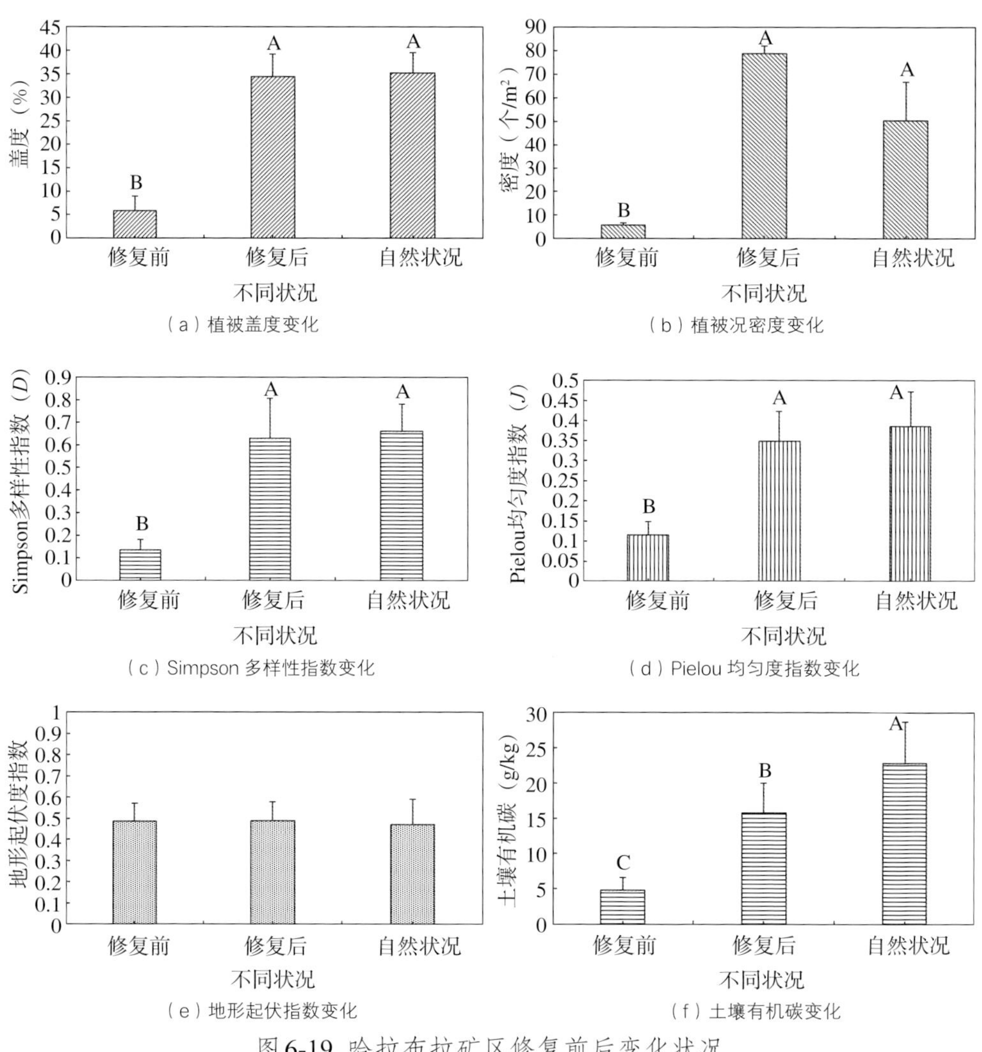

（a）植被盖度变化

（b）植被况密度变化

（c）Simpson 多样性指数变化

（d）Pielou 均匀度指数变化

（e）地形起伏指数变化

（f）土壤有机碳变化

图6-19 哈拉布拉矿区修复前后变化状况

从图6-19可以看出，首先选用的6个指标中，除地形起伏外，其余指标修复前后都呈现极显著的差别，植被密度和植被盖度在实施两年后都提高了近10倍，4个植被指标与未破坏的自然状况下的相应指标相比都呈现不显著的差异，其中，植被密度指标和植物均匀度指数甚至比自然状况下的相应指标相比还高，说明修复的效果是明显的，但是，因为该修复区本身的地形破坏并不严重，因此，地形指标变化呈现不明显，同时修复后仍然与自然状况下有显著差异的是土壤有机碳指标，表明土壤的修复不是能短期实现的（图6-20）。

（a）修复前

（b）修复后

图6-20 哈拉布拉治理区修复前后的景观对比

6.5.2 东布哈林修复区

东布哈林修复区的情形与哈拉布拉修复区的情形类似，该区地处山区，因此，降水基本能满足植被生长的需要，修复的重点仍然是针对土壤破坏造成的植被破坏和土壤功能损伤。这里泥浆拌种的比例和用量也与哈拉布拉相应的指标一样，区别是这里砾石颗粒大，地形起伏也大，甚至起伏高差可以达到3～5m，因此，仍然在简单推平处理和将直径超过1m的砾石集中堆积到低洼处的底部，再利用泥浆拌种喷播技术进行生态修复。

由于砾石粒径普遍较大，因此，该区喷浆厚度选取1.58mm、2.03mm和3mm厚度所需要用到的亩均土壤用量为1054kg、1354kg和2001kg，配比浓度选1：3、1：2和1：15进行较大规模的试验，结果如图6-21所示。东布哈林治理区修复前后的景观对比则如图6-22所示。

从图6-21看，修复前，该区因破坏程度较强，植被盖度平均为3%，修复后达到33%，与自然状况下的34%非常接近，修复过程中因补充了大量种子，修复后的密度甚至超过了未破坏区域的密度；相应的，修复后的Simpson指数和Pielou指数也比修复前的相应指数出现大幅度的提高，表现为极显著的差异，这两个指数也均小幅高于周边自然状况的植被指数，说明修复效果非常明显，需要解释的是，因受2022年的疫情管控影响，该区的土壤有机碳取样工作被耽误，因此，该区没有进行有机碳的分析。但总体来看，生态修复成效还是非常明显。但东布哈林整体的粒径较大，虽然增加了土壤的用量，生态修复效果相比哈拉布拉修复区的生态修复效果稍有逊色。

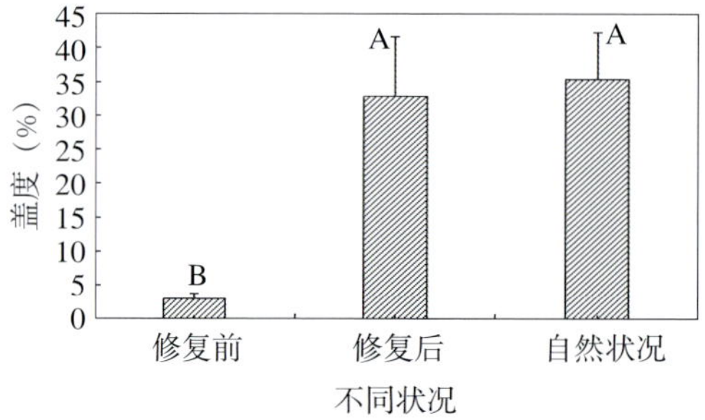

盖度（%）

修复前 修复后 自然状况

不同状况

（a）植被盖度变化

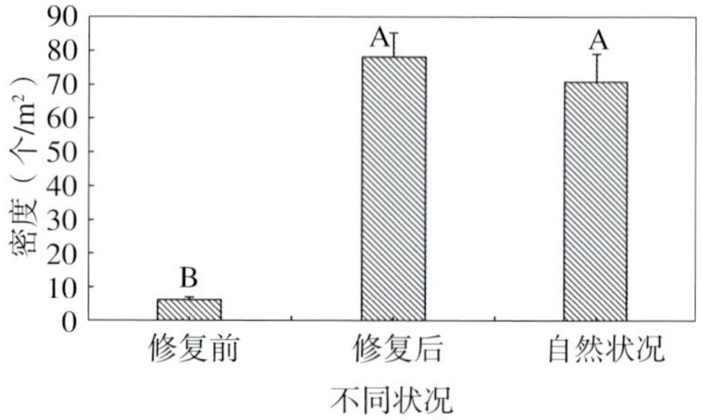

密度（个/m^2）

修复前 修复后 自然状况

不同状况

（b）植被密度变化

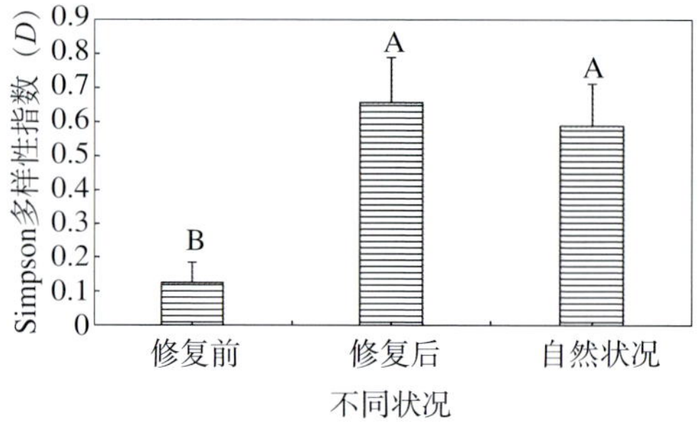

Simpson多样性指数（D）

修复前 修复后 自然状况

不同状况

（c）simpson 多样性指数变化

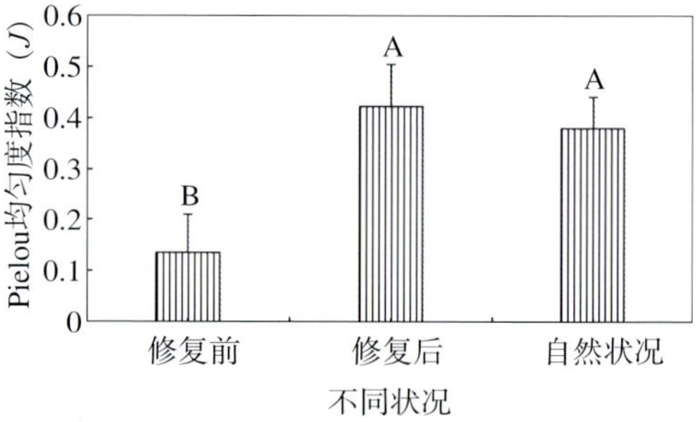

Pielou均匀度指数（J）

修复前 修复后 自然状况

不同状况

（d）pielou 均匀度指数变化

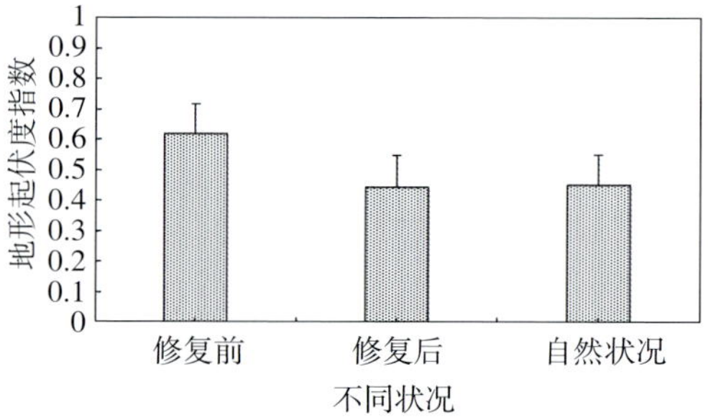

地形起伏度指数

修复前 修复后 自然状况

不同状况

（e）地形起伏指数变化

图6-21 东布哈林治理区修复前后变化情况

（a）修复前　　（b）修复后

图6-22 东布哈林治理区修复前后景观对比

6.6 讨论

6.6.1 泥浆拌种喷播的成效

从实践效果看，泥浆拌种喷播是矿山受损生态修复上一个很有成效的措施，它的基本思路就是坚持“师法自然”的思想，本着就地取材和就地选用的原则，取长补短，当地因自然条件的限制土壤瘠薄，主要表现在土层薄、养分匮乏，加上受矿产开发活动的影响，大量的细颗粒物质经上百年、甚至更长时间的开采及河流的冲刷显得更为珍贵，而作为中国重要的畜牧生产基地之一，本区的羊圈数量极大，这些羊圈的羊粪长期得不到利用，数量不断增加，如果用少量的土配上羊粪则能够弥补土壤覆土不足的缺陷，这里需要强调的是，通常为颗粒状或粉状的羊粪是一个由多种成分组成的宝贵混合物。首先羊粪中富含养分，羊粪中有机质的含量一般为24%～27%、氮元素的含量一般为0.7%～0.8%、磷元素的含量一般为0.45%～0.6%、钾元素的含量一般为0.4%～0.5%。在羊粪的发酵过程中，将其与经过粉碎的秸秆、生物菌进行搅拌混匀，再经耗氧发酵、粉碎、造粒等工序加工后可作为牧草的优质有机基肥，还能使粪污染达到零排放。其次，羊粪覆盖在砾石上可以起到一定土壤的作用，增加松散物质的比重，提供植物着床的条件，当土和羊粪的混合物作为土壤的替代品时，甚至在一定程度上可以起到施肥后的土壤这样一个角色。另外，羊粪还有一个重要的功能，就是里面富含种子，当植物被羊啃食后，植物上的种子也一起进入羊的消化系统，而种子外壳等物质又起到一定的保护作用，这些种子最后随羊粪排出。与购买的商品草本植物种子最大的不同就是它们是最好的乡土草本植物种子，其基本特点有三个：第一，这些种子是大自然进行筛选后最适合本区的植物种子。第二，种子类型众多，只要是羊吃的植物在其粪便中都有种子，而购买的商品草本植物种子的种类是非常稀少的，这对于在矿区受损生态系统恢复上实现生物多样性的恢复意义重大。第三，弥补了山区短命植物种子无法采集的困难，在阿尔泰山地上积雪融化后的一个较短时间内生长大量的短命植物，其生活史较短，为几天、半个月或一个月，例如，野郁金香等，因为时间短很难采收其种子，这对于一些短命植物的恢复也是意义巨大的。

6.6.2 泥浆拌种喷播的原理

挂网喷播是目前在悬崖峭壁上进行植被恢复时常采用的喷泥浆技术方式，其基本思路是通过钉铆等将铁丝网（或复合材料网）等固定在岩石上，一方面起到防止山体落石等地质灾害，另一方面则是给后期的喷浆材料起支撑作用，然后将水、种子和生根粉或保水剂等组成的混合物喷成一定的厚度，一般情况厚度在10～20cm，这样一方面起到保护的作用，另一方面，起到一个满足植物生长小环境的作用。而泥浆拌种喷播技术的思路是针对矿产遗留地以砾石为主的区域，它针对的是石头的缝隙，通过将土、种子、养分在水的作用下聚集到缝隙中，因此，表面没有一个均匀的支撑面，需重点说明的是，将这些混合物喷洒在砾石的表面时，因为重力作用，土、种子、养分是自然流向低洼的缝隙中的，其后随着植物的生长种子又会自然掉落到石头上，并在风的作用下流向石头的缝隙，实现了一个自然恢复为主的过程，在这中间，是不需要补种和补水的，也就是当前比较流行的一个词：近自然状态（杨翠霞 等, 2014）。相对于挂网喷播，泥浆拌种喷播方法成本低，易于操作，因此，更易于在山区矿山受损生态修复实践中应用推广。

6.6.3 矿区生态修复中的舍与得

本章以及第4章和第5章，主要针对矿山生态修复的思路、模型和实践开展研究，其中特别提出因地处干旱区，开展的修复不是将废弃矿山完全进行修复，而是有得有舍。得即期望达到的目标，干旱区矿山上原始草地植被的盖度一般在10%左右，一个区域植被理想条件的最大植被生物量是受降水、温度等条件决定（王佟 等, 2021）。因此，预期的目标值不能制定太高，例如，周边自然植被的盖度或生物量为定值，即预期目标在此基础上达到或超过10%～20%。此预期目标是非常重要的，在徐俏发表的《新疆矿山生态修复的认识及思考》一文中着重说明了干旱区必须有自己的恢复目标，确定目标在指导恢复实践上将意义重大（徐俏 等, 2022）。假设恢复目标是10%，若将所有的资源集中在10%～15%的空间区域，即本章所涉及的核心修复理念，通过技术措施将水、土、种子、养分都集中在此区域，则完全可借助自然力量实现局部区域的恢复。例如，在荒漠降水条件设定为50mm，一般植被恢复的条件是200mm（王英宇 等, 2018），若富集倍数达到4倍以上，即可实现植被的自然恢复。同样，在废弃矿山若植物生长的最低条件是有1cm厚的土壤，而当前条件无法满足，那么在砂砾石的缝隙处实现局部最深土壤达到1cm的恢复是可实现的。为什么说目标和思路决定了生态修复的效果？将现有的资源条件在区域平均布设，各指标几乎都无法满足植物生长和繁衍的需求时，出现的植物概率值很低（Wheeler *et al.*, 2022）。而各设定指标都实现，生态修复的成本将增加几倍甚至几十倍。假设在一个地块上按此思路都实现了，而干旱的自然条件又将进行一次自然选择，淘汰的结果就是留下的为自然降水和温度条件决定的最大植被生物量或植被盖度，但前期投入的成本将数十倍的增加，最终植被生长结果却不变（Oduor *et al.*, 2013）。同时在人为不干预的条件下，恢复的效果反而不如局部富集的结果（赵新风 等，2014），这就是必须放弃一多半的区域，目标集中于局部小区域，在“有舍有得”的前提下实现受损生态修复效果的最大化，从而实现一条适宜于干旱、半干旱区的矿山生态修复理论和实践，达到可复制、可借鉴和可推广的目标。

6.6.4 泥浆拌种喷播的适用条件

泥浆拌种喷薄技术适用条件：该技术不受治理区土质、地势、种源等条件的限制，适用范围广。①适用于地质条件恶劣的裸岩坡面、废弃矿区坡面、风蚀地、成土速度缓慢地等植物生长立地条件差的区域，通过该技术中基材生物、理化特性快速创造植物生存的土壤、水分、养分条件。②适用于因地势高陡不适宜实施布置覆土、播撒草籽、补水等植被恢复措施的区域，包括各类无地质灾害隐患的硬质边坡、岩土混合边坡、土质边坡，坡度不大于60°的缓坡或高陡边坡。③适用于亟须实现大面积植被恢复和地质加固的区域，通过该技术中覆土、播种、补水等工序一次完成，缩短施工进程，提高复绿效率。④适用于解决采矿、切割山体、公路建设等机械活动，造成地形起伏加大，土壤被扰动，原生植被受损的生态问题，通过该技术的地形恢复、土壤修复、地表植被恢复、水分养分补给等多方面举措进行系统性、全面性改善。例如，阿尔泰山上发育的宝石矿一般都分布在山上，开采后留存的碎石基本为5 ~ 10cm均匀石块，呈现近50°的自然坡角，此时采取两步开展生态修复。首先人工降坡，将坡度降至30°以下或者泥浆拌种喷播，喷洒厚度一般选取亩均3 ~ 5mm，这样局部的富集厚度5 ~ 7cm，一般修复一年后基本呈现被植被覆盖的碎石坡（具体调查情况于本章6.5节已详细说明，在此不做赘述），从而达到修复的目的。特别说明此时粒径大小决定了恢复的效果和用土的量，如果全部覆土不存在此类问题，但现在着重考虑如何用最小的量达到最好效果。

综上所述，泥浆拌种喷播技术主要用于地表土层被剥离，砾石颗粒大，几乎无土壤含量的地区。泥浆拌种喷播技术可以同时从土壤含量、土壤营养、种源、水分4个方面对修复区进行补充。使覆土、播种、补水等工序一次完成，土和种子能够在水的作用下直接进入石头的缝隙，提高植被恢复速度和质量，土壤和草籽喷播均匀，发芽快，物种多样性丰富。当治理区位于河床，取水方便，更加有利于使用泥浆拌种喷播措施进行修复。具有植被成活率高，物种多样性丰富，生态恢复速度快等特点，依照治理区立地条件，喷播植物种子主要选择治理区周边常见植物，并具有耐旱、根系发达等特点。

通过本章的讨论，可以得到以下几点结论：

（1）“师法自然”这一思想在矿区生态恢复中是非常重要的，矿区生态修复作为一个新型的学科，基础理论研究很重要，但作为一个可以检验的应用研究，向自然学习才能实现尊重自然，顺应自然，按自然规律办事，保护自然，人与自然和谐共生。而在干旱区，受各种自然条件的限制，开展生态恢复时如果希望将整个区域全覆盖的修复是不现实的，因此，必须坚持“有舍有得”，通过实现水、土、种子的局部富集才能实现生态修复的目标，而这种局部富集又是与周边自然环境相吻合的。

（2）泥浆拌种喷播的关键技术参数是喷播的厚度和种子用量，但这些又受到待修复区平均砾石粒径的制约，粒径越大，需要相对更多的土和种子。覆土和补充种子量的模型分别为以下两种：

$$\begin{cases} N_m = X_m / R_m \\ P_m = S[1/3 \times \pi (R_m - \sqrt{R_m^2 - X_m^2}) X] / [1/2 (4R_m^2)] \end{cases}$$

$$\begin{cases} N_m = X_m / R_m \\ O_m = aS[1/3 \times \pi (R_m - \sqrt{R_m^2 - X_m^2}) X] / [1/2 (4R_m^2)] \end{cases}$$

（3）一般情况下，当粒径越大时，覆土和种子越多，需要的泥浆黏稠度也越高，羊粪的用量取决于土壤的用量，当取土容易时，用土量可稍多些，羊粪的用量可以相对少些。因为各自的情形不同，只能提供一个参考值：在平均粒径 3 ~ 4cm 的砾石区，推荐的比例是在 1 亩地上，取水、土、羊粪和种子分别为 $6m^3$、$1.5m^3$、$0.5m^3$ 和 3kg。

（4）从恢复效果看，粒径越小的区域恢复的时间越短，粒径小于 3cm 的砾石区修复时间在 3 ~ 6 个月，平均粒径大于 10cm 区域生态修复效果完全体现需要 1 年以上时间；随着喷播的厚度增加，恢复的速度越快。根据监测，随着泥浆喷播厚度的增加，1mm 泥浆喷播后，植物株数提高到 64.78 株 /m^2，2mm 厚度泥浆喷播后，植物株树提高到 91.39 株 /m^2，植被盖度也由修复前的 2.5% 增加到 1mm 厚度泥浆喷播后的 9.8% 和 2mm 厚度泥浆喷播后的 10.31%。同时随着羊粪的补充，有机质也增加明显，其平均值由修复前的 0.102g/kg 增加到 1mm 泥浆喷播厚度后的 0.141g/kg，平均 2mm 泥浆喷播厚度后的 0.420g/kg，土壤改良效果明显。

第7章 矿区生态修复关键技术3——乡土草种的选择及应用

第6章提出分析了新疆北部区域的山区内，尤其在天山和阿尔泰山山区的矿山遗留地开展矿区受损生态修复的4个难点，其中一条是阿尔泰山和天山山区多数区域都是国家级和自治区级自然保护地，为了保护重要的生物资源，这些区域严格限制外来物种的输入，只能依靠当地采集的乡土植物种进行恢复。这里就存在一个问题，为什么用乡土草本植物的种子？乡土草种（乡土草本植物种子）和商品草种（商品草本植物种子）在矿区生态修复中的效果有没有差异？为此，本章重点就这两点关键问题进行讨论，寻求从试验研究上进行突破，为新疆废弃矿山的生态修复工作提供科学、合理、可行的新技术和新方法，为建设大美新疆奠定良好的生态基础。

7.1 乡土植物和乡土草种

随着历史的演变与推进，对乡土植物的概念尤其对其的性质、结构和内容的认识均可能产生相应的变化，对此不同的学者认识不同。基于对乡土植物概念的理解并结合本章研究的目的，从生态学的角度对乡土植物进行了分析，从广义层面看，乡土植物是指经过人工栽培和繁育，并已经适合当地气候和生态环境的，具有代表性的植物；从狭义层面看，乡土植物就是指土生土长的植物，这些植物已经适合本地区的环境。而经过短期驯化，能够在本地环境中生长的外来植物，不归属于乡土植物体系（Wheeler *et al.*, 2022; Oduor *et al.*, 2013）。

止非乡土草种的进入，这也是商品草种无法逾越的一道坎。

乡土草种的优点：①乡土草本植物是长期自然选择的结果，是最适应当地自然环境条件的物种。②乡土草本植物不会造成外来物种入侵等问题，是保证生态保护和生态修复效果的重要前提。③可以满足物种多样性恢复的需要；如果采用合适的手段，通过混采的方式，可以保证不同物种的种子需求，甚至满足短命植物的采集（Yuan *et al*., 2022）。

乡土草种的缺点：虽然国家出台了很多鼓励性的政策和文件，但由于时间短，规模化的生产体系还没有建立，乡土草种存在需求大但买不到或采不及的现实困难，难以应对目前国内日益增加的需求。虽然很多学者提出借助土壤种子库、利用牛羊粪便收集以及借助仪器或人工收集等手段，一旦矿山生态修复面积较大时，就很难满足实际的需求。

综合以上，乡土草种虽然也存在技术不成熟，许多工作还在探索阶段，但是这作为今后矿区受损生态系统修复主要植物选种的来源，是大势所趋，从保护和修复的角度出发，我们必须以这个方向作为突破口，从理论的完善和修复措施以及设备更新等方面寻求全面进步。

7.3 试验布设及研究方法

在新疆土层瘠薄的阿尔泰山废弃矿区，与不利于根系下扎的灌木相比较，多年生草本植物应作为首选补种对象，通过土壤种子库收集技术以及人工购种来解决土壤种子短缺问题是非常重要的（Xu *et al*., 2023）。受乡土草本植物种子采集、处理、播种、管护管理技术尚不成熟，以及国内草种数量受限等因素制约，在新疆开展的矿区生态修复实践一般都是采用从市场上购买为数不多的草本植物的商品种子，通过撒播在平整过的矿区上进行生态修复，从实践效果看不算理想。然而，随着国家对生态文明建设的重视，越来越多的废弃矿山需要治理，如何通过适宜的措施，实现矿区受损植被的自然恢复，成为干旱区恢复生态学关注的热点及难点问题。本试验在阿尔泰山两河源矿区的废弃地，通过对撒播商品草种（以下简称补播方式A）和撒播土壤种子库草种（收集相邻区域表土中的土壤种子库技术，是采集到的土壤与当地乡土草种的混合体）（以下简称补播方式B）开展对比试验，试图探寻矿区受损植被补种的新思路，目的不仅是丰富土壤种子库的理论研究，也为实现矿区生态修复探寻新的理论与实践。

7.3.1 试验区选择

试验区中心地理位置为E89° 18′ 40″，N47° 54′ 4″，面积为20亩。试验自2010年开始进行，首先通过机械将大块砾石搬离，再对细小碎石推平处理，减少外来干扰，对试验区进行围栏封育，由于本区土壤完全破坏，土体中植物及种子都不复存在。

撒播草本植物的商品种子和撒播土壤种子库样地布设：于2012年10月初开展补播方式A与补播方式B两种植物补种的修复试验，在两河源矿区废弃地选择地势平坦的区域作为样地。共选择16个6m × 6m的样地。每个小区之间至少有1m的缓冲带，小区四周安置有隔板来阻挡外来干扰。在每个样地内进一步划分为4个亚区，并设置3种不同的处理方式：A区为对照区，只推平不补播；B区为预留试验区；C区为补播方式A区；D区为补播方式B区。在每个亚区内，定期开展生物量测定与土壤测定，具体样地布设如图7-1所示［一级与二级试验处理方案（阿拉伯数字代表不同样地的编号）；A、B、C、D分别代表每一个样地内的对照、预留、撒播种子、土壤种子库激活处理］。

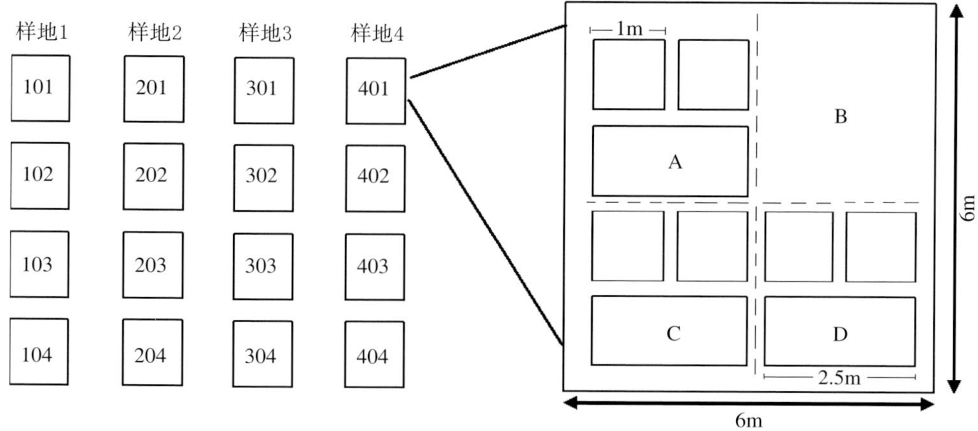

图7-1 样地布设情况

7.3.2 种子补播方法

在对废弃矿山进行治理恢复工作前，需要对周边的植物种类、分布和物种的相互关系进行调查（表7-1）。由于表7-1中的植被在市场上几乎无法购买，为此，我们只购买了高羊茅（*Festuca elata*）和草地早熟禾（*Poa pratensis*），进行1 : 1混播，按每亩地2.5kg的用量进行撒播，同时将当地收集表层0 ~ 2cm的表土及上部残留的枯枝落叶按每亩地7kg左右进行撒播，撒播时间均选在2012年10月第一场雪后、第二场雪之前，目的是利用化雪期促进植物恢复。

表 7-1 草地植被样方出现的植物种

中文名	学名	科属	植被重要值	
			原始草地	废弃矿区
大看麦娘	*Alopecurus pratensis*	禾本科 看麦娘属	64.99	
草地早熟禾	*Poa pratensis*	禾本科 早熟禾属	62.83	
高山蓼	*Polyonum alpinum*	蓼科 蓼属	51.56	
多伞阿魏	*Ferula ferulaeoides*	伞形科 阿魏属	48.54	
瑞士羊茅	*Festuca valesiaca*	禾本科 羊茅属	48.33	
发草	*Deschampsia caespitosa*	禾本科 发草属	47.96	41.13
两栖蓼	*Polyonum amphlibium*	蓼科 蓼属	39.43	
野火球	*Trifolium lupinaster*	豆科 车轴草属	28.65	
蒲公英	*Taraxacum, mongolicum*	菊科 蒲公英属	26.72	
森林勿忘草	*Myosotis sylvatica*	紫草科 勿忘草属	19.11	
黄花苜蓿	*Medicago falcata*	豆科 苜蓿属	15.58	
兔儿条	*Spiraea hypericifolia*	蔷薇科 绣线菊属	11.34	
苦苣菜	*Sonchus oleraceus*	菊科 苦苣菜属		12.78

7.3.3 植被、土壤调查与数据处理

7.3.3.1 植被调查

根据阿尔泰山气候及植被生长周期，分别于2014年、2021年的植物生长旺季6月进行植被调查。植物群落的调查主要包括植物的种类、数量、高度、冠幅、盖度、地表生物量等。

7.3.3.2 土壤取样

在补种九年后（2021年）对不同补种措施下的土壤容重、土石比、土壤含水量进行测定。每个样方分为5层进行土壤取样（0 ~ 10cm、10 ~ 20cm、20 ~ 30cm、30 ~ 40cm、40 ~ 50cm）。土壤容重采用环刀法进行测量，土壤含水量采用恒温法测量。土石比测量：在上述1m × 1m样方中获取地上生物量鲜后，在样方内选取一个土石比样方（大小为20cm × 20cm，按以上梯度分层取土）。将样方内土壤和石块全部挖出，用木棍将土样碾碎，仔细挑去植物根茎和其他杂物，土样过筛，能过1mm筛子的土样记作土壤$M_{土}$，没能过1mm筛子的土样记作石头$M_{石}$，把两种土样分别在1/1000的电子天平上称重，分别记录$M_{土}$和$M_{石}$值，计算出土石比（%），即：

$$土石比均值=\sum_{i=1}^{n} M_{土i}/\sum_{i=1}^{n} M_{石i} \quad (7\text{-}1)$$

7.3.3.3 数据统计与分析

植被盖度、植被高度、植物密度以及地上生物量数据为实测、相同措施下16个重复样方的平均值。植物丰富度指数、Shannon-Whiere多样性指数、Simpson优势度指数和Pielow均匀度指数通过相关公式计算所得，每个多样性指数值为所有重复样方的平均值。土石比、土壤容重、土壤含水量数据为相同土层、所有重复样方的平均值。

7.4 结果与分析

7.4.1 不同补种方式下植被生长变化特征

在补种2年后，发现补种方式A与补种方式B下地表植被盖度、植被高度、植被密度和地上生物量均显著高于对照的相对应值（$P<0.01$），表明补种方式A与补种方式B均能促进地表植被生长状况的明显改善（图7-2）。

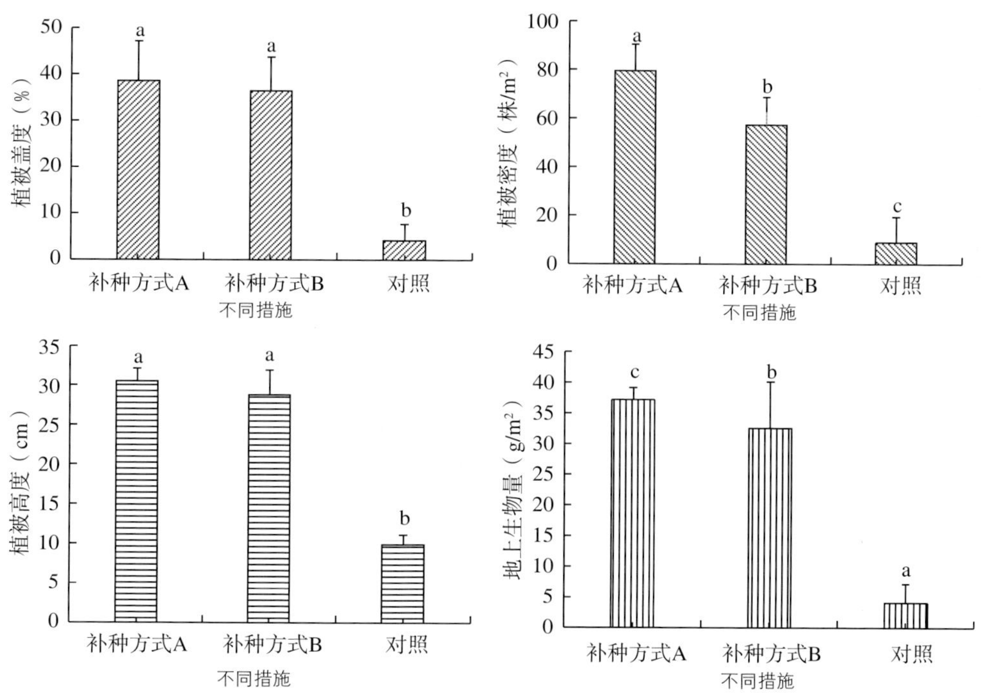

图7-2 不同补种方式下植物生长变化特征（补种后第二年）

补种9年后，在补种方式A、补种方式B和不补种的对照样地内的植被盖度分别为13.56% ± 4.73%、56.50% ± 14.18%、9.10% ± 3.6%，植被高度分别为11.00 ± 2.85cm、26.77 ± 7.88 cm、9.00 ± 3.76cm。补种方式B的地表植被盖度分别是方式A和对照的4.17倍和6.21倍，植被高度分别是两者的2.43倍和2.97倍；补种方式A、补种方式B及对照样地内的植被密度数分别为41.53 ± 8.16种/m^2、94.31 ± 11.20种/m^2、36.22 ± 6.90种/m^2，地上生物量分别为12.19 ± 4.85g/m^2、53.40 ± 9.47g/m^2、10.18 ± 3.54g/m^2（图7-3）。补种方式B的植被密度分别是对照和补种方式A的2.27倍和2.60倍，补种方式A和补种方式B的地上生物量分别是对照的4.38倍和5.25倍。单因素方差分析结果表明，播种方式B的植被盖度、植被高度、植被密度与地上生物量均显著高于对照与播种方式A的相对应值（$P < 0.01$），表明通过采集土壤种子库开展矿区生态修复的方式，在盖度、高度、密度及地上生物量等方面均明显优于补充商品草种的恢复方式。

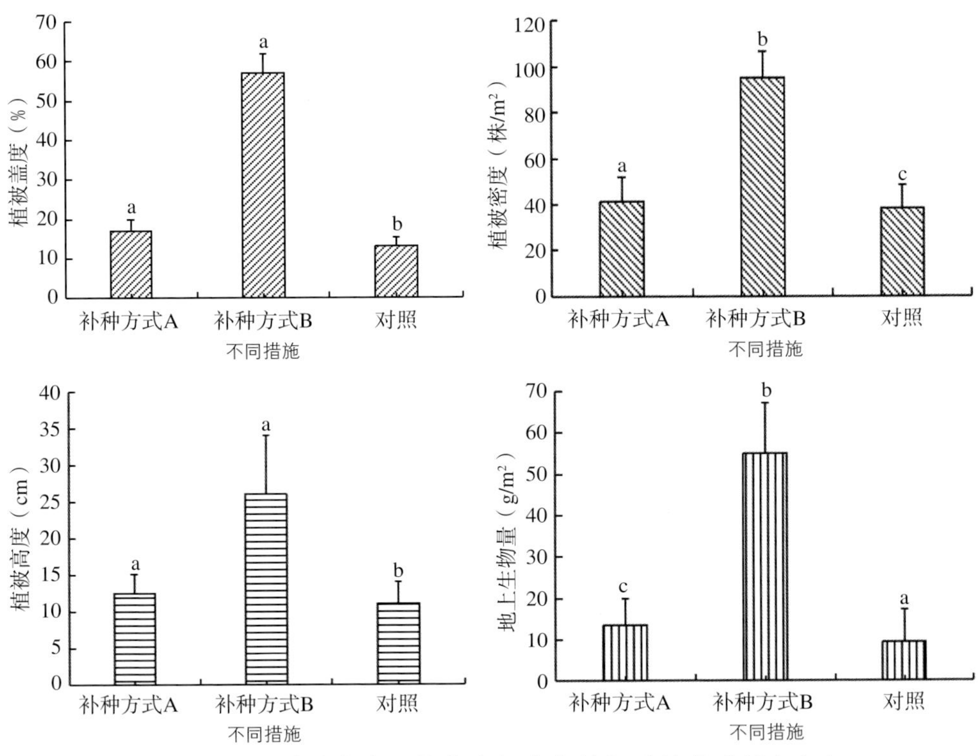

图7-3 不同补种方式下植物生长变化特征（补种后第七年）

7.4.2 不同补种方式下植物群落结构变化特征

在补种2年后，补种方式A、补种方式B和对照样地内的物种丰富度分别为1.15、1.11、0.21，Shannon-Whiener多样性指数分别为0.72、0.67、0.20，Simpson优势度指数分别为0.97、0.31、0.11，Pielow均匀度指数分别为0.00、0.30、0.12（图7-4）。单因素方差分析结果表明，除Pielow均匀度指数值外，相对于对照，补种方式A与补种方式B下的物种丰富度、Shannon-Whiener多样性指数、Simpson优势度指数均明显高于对照的相对应指数；同时，植物多样性指数在A补播方式下大于B补充方式（图7-4a）。研究结果表明，补种后第二年，撒播商品草种和补充地表土壤种子库对矿区废弃地植物群落结构的恢复起到了明显促进作用，但短期内，补充商品草种效果更快。

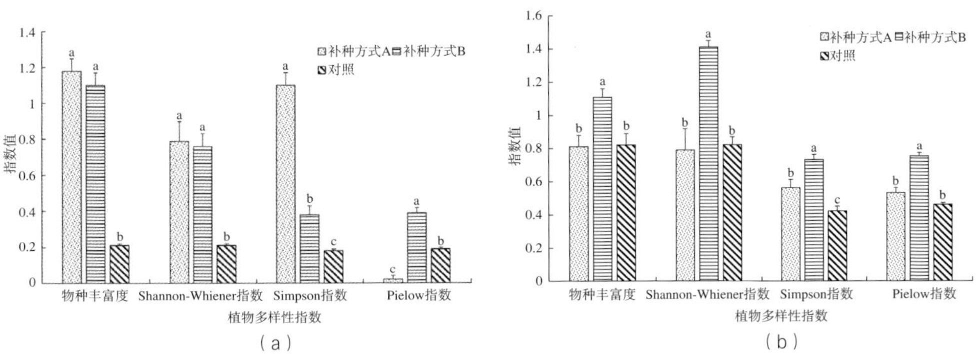

图7-4 不同方式下补种2年后（A）和9年后（B）植物群落结构变化特征

但补种9年后，补种方式A、补种方式B和对照样地内的物种丰富度分别为0.81、1.09、0.84，Shannon-Whiener多样性指数分别为0.83、1.37、0.83，Simpson优势度指数分别为0.51、0.70、0.42，Pielow均匀度指数分别为0.47、0.76、0.46（图7-4b）。单因素方差分析结果表明，B补充方式下的地表植被物种丰富度、Shannon-Whiener多样性指数、Simpson优势度指数、Pielow均匀度指数均明显高于补种方式A与不补种的对照，表明随着时间的延续，补充土壤种子库较补充商品草种效果更突出。

7.4.3 不同补种方式下土石比变化特征

土壤是植物生长基质的重要组成部分，也是载体。图7-5显示了补种7年后

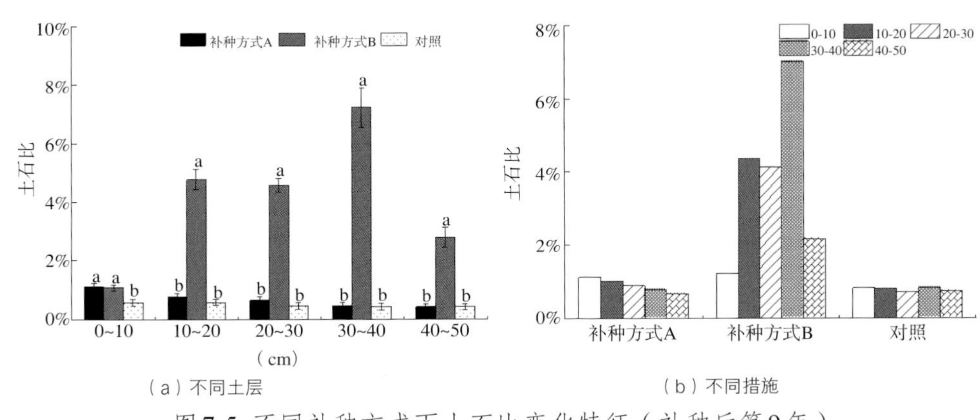

图7-5 不同补种方式下土石比变化特征（补种后第9年）

矿山生态修复区土石比的变化特征。各土层（0～10cm、10～20cm、20～30cm、30～40cm、40～50cm）在补种方式A下的土石比分别是对照的2.70倍、1.58倍、2.24倍、1.02倍、1.61倍，在补种方式B下的土石比分别是对照的2.53倍、11.31倍、22.37倍、21.77倍、11.19倍，表明两种补种方式下随着植物的恢复，土石比含量均有明显提高，而通过补充土壤种子库对于矿山生态恢复区的土石比效果更显著。特别是随着淋溶等作用，可以有效恢复植物根系层30～40cm的土壤。

7.4.4 不同补种方式下土壤容重、土壤含水量变化特征

补种9年后，补种方式A和补种方式B下0～10cm土层土壤容重分别较对照降低了5.18%和25.31%，可见经过工程修复并撒播草本植物的商品种子和撒播土壤种子库对表层土土壤容重的降低均有明显的促进作用。但除了表土层，在补种方式A下的其他土层（10～20cm、20～30cm、30～40cm、40～50cm）的土壤容重值均没有降低（图7-6），说明补种方式A对土壤的修复作用主要体现在土壤表层。而补种方

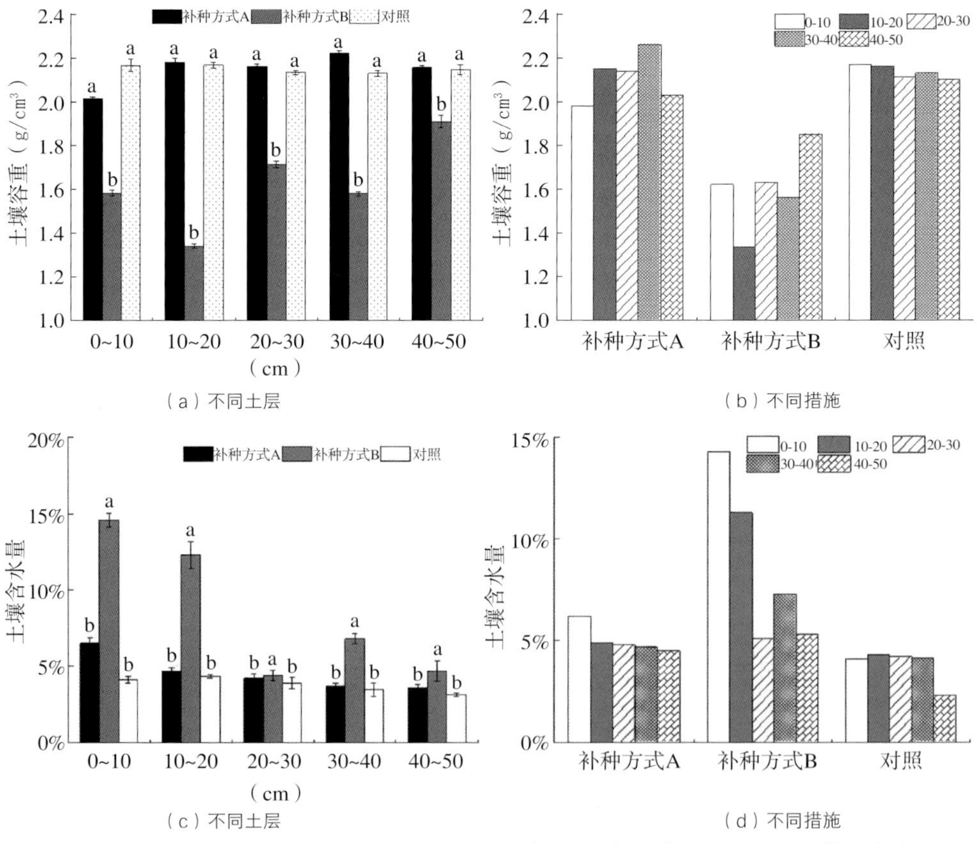

（a）不同土层　（b）不同措施

（c）不同土层　（d）不同措施

图7-6 不同补种方式下土壤容重和土壤含水量变化特征（补种后第9年）

式B下各深度土层的土壤容重均明显低于对照的相应容重，10～20cm、20～30cm、30～40cm、40～50cm土层的土壤容重分别较对照降低了40.15%、20.09%、25.58%、10.20%；并且补种方式B下的土壤容重远远低于补种方式A下的相应容重（$P<0.05$），说明补种方式B对土壤容重的恢复作用显著高于补种方式A对土壤容重的恢复作用。

从图7-6c可以看出，在0～50cm土层，随着土壤深度的增加，对照土壤容重呈减小趋势，而补种方式A和补种方式B下的土壤容重大体呈增加趋势，表明补种措施对矿区的废弃地土壤容重在土体中的分布有一定的干扰作用。补种方式A和补种方式B下表土层（0～10cm）土壤含水量分别是对照土壤的1.58倍、3.74倍，可见矿区废弃地经过工程修复并采用撒播草本植物的商品种子补种和地表土壤种子库补种后表土层土壤储水作用有了明显的改善。

7.5 讨论

7.5.1 植物生长和土壤指标的关系

将各补种方式下的植被生长指标与相应土壤指标进行相关性分析。植被生长指标中植被盖度、密度、高度、地上部分生物量均与土石比、土壤容重呈正相关关系，其中，与土石比呈极显著正相关（$P<0.01$），除了植被高度（VH）外，均与土壤容重呈显著正相关。除此之外，土壤容重与土石比呈显著正相关（$P<0.05$），反映出土壤容重、土石比与植物生长之间相互影响、相互促进，特别是土石比与植物生长指标之间相互促进作用明显，这种相互促进关系对于实现采矿砾石基质的人工草地的稳定发展具有重要作用。其余指标之间相关性不显著（表7-2）。

表7-2 植物生长与土壤指标之间的相关性分析

指标	土石比	土壤容重	土壤含水量
VC	0.998^{**}	0.456^{*}	-.181
VD	0.983^{**}	0.384	-.098
VH	0.999^{**}	0.492^{*}	-.216
AGB	0.999^{**}	0.489^{*}	-.233
土石比	1	0.485^{*}	-.218
土壤容重	0.485^{*}	1	$-.928^{**}$

干旱区土壤含水量与植物生长指标一般呈正相关，而在本章研究结果中两者呈弱负相关关系，表明研究区植物生长过程中不缺水。本章研究结果中植被生长指

标与土壤指标关系密切，特别是和土石比这一指标相关性最强，说明研究区矿区被破坏的主要是土壤，而生态恢复的关键因素也是土壤，而采用土壤种子库进行生态修复不仅能补充相应的乡土草种，而且自带的一定量土壤也能大幅提升生态恢复的效果。

7.5.2 补种方式A对矿区生态修复效果的影响

采用商品草种（A）和地表土壤种子库（B）两种补种方式对两河源自然保护区范围内的矿区废弃地进行修复，在补种两年后，植被生长指标与群落结构相较于对照明显增加（$P<0.01$），在修复前期采用补种方式A和补种方式B对植被生长和群落结构影响显著，植被修复效果明显。张骞等（2019）高寒矿区生态修复研究中发现人工植被在建植后的第二年物种优势度达到最大，4年后群落会出现明显的退化趋势，这与本研究结果相似，在撒播草本植物的商品种子（补种方式A）后第二年，物种丰富度、Shannon-Whiener多样性指数以及Simpson优势度指数均得到显著提高；而在九年后植物多样性指数与对照相比差异不大，表明该补种方式在后期（7～8年后）的修复效果呈下降趋势：在补种九年后，补种方式A下植被生长指标（植被盖度、高度、密度和地上生物量）和植物多样性指数相较于对照差异不显著；同时，补种方式A下地表土层土壤质量（高的土石比、低的土壤容重）亦没有随着恢复年限的增长而得到明显改善。

后期补种方式A对地表植被恢复潜力的大大丧失，主要原因可能为：一方面，是由于母质土壤的质量未得到满足，植物的生长发育因受土壤的影响而逐渐受阻，引发植物群落结构改变和功能退化，导致矿区植被衰退；另一方面，在补种两年后，矿区植物逐渐长出，随着单位面积植物数量的增加，植物对土壤、水分等的需求亦增加，经过对资源的竞争、淘汰过程后，单位面积个体数又开始减少30%～40%。

7.5.3 补种方式B对矿区生态修复效果的影响

Wang等（2021）对高寒矿区露天煤矿排土场进行土壤种子库处理对植被生长影响的研究，得出结论：在矿区生态恢复3年之后，土壤种子库处理的优势不明显；而本章节的研究结果与之相反：两河源保护区范围内矿区废弃地采用土壤种子库补种技术后，土壤质量（高的土石比、低的土壤容重）随着恢复年限的增加而得到改善，植被生长指标、群落结构指标亦维持相对较高的水平。

修复9年后，补种方式A与对照样地土石比随着土层深度的增加而减小，且只有表土层土石比值相对高；而补种方式B下随着土壤深度的增加土石比增大，且土石比在各深度土层均明显高于对照和补种方式A。表明：在补种方式B下土壤结构逐渐恢复了正常；补种方式A对矿区废弃地土壤的修复只体现在表层，而补种方式B对土壤的修复在时间上的影响是长久的，在空间上是深层的。

土壤是植物生存的基础，拥有良好的土壤母质，是植被生长和生存的关键（赵兴鸽 等, 2020）。阿尔泰山两河源矿区废弃地生态修复工作若从地形、土壤、植物种源三方面着手，将会大大缩短治理区生态修复周期，各方面都能见效迅速。本章中当采用收集地表土壤种子库（补种方式B），在补种9年后，各土层土壤容重显著小于对照和补种方式A的相应容重（$P < 0.01$），细颗粒土壤增加、砾石含量减少。因此，采用收集地表土壤种子库这一补种方式下的自我维持与修复功能明显高于单补草本植物的商品草种，不像补播商品草种后第二年能见效，但在后期又逐渐被当地种替代。

第 8 章 新疆北部区域不同地貌部位矿区受损生态修复措施

8.1 高山区矿山生态修复的问题难点及修复措施

8.1.1 区域矿山破坏及修复问题

高山区的矿业开发对矿山环境的破坏，主要表现为地质与水源涵养环境破坏以及原生植被的毁损。阿尔泰山东部两河源区范围内的矿区生态环境破坏严重，地表裸露较多。采矿遗留地生态破坏、人为工程地质环境受损以及森林植被退化等问题严重。砂金矿、稀有金属矿和非金属矿基本上均为露天开采，破土、出渣破坏地貌和地表植被，诱发水土流失较为严重，引发坍塌、滑坡和泥石流等地质灾害。破坏严重的区域主要分布在开采历史较长的矿区，尤其是砂金矿、砂铁矿开采区。包括可可托海稀有矿开采区、福海县红山嘴新金沟砂金矿开采区、西岔河砂金矿开采区、额尔齐斯河砂金矿开采区、富蕴县克林砂金矿开采区、多拉纳萨依金矿开采坑、萨尔布拉克金矿、福海县喀拉塑克采砂场、青河县砂铁矿开采区等区域。地质环境破坏较严重区：布尔津县贾登峪—阿勒泰市塔尔浪—福海县与富蕴县交界的克兰河中、下游及库尔木图河上游的砂金矿、铍矿、锂矿、宝石矿、滑石矿、云母矿、石灰岩矿、建筑石料矿等。

天山北坡高山区破坏严重的区域：伊宁县阿希金矿（大型矿山），昭苏山地、温泉山地、乌鲁木齐后峡、木垒山地等地的各矿点。这些地方的大、中型矿产开发导致采矿场、固体废料场占地和采矿区地面塌陷，也易引起滑坡、泥石流等地质环境灾害。

该区土层瘠薄，地势较高，气温偏低，热量略显不足，受损生态系统修复过程较慢，植被一旦被破坏恢复过程缓慢。且该区的大部分区域属于自然保护地或水源地生态敏感区，不便于大规模的生态修复工程的实施。该区域包括保存完好的天然状态的生态系统以及珍稀、濒危动植物的集中分布地。因此，区域生态修复原则应以减少人为干扰、严格保护和自然恢复为主。尤其要以保护生态系统物种种源为主，保护区域内的本底自然环境，可开展以环境保护为目的的自然环境监测和评价。

8.1.2 矿区生态保护和修复的重点方向

①矿区生态恢复过程以少扰动、能够维护和保障自然生态功能为目的；②加强保护，严格控制放牧牲畜头数，以保障和增强本土优势植物的繁殖能力；③矿区生态修复只针对退化特别严重的生态敏感点（受损特别严重，丧失自我恢复能力的矿点区位），以“点状”逐个恢复为主。④该区域水分的供应有一定的保障，但区域内土体的石质化普遍，土层薄，土壤发育弱。因此，矿区生态修复时，重点放在受损区土壤治理，因地制宜采取土壤固着保持和培育措施。

“点状”恢复的方法是以保护和增添本土植物种子繁殖能力为宜。植物种类选择为适合寒冷和潮湿环境生长的草甸植物种。在破坏特别严重、山体滑坡和无原状表土区还应适当增加土壤和植物固定材料。

阿尔泰山高山及毗邻的中山区矿山重点治理的区域为喀拉额尔齐斯河源头两河源的库尔木图河和卓尔特河的河床附近，以及西天山支脉科古琴山伊宁县阿希金矿（大型矿山）。

8.1.3 矿山受损生态修复措施

8.1.3.1 地质环境修复措施

高山区地质环境修复措施应在遵循景观环境趋于协调一致的原则的基础上，开展局部范围的地质环境恢复工作。重点对地表破坏特别严重的废弃矿区和裸露沙石进行适量回填，维持地表基底相对稳定，减缓水土流失，逐步恢复区域自然生态环境。同时对现有矿山开采造成的坡面和裸露地表进行加固和稳定，防止地质灾害的发生；根据地质情况还可通过疏通土方构建沟渠等方式对塌陷地域进行地质改良。

8.1.3.2 土壤基质修复措施

土壤基质修复措施包含物理隔离修复和生物修复两种技术措施。①物理隔离修复技术措施。采用隔离技术把矿区污染地与周边其他土地隔离开来，防止污染扩散，这种方法适用于高污染地区，但范围比较局限。②生物修复技术措施是指通过植物、动物和微生物进行生态恢复与稳定的举措。植物修复技术措施相对比较简单且易实现，选择耐性植物恢复植被可以防止水土流失，同时减少重金属的扩散迁移。动物修复技术措施是在污染土壤中利用动物的吸收和生长等活动，对污染物进行分解、破碎、富集等，消除污染物、降低污染物污染程度的生物修复举措。比如，蚯蚓就有利于土壤的生态恢复。微生物修复技术是指通过培养土壤微生物，达到其对重金属溶解、转化、固定的作用和目的。

8.1.3.3 林地和草地植被修复措施

在原有天然林地开展森林营造和抚育，尤其对老化、退化林地进行人工更新抚育，强化低效林改造和宜林地造林，提升森林质量、数量。在原有草地突出重点区域、重点生态廊道，开展固土和补播等修复措施。

拟采用的植被修复模式包括：①促进水汽凝结修复乔、灌、草生长模式；②快速补充土壤种子库；③乡土植物种子补播；④乔木育苗移栽模式。

生态修复补播的种类是以采集修复区域原生植被种子为主。高山带高海拔区域可选用的适宜的广谱性的补播植物种类有：垂穗披碱草（*Elymus nutans*）、紫羊茅（*Festuca rubra*）、老芒麦（*Elymus sibiricus*）、高山早熟禾（*Poa alpina*）。高山带较低海拔区域适宜的补播植物种类有：冰草（*Agropyron cristatum*）、黄花苜蓿（*Medicago falcata*）、无芒雀麦（*Bromus inermis*）、草地早熟禾（*Poa pratensis*）。

生态监测：

（1）在矿区生态修复治理前进行摸底调查，为因地制宜开展修复工程提供数据支撑，重点监测内容是环境特征、土壤指标和植被指标。

（2）在实施生态修复治理措施后的特定时间段内进行效果监测，为修复前后的效果提供对比数据，为检验修复效果、成本与产出结果，以及提出验收指标提供科学依据。

（3）建立大数据平台，收集整理数据、逐步积累，形成数据产业，为需要的相关部门、企业、高校等提供真实有效的数据基础。

调查内容：①采矿类型；②开采方式；③破坏程度；④区域特点；⑤主要生态问题识别与诊断以及成因分析。

保障措施：实施生态补偿政策，开展修复区域生态环境监测监管能力建设。

8.2 低山丘陵区矿山生态修复的问题难点及修复措施

8.2.1 区域矿山破坏及修复问题

中山和低山区以及低山丘陵区是新疆矿产资源开发活动主要集中的区域。大面积的矿业生产与开发活动带来了地质灾害频发、土地资源和动植物损毁、地形地貌景观破坏等多种环境问题。一些矿山的开发建设过程所产生的各类工业废水，如选矿废水、矿井废水及油脂、固体悬浮物和有机物等超标排放远超过生态自净能力，导致水体环境恶化，从而引发水环境的污染问题。中山和低山区以及低山丘陵区主要地质灾害包括煤矿、多金属矿和建材矿及非金属矿等地质环境的破坏。地质灾害多发生在煤矿所在区域，煤矿开采后形成大面积的采煤塌陷区，主要分布在霍城县—伊宁市—伊宁县界梁子沟、干沟、南台子沟、铁厂沟山前丘陵区及察布查尔锡伯自治县—巩留县琼博乐、阿勒玛勒沟、扎格斯台、杏子沟、塔勒得萨依低山丘陵区。该煤矿区煤层经多年开采，形成了已知的或不明的采空区，数量多，面积大，极易诱发地面塌陷、地裂缝等地质灾害。金属矿山区以崩塌、滑坡、泥石流为主。东天山地区以丘状准平原山地为主，盛产铁、铜、镍、金等多种金属矿产，区内气候干旱、水资源缺乏、植被稀疏，属裸岩为主的荒漠区。阿尔泰山多金属矿分布区是我国著名的富铁、铜、镍、铅、锌、金、钴及稀有金属矿产资源分布区。主要矿区和矿带有阿舍勒、喀拉通克、乔夏哈拉、多拉纳萨依、蒙库、阿巴宫、索尔库都克。建材及其他非金属矿主要引起的地质灾害种类为崩塌。该类矿山多分布在地势较缓的丘陵区和地势平坦的平原区，分布范围广，却相对集中。

地质环境破坏严重区：哈巴河县中山和低山带的铜矿、岩金矿等矿山，阿勒泰市—福海县—富蕴县煤矿、金矿、铁矿、铅锌矿、锂矿、铍矿、云母矿（阿勒泰市阿巴宫铁矿，富蕴县萨尔布拉克金矿、喀拉通克铜镍矿、乔夏哈拉金铜铁矿、蒙库铁矿区、可可托海一矿，阿尔泰山前山带采矿较多的地方有阿勒泰大小克兰河沿线，富蕴喀拉额尔齐斯河沿线以及福海、哈巴河、吉木乃、布尔津等县山区的废弃采矿点），地质塌方和山体滑坡较多，地表环境破坏面积较大，土壤毁坏严重，水土流失极为严重，和布克赛尔蒙古自治县和什托洛盖镇煤矿、建筑用砂矿、砖瓦用黏土矿，额敏县—托里县煤矿、金矿、铬铁矿、铜矿等矿山，奇台县—木垒哈萨克自治县中山和低山带煤矿、金矿、锡矿，乌苏市—沙湾市—玛纳斯县—呼图壁县—昌吉市—乌鲁木齐市—阜康市—吉木萨尔县—奇台县—吐鲁番市等地的煤矿、金矿、铜矿、石灰岩矿、石膏矿、建筑石料矿，西天山支脉阿吾拉勒山中段中山和低山带的尼勒克县煤矿—新源县铁矿，霍城县—伊宁市—伊宁县煤矿、金矿，察布查尔锡伯自治县—巩留县煤矿、金矿等矿山，特克斯县—昭苏县煤矿矿山。

地质环境破坏较严重区：富蕴县—青河县—吉木萨尔县煤矿、多金属矿、非金属矿。该区位于准噶尔盆地东北部富蕴县加普萨尔、乌夏沟、恰库尔图北、卡姆斯特，清水—青河县城北、阿尕什敖包、阿尔加尔、科克萨依、野马泉，红柳沟—吉木萨尔县五彩湾，霍城县大西沟、果子沟，博乐市别珍套山东段、库松木且克山，喀拉套—精河县阿恰勒河及精河上游，尼勒克县喀拉苏、陶坎，阿吾拉勒山南北麓伊宁县—尼勒克县铜矿等矿山地质环境影响较严重。

8.2.2 矿区生态修复的目标和重点方向

废弃矿区生态修复需综合考虑景观恢复、生态功能恢复及水土流失控制。一是综合考虑当地水、土、气等资源、容量，尽可能少地产生修复的痕迹，努力达到最大化的生态原真性，做到修复后的废弃矿区生态环境与周边生态环境融为一体。二是确认在哪里进行修复，即确定废弃矿区需要人工治理的位置、范围、程度，这是确定如何开展矿区受损生态修复的基础和前提。利用生态系统自然恢复的功能，找到矿区人工治理的最小面积值，当废弃矿区面积小于该面积值时，可以自然恢复；当废弃矿区面积大于该面积值时，必须采取人工治理措施。

8.2.2.1 矿山生态修复原则和重点方向

①该区域受损的生态系统面积大且分布广，生态修复以全面修复为主，生态修复和生态保护相结合。②生态修复以能够发挥最大生态功能为目的。采取自然的和必要的人工措施修复废弃矿山严重退化的林地、草地、湿地生态系统。③破坏严重区域以人工修复工程建设为主，辅助自然保持和自然恢复。④采取的工程修复措施需要按照生态环境建设标准规范，达到环保要求。⑤修复初期，严格限制过量牲畜放牧等扰动。

采取必要的人工干预措施并创造条件加速这一区域矿山受损生态恢复。有水源供给条件的区域结合补水以人工快速修复为主，在生态修复初期需要对修复地实施封育保护。主要工程措施有微地形整治、固土保水、引水喷灌或滴灌、耕翻种植、补播与补种改良、封育保护与修复效果监测等。优先采用本土植物种子，适当结合引用相似环境的草本植物商品种子进行生态修复，以加快生态修复的进度。植物种类选择以旱生、中生禾本科植物或小灌木为主。在水土流失特别严重区域可采用机械工程固土措施和生物措施相结合，增强水土保持和植被修复的功效。无水源供给的部分地区可通过工程措施创造局部水、土富集的方法，依托植物的自然恢复能力来达到修复的目的。主要工程措施有微地形处理、雪墒播种、封育保护等。补播和补种改良时只能选择本土植物种。一些山前平原地虽无地表径流水，但可用于集水效应。对于无水源供给的大部分严重干旱区域只有通过加强矿区退化草地的围栏保护，防止进一步退化为目的。

8.2.2.2 重点治理的区域

阿尔泰山前山带区域河道水网最为密集，需要重点治理的废弃矿山工程区域也最多，主要分布在靠近河道区域。包括阿尔泰山福海和富蕴两县范围内的废弃矿山治理和河谷废弃矿区修复治理区域、可可托海矿区尾矿库综合治理修复区域、福海县受损地质环境综合治理区域等。哈巴河县中山和低山带的铜矿、岩金矿等矿山，阿勒泰市—福海县—富蕴县煤矿、金矿、铁矿、铅锌矿、锂矿、铍矿、云母矿等山区的废弃采矿点。

天山北坡乌苏市—沙湾市—玛纳斯县—呼图壁县—昌吉市—乌鲁木齐市—阜康市—吉木萨尔县—奇台县—吐鲁番市等地的煤矿、金矿、铜矿、石灰岩矿、石膏矿、建筑石料矿。

伊犁哈萨克自治州直属的霍城县—伊宁市—伊宁县山前丘陵区及察布查尔锡伯自治县—巩留县低山丘陵区煤矿开采后的采煤塌陷区，西天山支脉阿吾拉勒山中段中山和低山带尼勒克县煤矿—新源县铁矿，霍城县—伊宁市—伊宁县煤矿、金矿，察布查尔锡伯自治县—巩留县煤矿、金矿等矿山，特克斯县—昭苏县煤矿等矿山。东天山地区丘状准平原山地铁、铜、镍、金等多种金属矿。

和布克赛尔蒙古自治县和什托洛盖镇煤矿、建筑用砂矿、砖瓦用黏土矿，额敏县—托里县煤矿、金矿、铬铁矿、铜矿等矿山，奇台县—木垒哈萨克自治县中山和低山带煤矿、金矿、锡矿。

8.2.3 矿山受损生态修复措施

矿区受损生态系统综合治理过程中，可采取的修复模式：采用河水漫溢、羊群驻扎、土地平整等传统或先进的工艺、技术和措施，综合治理水、土壤等污染，集中储存、处置尾矿渣等废弃物，确保达标排放，切实减少和控制各类开发建设活动对阿尔泰山生态环境的损害。

拟采用的植被修复模式包括：①多年生草种补播；②快速补充土壤种子库；③乡土草本植物种子补播；④乔木育苗移栽模式。

8.2.3.1 地质环境修复

遵循景观环境协调一致的原则，开展地质环境修复。对重点废弃矿区和裸露沙石进行回填平整，治理水土流失，修复20世纪采矿留下的生态伤疤，恢复区域自然生态环境。

通过回填整平可以使矿区不再有大的坡度和沟坎，也可维持地表基底稳定；同时对矿山开采造成的坡面和裸露地表进行加固和稳定，防止地质灾害的发生；根据地质情况还可通过疏通土方构建沟渠等方式进行土地复垦，对塌陷地进行地质改良。

8.2.3.2 矿山土壤基层改良方式

矿山开采后对土壤造成的破坏较为严重，尤其废弃矿山及周边区域的土壤结构、性质发生改变，土壤所富含的养分丢失，同时有毒物质含量提升。土壤基层改良的方式主要包括：一是在不破坏其他地区土壤环境的基础上，取得适量的土壤填充到矿山土壤受损较为严重的区域，并且在移填过来的土壤上栽种绿植，利用植物的自然生长进一步改良土壤环境。二是通过在受损土壤当中添加化学改良物质，提高土壤的物理性与化学性，缩短绿植演替过程，促进废弃矿山土地的生态环境重建。

8.2.3.3 土壤基质修复方法

土壤基质修复包含物理隔离修复、化学修复和生物修复3种。其中，物理隔离修复技术措施和生物修复技术措施已在本章“8.1.3矿山受损生态修复措施”一节里详细陈述，这里不再赘述。补充强调化学修复技术措施。化学修复方法中的固化修复技术是深度处理被金属、放射性物质污染的土壤，把污染物转化为不容易溶解，迁移力或毒性小的形式、状态，从而减小其移动性。另外，还有一种淋洗修复技术，通过反络合、溶解作用、吸附作用后，让重金属由固相土壤转移液相淋洗液中，再通过循环处理使土壤中的重金属得以回收和处置。此种方法不仅能够减少环境污染，同时能够回收废弃地中的重金属离子，达到矿山二次利用的目的。

8.2.3.4 废弃矿山的水源环境改良方式

在矿山的开采过程当中，很容易对当地水资源造成污染，这种污染包括地表水污染和地下水污染两种，如果在开采中过度取水，还会导致当地地下水位下降、地表水匮乏等问题，在这种情况下，可以通过外地取水的方式缓解矿区用水压力，或者通过构建科学的蓄水系统来彻底改善这种问题。

林地和草地植被修复，在原有林地开展森林营造和增强抚育力度，对老化、退化林地进行人工更新抚育，强化低效林改造和宜林地造林，提升森林质量、数量。在原有草地突出重点区域、重点生态廊道，开展固土和补播等修复工程。

8.2.3.5 微地形处理及集水技术

春秋牧场降水稀少，蒸发强烈，风大，冬天降雪易被吹散，水分极易流失。如何对水资源进行有效收集，充分利用荒漠草地的地形和积雪保证植物的存活与生长，是恢复工程的研究重点。

采用微地形集水技术，在风力作用下，将雪吹到沟槽中，易于冬季雪的积存。在春季，利用冬季沟槽收集的雪水，从而提高植被的可用水量，实现荒漠草地生态恢复。施工流程要求与当地地形相结合，植物宜选乡土植物。

采矿遗留地生态问题治理、尾矿库生态修复与综合利用、工程受损地质环境恢复治理、土地修复、森林草地植被修复、草地植被补播改良、耕翻、施肥灌溉、退耕还林、森林保育项目等措施对矿山受损生态系统修复会产生积极的效果。

8.2.3.6 本地野生优质耐寒、耐旱牧草的选择和引种材料准备

生态修复补播的种类是以采集修复区域原生植被种子为主。阿勒泰地区中山和低山带适宜的补播本土草本植物种类有：禾本科植物阿尔泰羊茅（*Festuca altaica*）、西伯利亚早熟禾（*Poa sibirica*）、阿尔泰鹅观草（*Elymus altaicus*）、西伯利亚三毛草（*Trisetum sibiricum*）、东方针茅（*Stipa orientalis*）等优良牧草，也有广谱型的优质禾本科牧草，如：草地早熟禾、羊茅（*Festuca ovina*）、窄颖赖草（*Leymus angustus*）、梯牧草（*Phleum pratense*）、针茅、鸭茅（*Dactylis glomerata*）、无芒雀麦、偃麦草（*Elytrigia repens*）、小獐毛（*Aeluropus pungens*）、小画眉草（*Eragrostis minor*）、白羊草（*Bothriochloa ischcemum*）等30余种。优良豆科植物主要有：黄花苜蓿、天兰苜蓿（*Medicago lupulina*）、顿河红豆草（*Onobrychis taneitica*）、广布野豌豆（*Vicia cracca*）、野火球（*Trifolium lupinaster*）、白花车轴草（*Trifolium repens*）、红花车轴草（*Trifolium pratense*）、黄花草木樨（*Melilotus officinalis*）、草木樨（*Melilotus suaveolens*）等。菊科植物主要有：冷蒿（*Artemisia friggida*）、白茎绢蒿（*Seriphidium terrae-albae*）、纤细绢蒿（*Seriphidium gracilescens*）、中亚旱蒿（*Artemisia marschalliana*）等34种。

天山北坡中段中山和低山丘陵地带适宜补播植物种类有：冰草、黄花苜蓿、无芒雀麦、草地早熟禾。

补播方式：一般的区域采用免耕机械播种，需要注意的是严重退化区域补播时，必须配套有机肥料一起下种，每亩配套有机肥60～70kg；机械无法作业的区域采用人工穴播的方式补播。

补播时间：鉴于荒漠植被种子的寿命较短，长时间存放易失去活性。在有补水条件的补播改良区域可在春、秋两季播种为宜，春季在4～6月，秋季在8月中旬和下旬。无补水条件的补播改良区域选择在当年头场雪前后或开春融雪时进行，此时的土壤在水分的滋润下变得松软，使种子能够顺利进入土层中去。补播措施需要分年度完成（1～4年），且具有一定的持续性。

8.2.3.7 生态监测

低山丘陵区矿山受损生态修复措施中的生态监测、调查内容和保障措施与本章“8.1高山区矿区生态修复的问题难点及修复措施”中的相关内容类同，这里不再赘述。

8.3 平原绿洲区矿山生态修复的问题难点及修复措施

8.3.1 区域矿山破坏及修复问题

绿洲区矿业开发对环境造成的破坏突出表现为对于绿洲区土地资源的占用损毁和城乡景观环境破坏、土地盐渍化、土壤环境和水环境污染等环境问题，直接危及人类的生存环境。不合理的矿区开发，造成矿区地表土地和植被破坏严重。一些矿山的开发建设过程所产生的工业废水及居民区大量污水的直接排放，导致水体环境恶化，不仅危害水生生物、污染土壤环境，还会破坏土壤质地结构。因废弃矿区导致绿洲区的景观破碎，农田规模受限，地形地貌上表现为一个个深坑和矿渣堆，不仅影响景观的和谐，也会给人类安全带来隐患。河谷人工绿洲和原来的天然绿洲在遭受人类过度开发的影响后，其生态安全面临林地和草地退化、土壤盐渍化和沙漠化的多重威胁。这些废弃矿区很难在短时间内通过自我恢复的方式来实现自然恢复的目的。通常情况下，绿洲区废弃矿区植被修复工程需要一定的水源保障予以实施，才能达到短期植被修复的目的。

地质环境破坏较严重区：①富蕴县—青河县—吉木萨尔县煤矿、多金属矿、非金属矿。该区位于准噶尔盆地东北部富蕴县加普萨尔、乌夏沟、恰库尔图北、卡姆斯特、清水—青河县城北、阿尕什敖包、阿尔加尔、科克萨依、野马泉、红柳沟—吉木萨尔县五彩湾。②吉木乃县—和布克赛尔蒙古自治县—克拉玛依市煤矿、岩金矿、铁矿、制灰用石灰岩矿、建筑石料矿、石灰岩矿、沥青矿、水泥配料用砂岩矿、水泥配料用泥岩矿、湖盐矿、建筑用砂矿、砖瓦用黏土矿等矿山。该区位于吉木乃县诺海、喀尔交、布尔合斯代—和布克赛尔蒙古自治县和什托洛盖、巴音达拉—克拉玛依市乌尔禾—白碱滩。③乌苏市—沙湾市—石河子市—玛纳斯县—呼图壁县—昌吉市—乌鲁木齐市建筑石料矿、建筑用砂矿、砖瓦用黏土矿。该区位于乌苏市—奎屯市—沙湾市—石河子市—玛纳斯县的城镇附近。霍城县—博乐市—精河县—尼勒克县岩金矿、铜矿、铅锌矿、钼矿、辉锑矿、铁矿、长石矿、玻璃用石英岩矿、水泥用大理岩矿、水泥用石灰岩矿、石膏矿、冶金用白云岩矿。④霍城县大西沟、果子沟—博乐市别珍套山东段、库松木且克山、喀拉套—精河县阿恰勒河及精河上游—尼勒克县喀拉苏、陶坎。⑤察布查尔锡伯自治县—巩留县—新源县铜矿、锰矿、水泥用石灰岩矿、水泥配料用页岩矿、水泥用黏土矿、建筑用砂矿、砖瓦用黏土矿。

8.3.2 矿区生态保护和修复的重点方向

8.3.2.1 生态修复的问题难点

绿洲区废弃矿区受损生态修复需综合考虑景观恢复、生态功能恢复及水土流失控制。矿区生态修复目标和修复方向与中山和低山带的矿区生态修复目标和修复方向基本类同。主要区别在于：①绿洲区人类活动干扰最明显，造成的环境破坏较严重，拟采用的人工措施和治理力度较大；②绿洲区在建和废弃矿区的盐碱地范围和规模都很大，环境修复治理工程量较大；③施工过程中需要考虑对人居环境和居民生活所造成的影响。

8.3.2.2 重点治理的区域

绿洲矿区重点修复治理区域位于准噶尔盆地周边冲洪积扇缘的重要交通线路的平原河谷和伊犁谷地等。

①富蕴县杜热乡扎河坝煤矿及富蕴县—青河县—吉木萨尔县沿线绿洲区煤矿、多金属矿、非金属矿。②吉木乃县—和布克赛尔蒙古自治县—克拉玛依市沿线绿洲区煤矿、岩金矿、铁矿及其他建材矿。③乌苏市—沙湾市—石河子市—玛纳斯县—呼图壁县—昌吉市—乌鲁木齐市城镇附近建筑石料矿、建筑用砂矿、砖瓦用黏土矿。④霍城县—博乐市—精河县—尼勒克县岩金矿、铜矿、铅锌矿、钼矿、辉锑矿、铁矿、建材矿及其他非金属矿。⑤察布查尔锡伯自治县—巩留县—新源县铜矿、锰矿、建材矿。

8.3.3 矿山受损生态修复措施

绿洲区的废弃矿区恢复治理与人类生产活动高度关联，所采用的生态修复措施需要综合考虑工农业生产及旅游产业的发展、人民生活环境的保护与改善。可采用的治理模式包括：①矿区治理和资源利用相结合，对矿山开采及选矿产生的废石、矸石等废弃物进行资源化利用，赋予废弃矿山再开发、再利用的价值。②矿区生态修复与景观再造相结合，重塑矿区或周边城乡区域的生态系统，提升区域景观环境质量。③矿区治理与城市建设、工农业及文化旅游等产业开发建设等联动发展，提升区域经济发展内涵。

绿洲区受损矿区重点采用的生态修复措施包括：

（1）开展土地复垦

对于土质良好、地势平坦、水源有保障的废弃矿山，以土地复垦为目标，利用工程措施和生物措施，对废弃矿山进行改造，将荒芜矿山变成农田、林地或草地。

（2）进行土地盐碱化治理

对于矿山开发造成的土壤盐渍化重灾区，开展盐碱地治理。主要措施：通过控制灌排水的方法，达到土壤洗盐和排盐的目的；通过平整土地，使水分均匀下渗，防止土壤斑状盐渍化；通过深耕深翻，将表层土壤中盐分翻压到深层，并疏松耕作层，减弱土壤水分蒸发，有效控制土壤返盐；通过适时耙地，疏松表土，切断土壤毛细管水向地表输送盐分，起到防止返盐的作用；通过增施有机肥等，调节土壤结构，改善土壤肥力等。

（3）开展水环境修复与污染处理

水环境的污染和破坏主要包括水体富营养化、重金属污染、有机污染等，修复方法包括工程修复、物理修复、化学修复、植物修复及其他修复措施等。工程修复是指通过建设工程设施，例如，修建湿地、养殖池塘等，利用其生态系统的自净能力和生物的代谢作用去除水体中的污染物，以便达到生态修复的目的。物理修复是指利用物理手段，例如，曝气、过滤、沉淀等，有效去除水体中的颗粒物、悬浮物和溶解物等有害物质，以便对水体进行污染治理的技术。化学修复是指利用氧化还原、沉淀、吸附等化学方法，有效去除水体中的重金属、有机污染物等，从而达到对污染水体实施治理的技术。植物修复是在受污染的水域中通过选择和种植适合生长的植物，利用植物的生物吸附、生物降解、生物转化等作用去除水体中的有害物质，以达到水体污染物修复。其他生物修复是通过加入适量的微生物或水生植物到污染水体中，利用生物体的代谢能力，分解并降解水体中的有害物质，促进水体的恢复。

（4）开展矿区周边城乡景观再造工作

对于自然景观环境条件较好的受损矿区，以开展景观再造、发展旅游产业为导向，采用人工修复模拟自然的方式，引用原生环境中的乔、灌、草等植物进行立体配置，融入原本的自然系统形成植物群落，修复废弃矿山受损生态系统。

第 9 章 矿区生态修复典型案例分析

矿区生态修复是一个长期的、复杂的过程，更是一项综合性系统工程，要坚持“创新、协调、绿色、开放、共享”的新发展理念，以推动绿色高质量发展。在实践中，不同矿山的修复点又不一样，矿山生态修复应遵循“因地制宜”原则，合理选择生态修复模式，实现生态系统功能恢复、资源开发再利用至关重要。本章在阿尔泰山南坡—天山北坡废弃矿区生态恢复研究与实践中，筛选出对废弃矿区生态修复和利用具有一定的示范意义的3个典型案例，探讨地处不同地貌环境的不同类型矿山存在的生态问题，阐述针对不同生态问题所采取的修复措施及其恢复思路，最后评判出该矿区受损生态环境的恢复效果。以下简单介绍矿山受损生态环境修复的几个典型案例，为新疆矿区废弃地生态修复整体工作提供可借鉴的技术标准和生态恢复模式，展现并分享在习近平生态文明思想的指引下，新疆北部区域大力推动基于自然的生态保护与修复的典型实践与成功经验。

9.1 阿尔泰山两河源自然保护区遗留矿区生态修复案例

9.1.1 矿区基本概况

（1）区域范围

阿尔泰山两河源自然保护区是指位于阿尔泰山中段的额尔齐斯河与乌伦古河干支流的水源地。该废弃矿区主要集中在阿尔泰山中段青河县、富蕴县和福海县境内的山区林场管理范围内，属新疆维吾尔自治区阿尔泰山两河源自然保护区，其地理坐标为E 87° 30′～91° 00′，N 46° 30′～48° 10′，总面积$113 \times 10^4 hm^2$。

（2）任务目标

近30年对矿产资源不合理的、无序的、盲目的开采活动，产生大量的粉尘和废渣，不仅破坏了当地的天然牧场，还引发了大气污染和水体污染，对生态环境的破坏非常严重，尤其造成流域大面积的水土流失、河道多处堵塞、水位升高、河流改道，还引发坍塌、滑坡和泥石流等地质灾害，导致生物廊道破坏，加速了当地珍稀物种的灭绝，引起生物多样性降低，严重影响到当地的可持续发展。因此，针对矿山开采造成的生态环境破坏，采用矿山生态修复的关键技术，开展阿尔泰山东部两河源自然保护区废弃矿山受损生态恢复工程，对废弃矿点和裸露沙石进行整治，恢复矿山包括植被在内的自然生态和人文生态，治理水土流失、修复人类在开采自然资源时留下的生态伤疤，实现人与自然和谐共处，势在必行。

9.1.2 矿区资源情况

9.1.2.1 地形地貌特征

阿尔泰山东部两河源自然保护区由一系列的阶梯状山地组成，在多次构造运动和地貌外营力共同塑造下，层状地貌明显发育，阿尔泰山南坡各断块从山麓向山顶逐渐抬高，山区隆起西北大，东南小，切割剧烈。两河源区各水系分水岭的主要山峰海拔均在3000m以上，平均海拔在2000～2200m，尚有现代冰川活动。该区域山体受构造运动及古代冰川和河流侵蚀的影响，形成辐射状深沟峡谷，母岩多为花岗岩和云母片麻岩，经长期风化，崩裂为岩屑石片，聚集后顺着山坡滑泻。在古生代的褶皱、新生代的强烈断裂作用影响下，山体呈阶梯状断块隆起，准平原广泛存在，后经冰蚀、水蚀与干燥剥蚀，形成了阿尔泰山两河源自然保护区丰富多彩的地貌景观。

9.1.2.2 气候特征

本区地处欧亚大陆腹地，是典型的大陆性温带寒冷气候区，降水多、温差大。两河源区在海拔3200m以上的高山区终年积雪，年积雪深度超过100cm；海拔2400～3200m热量不足，无四季之分，只有冷暖之别；海拔1400～2400m为中山区，气候凉爽，降水充沛，无霜期短，年平均气温在-2℃以下，最热月（7月）平均气温16℃以下，年降水量在400mm以上；海拔900～1400m为干旱、半干旱地区，年平均气温在-2～2℃，无霜期不足140天，年降水量在160～400mm。

9.1.2.3 水资源

区域内大小河流由北向南呈“梳状”汇入乌伦古河和额尔齐斯河，水资源丰富，水质优良，河流主要靠冰川融雪和降水补给，且有少量的山泉补给。河川径流年内较集中，汛期多集中在4～8月，连续最大4个月径流量约占年径流总量的70%～80%。河流冰封期长，冰情严重，封冻天数130～150d，最大冰厚一般年份在1.30～1.50m之间。河川径流年际变化相对较大，年径流变差系数值在0.3～0.5，为新疆的高值区。

9.1.2.4 土壤特征

土壤类型随海拔的升降出现明显的变化，山地灰色土带逐渐加宽，分布的连续性也更加明显，山地棕钙土带相应缩小，土壤地位级多在Ⅱ - Ⅴ，土壤多为轻壤、砂壤，土层厚、湿润。森林带内呈微酸性（pH值5.9～6.6）或中性，往下则逐渐呈微碱性，含盐量由上向下逐渐增加。土壤垂直带谱自下而上依次为800～1100m山地棕钙土；1100～1800m山地栗钙土；1400～2400m山地灰色森林土；2300～2600m亚高山草甸土；2600m以上高山草甸土（徐华君 等, 2008）。

9.1.2.5 植被资源

阿尔泰山植被分布有鲜明的垂直地带性特征，温带成分的属和种占绝对优势，植物物种以被子植物为主，裸子植物物种数量虽较少，但占据了重要的群落地位，如西伯利亚云杉、西伯利亚落叶松。本区维管束植物有81科385属966种，其中，蕨类植物7科8属19种，裸子植物3科4属9种；被子植物中，双子叶植物有58科312属781种，占总数的80.84%，单子叶植物有13科61属157种，占总数的16.25%；苔藓植物193种，地衣205种。野生中草药资源丰富，秦艽、青兰、麻黄、雪莲、虫草等200余种。

9.1.3 矿区存在的生态问题

在新疆北部区域，阿尔泰山两河源自然保护区是整个阿尔泰山矿产资源比较集中分布的区域，也是实施金矿废弃矿区受损生态修复的典型区域。根据实地调查发现，两河源自然保护区内废弃矿区共20处，均为露天开采的砂金矿，受到其成矿条件的影响，均分布在沿河道的河床、河漫滩、河床阶地上，离河流距离近，破坏面积和地形起伏大，加之受人为活动干扰，地表天然植被遭受破坏甚至消失殆尽，导致土壤流失严重，砾石堆积严重。该矿区内存在的生态环境问题包括以下几个方面：

9.1.3.1 地形地貌的破坏

在矿区内随机调查了10个金矿点，90%的废弃矿区地形起伏加大、垂直落差由0m增大到20～30m，平均接近5m，如图9-1、图9-4a所示，差异极显著（$P<0.01$）；采金活动中，由于人力、大型机械毁灭性的挖掘地表，表层土壤被剥离，最终导致土壤流失。

（a）

（b）

图9-1 样地地形破坏情况

9.1.3.2 土壤的破坏

由于采金技术落后，使废弃矿区地表砾石裸露，开矿产生的大量矿渣直接堆积在草地表面，改变了土壤结构和质地，导致土壤结构不良，粉粒含量减少，砂砾增加，土壤持水、保水、透水性能发生变化，土壤肥力降低；在地表土壤挖除过程中，包括壤土、有机质及土壤种子库在内的上层土（地表土层）一起被剥离、移走，草地植被完全被破坏。如图9-2、图9-4b所示，原始草地的土石比值为2.85%，而废弃矿区的土石比值较原始草地的土石比值减少了98%，仅有0.05%左右，差异极显著（$P<0.01$）；

（a）

（b）

图9-2 样地土壤破坏情况

9.1.3.3 草地的破坏

经过实地调查，如图9-3、9-4c所示，原始草地样方内的地上生物量鲜重有1375g/m²，废弃矿区的生物量比原始草地的生物量减少了99.8%，仅为2g/m²左右，差异极显著（$P<0.01$）；阿尔泰山两河源自然保护区的草地植被物种上百种，采

（a）

（b）

图9-3 采矿活动后，4km处样地植被破坏情况

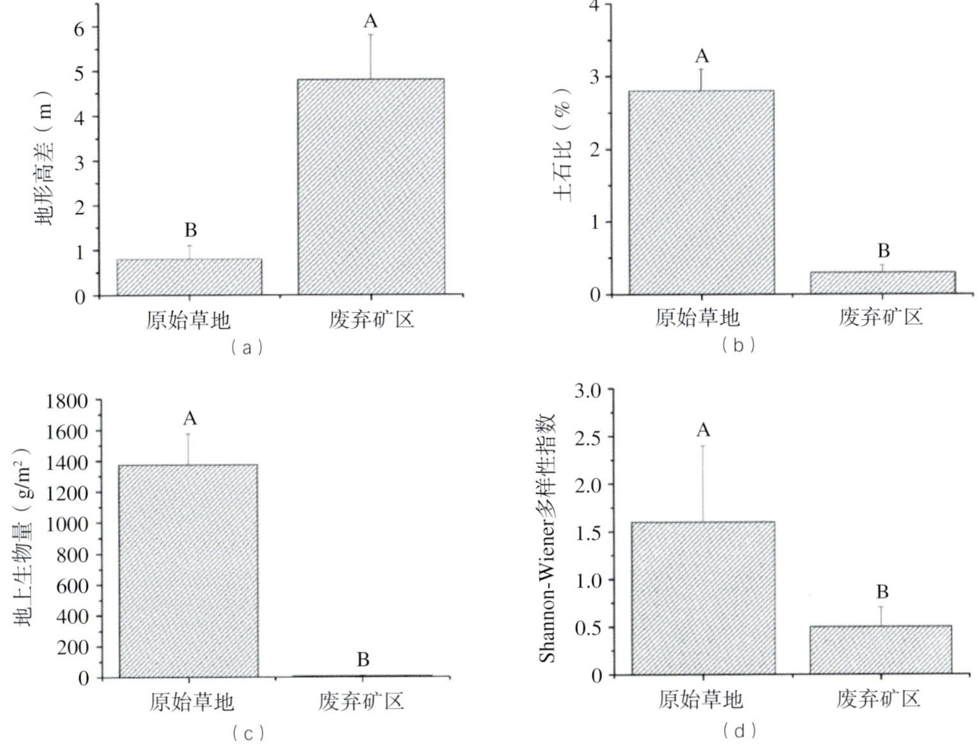

图9-4 两河源原始草地和废弃矿区比较

金活动后，废弃矿区内几乎没有植被，物种多样性完全丧失，由于篇幅限制，以Shannon-Wiener指数为例（图9-4d），废弃矿区的Shannon-Winner指数比原始草地的相应指数降低了95%，差异极显著（$P<0.01$），生态系统被破坏。

9.1.3.4 增大滑坡、泥石流和水土流失风险

采金后的废石堆积在道路上，导致道路堵塞、水位升高、河流改道，一旦遭遇大雨，会形成滑坡、泥石流和水土流失。

9.1.4 矿区生态修复措施

阿尔泰山东部两河源自然保护区内，共计20个矿山废弃地，总面积为5019亩，各矿点基本已采取推平模式处理，其中，面积最大的矿点分布在阿克萨拉上坡，1678亩，面积最小的矿点分布弃渣场，24亩。不同样地有几种采取不同恢复措施的试验地，共计13种恢复模式（表9-1）。

表9-1 两河源自然保护区不同样地所采取的不同恢复措施

序号	样地名称	面积（亩）	措施
1	4km处样地	220	推平+黑加仑模式
2			推平+覆土+黑加仑+撒种子恢复模式
3			引河水漫溢快速修复模式
4			泥浆羊粪拌种喷洒模式
5	5km处样地	3.5	羊群驻扎模式
6	6km处样地	19	泥浆羊粪拌种模式
7	大南沟上坡样地	208	推平+覆土+泥浆拌种喷洒模式
8			推平+覆土+黑加仑+撒种子模式
9			推平+黑加仑+滴灌模式
10	阿克萨拉上坡样地	1678	推平模式
11			推平+覆土模式
12			推平+种子补种模式
13			推平+草皮护坡模式

（1）推平+黑加仑模式

阿尔泰山东部两河源自然保护区光照充足，能够为当地经济作物发展提供生态条件。两河源矿区采金活动后，河床两岸的大片草场遭到严重破坏，砾石被裸

露，土壤为植物生长提供的条件变差。黑加仑（*Ribes nigrum*）抗旱生理特性的相关研究表明，黑加仑对水分的要求较高，对土壤的要求不高，适应性较强，不论山区还是平原均能生长。在两河源废弃矿区大面积推广黑加仑，不仅可以给矿区带来生态效益，还可以为当地居民带来经济效益，实现生态效益和经济效益的完美结合。

（2）推平+覆土+黑加仑+撒种子恢复模式

采矿活动后，矿区土质往往不适合很多植物物种的生存，补充当地种源可以达到“因地制宜”的效果，对于增加矿区植物物种多样性、提高植被盖度是十分重要的。该模式从地形恢复、土壤修复、地表植被恢复3个方面入手，对植被的恢复具有显著影响。

（3）引河水漫溢快速修复模式

针对金矿这类矿区，受成矿条件的影响，一般分布在自然条件较好的河床、河漫滩上，可以利用河水漫溢开展土壤、植被恢复工作。①河水漫溢可以改良矿区土壤的理化性质；②激活矿区土壤种子库，同时为矿区带来新的土壤和种子；③漫溢后潮湿的地面可以使有萌发潜力的种子在矿区大量富集且不易被风吹走。

（4）泥浆羊粪拌种喷洒模式

实地调查发现，植物多分布在石缝之间，分析原因，是雨水冲刷使得土壤和种子储存在石缝中，为植物的生长提供立地条件。受到石头缝里会长树和草的自然现象的启发，人为模拟河水漫溢方式，设置喷泥浆羊粪拌种试验，从土壤含量、土壤营养、种源、水分4个角度恢复矿区生态，以最小的代价实现粗砂石区域的植被恢复。

（5）羊群驻扎模式

在野外调查中发现，牧民羊群在废弃矿区短期停留后的地方地表植被恢复很明显。“羊种草”让废弃矿区再披绿装的现象给了我们很大的启示。经过研究，通过采取羊粪对矿区退化土壤进行化学和物理两方面的修复，能够增加颗粒状土壤有机质组分和土壤微生物量碳含量，提高了土壤有机质活跃度，使更多的碳、氮转化为有机态，提高土壤含水量和紧实度，改善土壤结构，促进植物生长，提高生物量，可以在改善矿区土壤结构、养分状况的基础上，促进植物恢复。

（6）泥浆羊粪拌种模式

模拟河水漫溢方式，设置喷泥浆羊粪拌种试验，使覆土、播种、补水等工序一次完成，土和种子能够在水的作用下直接进入石头的缝隙，从土壤含量、土壤营养、种源、水分4个角度恢复矿区生态。

（7）推平+覆土+泥浆拌种喷洒模式

模拟河水漫溢方式，设置喷泥浆拌种喷洒试验，使土壤和草籽喷播均匀，发芽快，物种多样性丰富，对地形的要求小，无论是高低起伏的地形还是坡面，都可以喷泥浆拌种，从土壤含量、土壤营养、种源、水分4个角度恢复矿区生态。

（8）推平+覆土+黑加仑+撒种子模式

种植黑加仑提高两河源废弃矿区生态修复的经济价值的同时，人工撒种子恢复能够提升植被多样性，有效改善周边环境。人工补种的重点在于物种的选择，这是决定废弃矿区生态恢复效果的关键。先对当地原始草地的植被进行详细调查，筛选出抗逆性强、适应性好、生长繁殖快的当地优势种，作为植被恢复的先锋物种；在先锋物种内再选择自身生长繁殖能力强，有效改善周边的微环境，促进植被演替，更能为其他物种进入恢复区创造一定的条件的植物，作为人工补种的物种。

（9）推平+黑加仑+滴灌模式

为满足植物对水分的需要，设置滴灌系统，调节土壤水分和营养，以小流量适时地向土壤补充水肥，不会破坏土壤团粒结构，确保土壤有良好的透气性和保温性。采用滴灌系统，控制喷水量，灌溉均匀度高，避免地面产生径流和深层渗漏损失，省水、高效。根据废弃矿区当年的降水量、植被的长势和需水情况，一年补水3～5次。

（10）推平模式

废弃矿区地形起伏加大、缺少植被生长的立地条件。整地是改善立地条件，提高植被成活率，加快植被生长的重要措施，营造与周边环境相协调的地形地貌，对高陡的渣坡进行放坡处理，减缓地形起伏，在保证坡面安全稳定、不发生自然坍塌的条件下，满足植被生长需要，使废弃矿区恢复后的环境与周边环境相协调。

（11）推平+覆土模式

对于废弃矿区这一极端环境下，土壤是影响植被生长的重要因素，土壤含量影响土壤水分、养分的存储能力以及植被承载能力，进一步影响到植被盖度、高度、生物量以及植被的生长状况，覆土措施增加矿区土壤含量，为植被提供生长环境。

（12）推平+种子补种模式

废弃矿区内群落结构及组成单一，多处于次生演替的前期阶段，生态系统不稳定且功能不完善。鉴于补充当地物种可以有效增加废弃矿区内植被盖度和物种多样性，达到“因地制宜”的效果，采取种子补种措施。

（13）推平+草皮护坡模式

废弃矿区渣坡主要由砾石堆积，由于受渣坡坡度、坡长、坡向、坡形等因素的限制，很难采取布置覆土、种植经济作物、驻扎羊群等措施。铺草皮护坡是一种传统的也是较常用的护坡绿化技术措施，综合考虑试验区实际情况，最终选择铺草皮进行废弃矿区边坡修复。铺草皮护坡技术具有施工简单、工程造价低、成坪时间短、护坡见效快、施工受季节的限制小等优点。

9.1.5 矿区生态修复效果

2018年，对采取不同修复措施的试验样地进行调查，地质环境修复效果和矿区生态修复效果2个方面进行总结，具体如下：

（1）推平+黑加仑模式

地质环境修复效果：该模式已对废弃矿区废弃物和尾矿渣进行了清理，恢复后矿区地面被压实、平整，消除了地质灾害隐患；坡度小于25°。

生态修复效果：根据调查，样地内土壤含量明显增加，主要植物有：金莲花（*Trollius chinensis*）、草地早熟禾（*Poa pratensis*）、假木贼（*Anabasis* spp.）、蒿草（*Artemisia* spp.），物种丰富度平均为10种/m^2，植被盖度为13.7%，生物量鲜重达340g/m^2。

（2）推平+覆土+黑加仑+撒种子恢复模式

地质环境修复效果：恢复后矿区地面被压实、平整，消除了地质灾害隐患；压实度在85%～90%，碎石粒径小于8cm，坡度小于25°。

生态修复效果：根据调查，样地内主要植物有：蒲公英（*Taraxacum mongolicum*）、异燕麦（*Helictorichon schellianum*）、草地早熟禾、蒿草、野薄荷（*Mentha haplocalyx*），物种丰富度平均为7种/m^2，植被盖度为31%，生物量鲜重达246g/m^2。

（3）引河水漫溢快速修复模式

地质环境修复效果：靠近河道的、地势低洼的废弃矿区，采用引河水漫溢快速修复模式进行恢复。地质环境修复沿河道走向，推成缓坡，河水漫溢扩大。恢复后矿区地面被压实、平整，消除了地质灾害隐患，与周围自然景观相协调；压实度在85%～90%，碎石粒径小于8cm，坡度小于25°。

生态修复效果：根据调查，样地内土壤含量明显增多，主要植物有：草地早熟禾、假木贼、野火球（*Trifolium lupinaster*），物种丰富度平均为12种/m^2，植被盖度为75%，生物量鲜重达549.3g/m^2；样地内禾本科植物和多年生草本植物逐渐增多，占据重要位置。

（4）泥浆羊粪拌种喷洒模式

地质环境修复效果：恢复后矿区地面被压实、平整，消除了地质灾害隐患；压实度在85%～90%，碎石粒径小于8cm，坡度小于25°。

生态修复效果：根据调查，样地内主要植物有：异燕麦、三叶草（*Oxalis*）、野火球，物种丰富度平均为8种/m^2，植被盖度为7.1%，生物量鲜重达40.6g/m^2。

（5）羊群驻扎模式

地质环境修复效果：恢复后矿区地面被压实、平整，消除了地质灾害隐患；坡度小于25°。

生态修复效果：根据调查，样地内土壤条件较好，土壤细颗粒物质明显增加，羊粪增加了土壤的营养成分，主要植物有：萹蓄（*Polygonum aviculare*），物种丰富度平均为5种/m²，植被盖度为10.3%，生物量鲜重达86.3g/m²；样地内有大量的萹蓄幼苗。由于样地是牧民定居点，没有围栏，受人畜干扰很大，地表植被被啃食和践踏严重。

（6）泥浆羊粪拌种模式

地质环境修复效果：恢复后矿区地面被压实、平整，消除了地质灾害隐患；坡度小于25°。

生态修复效果：根据调查，样地内主要植物有：异燕麦、三叶草、野火球，物种丰富度平均为8种/m²，植被盖度为7.1%，生物量鲜重达40.6g/m²。

（7）推平+覆土+泥浆拌种喷洒模式

地质环境修复效果：恢复后矿区地面被压实、平整，消除了地质灾害隐患；坡度小于25°。

生态修复效果：根据调查，样地内主要植物有：异燕麦、三叶草、野火球，物种丰富度平均为8种/m²，植被盖度为7.1%，生物量鲜重达40.6g/m²。

（8）推平+覆土+黑加仑+撒种子模式

地质环境修复效果：恢复后矿区地面被压实、平整，消除了地质灾害隐患；坡度小于25°。

生态修复效果：根据调查，矿区废弃地土壤含量明显改善，土层厚度平均15cm，样地内主要植物有：草地早熟禾、蓼科植物、毛大戟（*Euphorbia pilosa*）、金莲花、车前草（*Plantago depressa*）、报春花（*Primula malacoides*）、异燕麦，物种丰富度平均为11种/m²，植被盖度为66.7%，生物量鲜重达177g/m²。

（9）推平+黑加仑+滴灌模式

地质环境修复效果：恢复后矿区地面被压实、平整，消除了地质灾害隐患；坡度小于25°。

生态修复效果：根据调查，矿区废弃地土壤恢复效果一般，土层厚度平均3cm，样地内主要植物有：龙蒿草（*Artemisia dracunculus*）、野火球、千叶蓍（*Achillea millefolium*）、蒿草，物种丰富度平均为7种/m²，植被盖度为11%，生物量鲜重达66.7g/m²。

（10）推平模式

地质环境修复效果：恢复后矿区地面被压实、平整，消除了地质灾害隐患；

坡度小于25°。

生态修复效果：根据调查，矿区废弃地土壤恢复效果一般，土层厚度平均2cm，样地内主要植物有：三叶草、野火球，物种丰富度平均为7种/m^2，植被盖度为6%，生物量鲜重达30g/m^2。

（11）推平+覆土模式

地质环境修复效果：恢复后矿区地面被压实、平整，消除了地质灾害隐患；坡度小于25°。

生态修复效果：根据调查，矿区土壤含量增多，土壤结构明显改善，土层厚度平均5cm，样地内主要植物有：三叶草、野火球，物种丰富度平均为4种/m^2，植被盖度为5%，生物量鲜重达18g/m^2。

（12）推平+种子补种模式

地质环境修复效果：恢复后矿区地面被压实、平整，消除了地质灾害隐患；坡度小于25°。

生态修复效果：根据调查，矿区废弃地土壤含量增多，土壤结构明显改善，土层厚度平均5cm，样地内主要植物有：三叶草、野火球，物种丰富度平均为4种/m^2，植被盖度为5%，生物量鲜重达18g/m^2；

（13）推平+草皮护坡模式

地质环境修复效果：恢复后矿区地面被压实、平整，消除了地质灾害隐患，坡度小于25°。

生态修复效果：根据调查，矿区土壤含量增多，土壤结构明显改善，土层厚度平均2cm，样地内主要植物有：草地早熟禾、野火球、森林勿忘草（*Myosotis sylvatica*）、蒲公英（*Taraxacum mongolicum*）、报春花，物种丰富度平均为8种/m^2，植被盖度为18%。

大南沟上坡样地原貌及修复效果如图9-5、图9-6、图9-7所示。

图9-5 大南沟上坡样地原貌

图9-6 2015年大南沟上坡样地修复效果

图9-7 2018年大南沟上坡样地修复效果

9.2 卡拉麦里有蹄类自然保护区欧骆石材矿区生态修复案例

9.2.1 矿区基本概况

（1）区域范围

欧骆石材矿区位于阿勒泰地区富蕴县境内的卡拉麦里有蹄类自然保护区内，处于E89° 38′ 58.63″，N45° 21′ 04.31″地理坐标范围。因石材开采造成而需要治理的区域面积约为10.78hm²。

（2）任务目标

针对不同矿区，制定快速有效的矿区生态修复治理方案，使得矿区植被与周围原始天然植被相融合，要坚持边整改、边总结，形成卡拉麦里有蹄类自然保护区问题整改案例，为今后的生态治理工作提供宝贵经验，使得卡拉麦里有蹄类保护区恢复从焦点问题变成亮点工程；要通过在保护区生态恢复工程中建立核心区、示范区和推广区，建成卡拉麦里生态环境保护教育警示基地；要采取边研究、边示范、边推广的策略，提出自然保护区内矿山植被修复技术规程或技术标准，为新疆包括矿山生态修复在内的生态环境治理提供技术支持。

9.2.2 矿区资源情况

（1）地形地貌特征

卡拉麦里有蹄类自然保护区的矿山开采前，地势较为平坦，地形起伏不大。周边未破坏区域土壤主要为灰棕漠土，缺少细颗粒物质，为砾质荒漠景观。

（2）气候特征

卡拉麦里有蹄类自然保护区具有干旱少雨、风大的特点。年降水量159.1mm，年蒸发量2090.4mm，冬季降雪量30 ~ 50mm，为典型的内陆干旱气候。由于降雨量很少，随着夏季温度的升高和空气湿度的降低，地下水水位降低。

（3）水资源

自然保护区内，不允许打井等工程措施，地下水水位较低，使得地下水抽水较为困难，导致土壤中水分含量下降，植物因缺水而受损。气候成为影响该区植物生长的主要原因之一。

（4）土壤特征

自然保护区内，土壤类型以灰棕漠土为主，也称灰棕色荒漠土，为温带荒漠地区的土壤，是温带荒漠气候条件下粗骨母质上发育的地带性土壤。其土壤母质在低山和剥蚀残丘上为花岗岩、片麻岩及其他古老变质岩，其有机质含量低。采矿后，土壤表层为粉土、砂砾石，土层薄，土石比低。由于各种破坏因素的相互作用，造成土壤被破坏，有活力的种子数量较少。

（5）植被资源

卡拉麦里有蹄类自然保护区山群南部及西南部，梭梭、白梭梭荒漠占有较大比重。西部半固定沙丘上为禾草—短叶假木贼草原化沙漠，并有少量琵琶柴分布。禾草类主要有：针茅、沙生针茅、三芒草、驼绒藜、沙蒿等。在固定沙丘上，优若藜、小蒿荒漠是重要的植被。国家三级保护植物有：梭梭、白梭梭等。

9.2.3 矿区存在的生态问题

采石厂水分条件较差，地表石材暴露，覆土厚度不够，大块石材的填埋导致地表下层镂空，如果不进行人工恢复，自然恢复时间漫长，同时沟有石隙，容易损坏器械不便于机械施工，恢复难度较大。欧骆石材矿区具体破坏情况如下：

（1）地形地貌破坏

开采后的地形起伏高，高差为5 ~ 10m，坡度较陡，最大可达43°（图9-8）。矿区还未开展填埋的地方地表石材暴露，大块石材的随意填埋导致地表下层悬空，容易发生坍塌。

（a）（b）（c）（d）

图9-8 卡拉麦里有蹄类自然保护区废弃矿区生态修复前的破坏状况

（2）土壤结构破坏

矿坑填埋时，先用大块石材进行填埋，之后再进行覆土，且覆土厚度不够，使地表石材暴露；填埋时使用大块石材，降水后可能导致地表下层镂空，阻隔水层，造成土壤不透气，不透水，保肥、保水能力差，土壤养分含量低，地表容易坍塌，养分不容易聚集；废弃矿区风力大，土壤表层为粉土，容易被风吹走，剩余砂砾石，土层较薄。土石比为14：86。

（3）植被丧失

开采活动过程中，土壤深层生土被翻到地表，并且填回矿坑时大块石材进行填回，原来的植被完全丧失。总而言之，由于水资源严重缺乏等各种破坏因素的相互作用，造成土壤被破坏，有活力的种子数量较少，植被基本没有自我恢复能力，结果植被覆盖度由采矿前的5%变成采矿后的0～0.6%。

9.2.4 矿区生态修复技术

9.2.4.1 微地形集水技术

卡拉麦里有蹄类自然保护区降水稀少，蒸发强烈，风大，冬天降雪易被吹散，水分极易流失。如何对水资源进行有效收集，充分利用卡拉麦里有蹄类自然保护区的地形和积雪保证植物的存活与生长，是废弃矿区生态恢复工程的研究重点。

采用微地形集水技术，在风力作用下，将雪吹到沟槽中，易于冬季雪的积存（图9-9）。在春季，利用冬季沟槽收集的雪水，从而提高植被的可用水量，实现矿区的生态恢复。施工流程要求与当地地形相结合，植物选择宜选乡土植物。

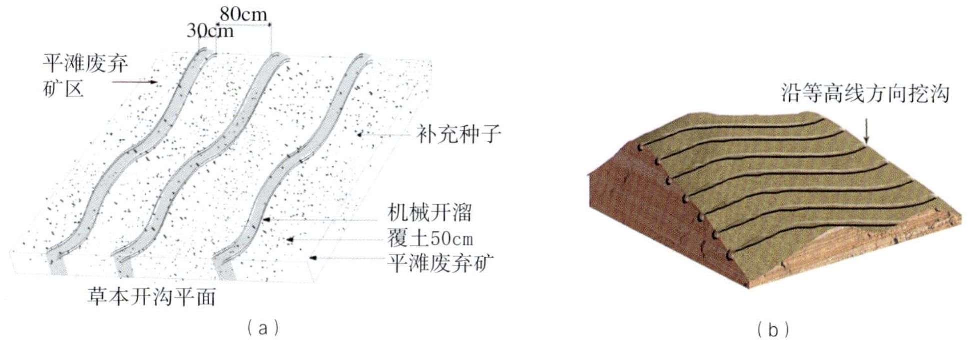

图9-9 卡拉麦里有蹄类自然保护区已废弃矿区微地形开沟示意

9.2.4.2 土壤种子库快速收集和野外激活技术

土壤种子库是土壤及其表面凋落物中所有具生命活力的种子，可反映区域特有的生物多样性特征，其多数存在于表层土壤（图9-10）。充分利用土壤种子库快速收集技术，对于自然保护区已废弃矿区的生态恢复工程具有重要的理论和实践意义。

土壤种子库中的种子萌发所形成的植被，接近原有的草地植被，有利于向着原有植被方向演替，而且成本较低。

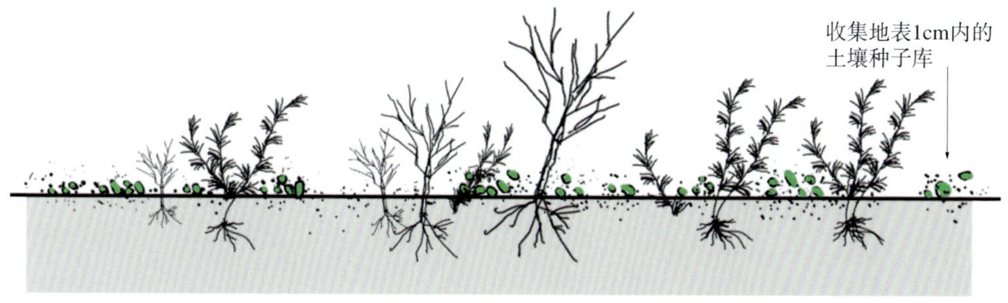

图9-10 卡拉麦里有蹄类自然保护区已废弃矿区土壤种子库示意

9.2.5 矿区生态修复措施

矿区原矿脉地表已被揭表，矿渣堆积，因此，首先需要对原始地表进行平整，然后在地表摊铺一层保水结构层，保水层厚度为3～4mm，并进行覆土作业，要求覆土厚度不小于20cm，利用微地形集水技术进行地形改造，在冬季第一场雪后播撒种子。结合墒情，在春、夏季补水3～4次，补水总量为250～300mm/（m^2·a），具体施工流程如图9-11所示：

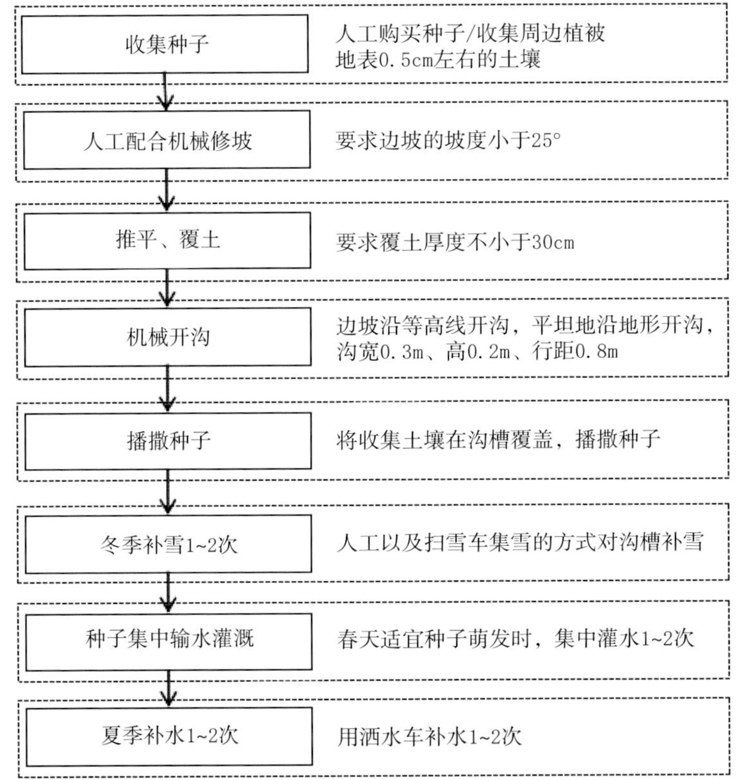

图9-11 卡拉麦里有蹄类自然保护区已废弃矿区受损生态修复流程

9.2.6 矿区生态修复效果

9.2.6.1 微地形营造

采用微地形集水技术，在风力作用下，将雪吹到沟槽中，易于冬季雪的积存。在春季，利用冬季沟槽收集的雪水，从而提高植被的可用水量，实现卡拉麦里有蹄类自然保护区已废弃矿区的生态恢复（图9-12）。

(a)

(b)

图9-12 卡拉麦里有蹄类自然保护区已废弃矿区微地形营造实拍照片

9.2.6.2 土壤种子库快速收集及补充

用垃圾吸尘车对当地原生草地的表土层进行快速收集，均匀撒播在废弃矿区内，利用春季化雪过程，快速促进种子生长（图9-13）。

(a)

(b)

图9-13 卡拉麦里有蹄类自然保护区废弃矿区微地形营造及种子库快速收集、补充后效果

9.2.6.3 修复前后的情况对比及生态恢复效果对比

卡拉麦里石材矿开采前的植被覆盖度约为5%，开采之后各种影响因素的综合作用下植被几乎完全丧失，植被的覆盖度约为0.6%。2017年生态修复工程完成后，2018年在植被最大生物量的时间段内进行调查。调查结果表明：整体植被的覆盖度与未修复前的植被的覆盖度相比平均提高了20%以上；群落结构组成接近原始植被的群落结构组成，修复后植被的覆盖度超过原始植被的覆盖度，大大缩短植被演替速率。修复前后的情况对比及生态恢复的效果对比如图9-14所示。

图9-14 卡拉麦里有蹄类自然保护区内的欧骆石材矿区生态修复前后情况对比

9.3 青河县东布哈林废弃矿区生态修复案例

9.3.1 矿区基本概况

（1）区域范围

研究区位于阿尔泰山国有林管理局青河分局哈拉布拉管护所南部河道进行修复东侧山坡地，地理坐标为E90° 15′ 35.15″ ~ 90° 15′ 39.6″，N46° 58′ 8″ ~ 46° 56′ 58″，海拔1550 ~ 1570m，总面积为483亩。

（2）任务目标

由于洪水造成河流改道、石块和杂物以及倒枯树木堆积、地表草场冲毁、天然植被完全损毁等生态问题，修复哈拉乌拉管护站和东布哈林森林管护站附近因大青格里河2016年山洪暴发造成的生态破坏，消除地质灾害隐患，恢复土地使用功能，使受损区域的地质环境、生态环境与周边原始地形地貌、自然生态相协调。以此积累经验，后续指导大青格里河两岸40余千米河道生态修复工程，为后续工程提供借鉴。

9.3.2 矿区资源情况

（1）地形地貌特征

青河县地处准噶尔盆地东北边缘，阿尔泰山东南麓，西邻富蕴县，南连昌吉回族自治州奇台县，东北与蒙古国接壤。青河县地理位置偏远，地处高寒山区，未通铁路和高速公路，与外界联通仅有省道“S228”线和“S320”线。境内平均海拔1300m，县城海拔1218m。

（2）气候特征

青河县属大陆性北温带干旱气候，高山高寒，四季变化不明显，空气干燥，冬季漫长而寒冷，风势较大，夏季凉爽，年降水量小，蒸发量大。年平均气温0.7℃，冬季平均气温-20℃；最高达36.5℃，年均降水量165mm，蒸发量达1495mm；无霜期平均为103天，最短的年份仅72天，一年中大于等于0℃的持续天数仅有195天。

（3）水资源

大青格里河又称大青河，是青河县境内五大河流之一，青格里河上游干流，位于青河县城北部，发源于阿尔泰山东麓的布尔根达板、查干郭勒一带，由高山冰雪融化、雨水及泉水汇集而成。全长103km，流域平均宽度19km，最大宽度40km，流域面积1934km^2（其中，水文站以上流域面积1702km^2），流域平均海拔为2371m，最高点海拔为3659m，流域平均坡度29.4%。每年的春末夏初，大青格里河洪水频发，以暴雨融雪混合型洪水为主，由于洪水洪量大，而形成灾害性洪水，直接对城镇人民的生命财产形成严重威胁，给社会经济造成巨大损失。据青河县政府统计，1987—2015年，青河县城发生洪灾9次，几乎每两年发生一次较大洪水，造成直接经济损失约1374万元。2016年由于强降雨，导致山洪暴发，形成严重洪涝灾害。

（4）土壤分布特征

废弃矿区范围内垂直分布以下几种土壤类型：

高山、亚高山土壤：由西向东分布，随着环境趋旱，亚高山草甸土逐渐为亚高山草甸草原土所取代。

山地森林土壤：在森林带发育有灰色森林土，其中，暗灰色森林土分布在海拔1500～1800m的林区；普通灰色森林土分布在西北部的海拔1600m处；淡灰色森林土集中分布在中部和东部海拔1500～2000m的范围。

山地草原土壤：山地草原土壤分为山地黑钙土和山地栗钙土，山地黑钙上分布在森林草原带的阳坡和灌木草原上部海拔1200～2000m的范围；山地栗钙土分布在海拔900～1300m的阳坡和半阳坡。

（5）植被资源

森林为西伯利亚落叶松、西伯利亚云杉林（*Larix sibirica, Picea obovata forest*）；

土壤为生草化灰色森林士。通常为西伯利亚落叶松的稀疏纯林，很少有个别的云杉加入。林冠郁闭度为0.3～0.5。林下更新不良。由于西伯利亚落叶松较喜光，其林冠疏透，林内常混生耐阴的针叶树种。在阿尔泰山为西伯利亚云杉，混生西伯利亚云杉较多的是在西北段和中段海拔1400～1800m或1600～2000m的林带中部及中下部阴坡或半阴坡。

灌木：稀少的新疆方枝柏（*Sabina pseudosabina*）、阿尔泰忍冬（*Lonicera alaica*）、栒子（*Cotoneaster* spp.）等，但有时稀疏的林木与稠密的高山圆叶桦（*Betula rotundifolia*）灌丛相结合。草本层盖度为70%～90%。

草甸：为高山草甸，主要植物有：线叶嵩草（*Kobresia capilliformis*）、矮羊茅（*Festuca supina*）、珠芽蓼（*Polygonum viviparum*）、日阴薹草（*Carex pediformis*）、西伯利亚早熟禾（*Poa sibirica*）、钝形拂子茅（*Calamagrostis optusata*）、蓝花老鹳草（*Geranium pseudosibiricum*），其次有乳苣（*Cicerbita azurea*）、亚洲金莲花（*Trllius asiaticus*）、山地羊角芹（*Aegopodium alpestre*）等。

9.3.3 矿区存在的生态问题

根据对青河县东布哈林废弃矿区的生态环境调查评估结果，区内生态破坏情况如下：

（1）河流改道

山洪暴发后，致使上游石块、泥沙、断木等杂物随洪水冲入下游，泥沙和砾石堆积，导致河流阻塞改道（图9-15）。

（2）石块、杂物、倒枯树木堆积

上游石块、泥沙、断木等杂物随洪水冲入下游，虽然经过清淤处理，但不少杂物仍留在修复区，等待处理。

（3）地表草场冲毁、天然植被完全损毁

地表天然植被完全被破坏，土壤完全被剥离，淤积砾石细砂，不仅破坏当地景观、影响旅游业发展，而且造成大面积草场废弃。

9.3.4 矿区生态修复措施

2020年，新疆维吾尔自治区阿尔泰山国有林管理局青河分局在青河县北部东布哈林国家森林公园实施生态修复试点工程，修复因大青格里河2016年山洪暴发造成受损的生态，消除地质灾害隐患，恢复土地使用功能，使受损区域的地质环境、生态环境与周边原始地形地貌、自然生态相协调。此次生态修复试点工程所积累的经验，在指导后续的大青格里河两岸40余千米河道生态修复工程过程中，为后续工程提供借鉴。项目区生态修复工程以泥浆拌种喷播作为主要生态修复措施，

（a）项目区破坏前影像（2013）

（b）项目区破坏后的影像（2019）

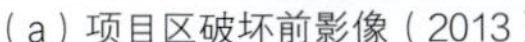

（c）

图9-15 项目区破坏状况

在东布哈林生态修复试验区将20亩试验样地作为泥浆拌种喷播试验区进行喷播试验，试验不同配比泥浆及不同厚度泥浆喷播后的野外生态恢复效果。

9.3.4.1 试验方案

在东布哈林生态修复试验区将20亩试验样地分割为大小相同的28块试验样地，分别采用不同的修复措施（参见图6-7），对地表覆土量设计1mm和2mm两个梯度；对泥浆喷播量设置为2kg和5kg两个梯度，并增加遮阳网效果对比试验，并对每块试验地设置监测样方5个，分别位于四角和中心，监测样方大小1m×1m，详细记录恢复的物种的个数和种类，判断生态恢复效果。

通过对比不同泥浆拌种喷播厚度，对试验区修复前后的物种数、植被盖度、生物丰富度和多样性指标进行了监测和对比分析（图9-16）。

在每个监测样地内随机取5个1m×1m的样方，记录每个样方内的物种总类（T）、每种的个数（T_i）、高度（h）和盖度等信息；地上生物量的测定采用收获法，将样方内的全部植物齐地面刈割，除去黏附的土壤、砾石等杂质装入密封塑料袋中，在65℃恒温箱内烘干至恒重。

（a）（b）（c）（d）

图9-16 泥浆拌种喷播后的生态监测

9.3.4.2 数据处理方法

（1）植被监测

根据植被样方调查数据，进行物种多样性、群落相似性指数计算。其中，植物物种丰富度（*R*）、物种多样性采用KhaTToT-WieTer指数（*H'*），均匀度采用Pielou指数（*JKw*），群落优势度采用KimpKoT指数（*D*）、群落相似性指数（*C*）。计算公式为：

$$R=\frac{(S-1)}{\ln T} \quad (9\text{-}1)$$

$$H'=-\sum P_i \ln P_i \quad (9\text{-}2)$$

$$JSW=\frac{H'}{\ln P_i} \quad (9\text{-}3)$$

$$D=1-\sum P_i^2 \quad (9\text{-}4)$$

$$C=\frac{2j}{a+b} \quad (9\text{-}5)$$

式中，*K*为出现在样方中的物种数；$P_i=T_i/T$（*T*为群落中所有种的重要值之和；T_i为第*i*个种的重要值）；*C*为相似系数；*j*为两个样地共有的物种；*a*和*b*分别为废弃矿区物种数与原始草地的物种数。

（2）土壤监测

生态治理前后对土壤温度、土壤厚度进行测定。在植被样方将温度计插入土壤表层，取大小20cm×20cm、深度20cm的土样，将现场测定土壤类型、土石比和紧实度，而后将土层用密封袋封号并做标记，带回后测定有机质含量、pH值等指标。

洪水后最为严重的就是土壤细颗粒物质的流失，为此在植被样方内监测土石比含量，取大小40cm×40cm、深度20cm的土层，将土壤和石块全部挖出，挑去植物根茎和其他杂物，用圆木棍将土块碾碎，将土样过5mm筛目，能过5mm筛目的土样记作土壤M_1，不能过5mm筛目的土样记作土壤M_2，分别将二者在精度为0.5g电子天平上称重，记录M_1、M_2值，计算土石比$W_{土石比}$（%），即：

$$W_{土石比}=\frac{M_1}{M_2}\times 100\% \tag{9-6}$$

9.3.5 矿区生态修复效果

9.3.5.1 植被恢复效果分析

从试验结果可以看出，泥浆拌种喷播对于生态修复效果有明显的促进作用，对比修复前，物种个数、植物株树、植被盖度、物种丰富度Margalef指数和KhaTToT多样性指数均有大幅提高，且提高的幅度与泥浆拌种喷播的厚度有明显的正相关性，即随着泥浆拌种喷播的厚度增多，修复后的植被盖度和物种数均大幅增加。

对比修复前，样方内植物物种数有1.46种/m^2，厚度随着泥浆拌种喷播厚度的增加，1mm泥浆拌种喷播后植物物种数提高到2.64种/m^2，2mm厚度泥浆拌种喷播后，植物株树提高为3.07种/m^2（图9-17）。其中，对比修复前，样方内植物株数

（a）　（b）

图9-17 相同样方修复前后对比

有6.21株/m^2，厚度随着泥浆拌种喷播厚度的增加，1mm泥浆拌种喷播后植物株数提高到64.78株/ m^2，2mm厚度泥浆拌种喷播后，植物株树提高为91.39株/m^2。植被盖度也由修复前的2.5%增加到1mm厚度泥浆拌种喷播后的9.8%，和2mm厚度泥浆拌种喷播后的10.31%。

物种丰富度Margalef指数和KhaTToT多样性指数，随着泥浆拌种喷播厚度的增加，1mm泥浆拌种喷播后，指数分别增加239.42%、14.53%。

从试验结果可以看出，泥浆拌种喷播厚度对废弃矿区的生态修复有明显的促进作用，但是随着喷播厚度的增加，其作用逐步减缓（图9-18）。

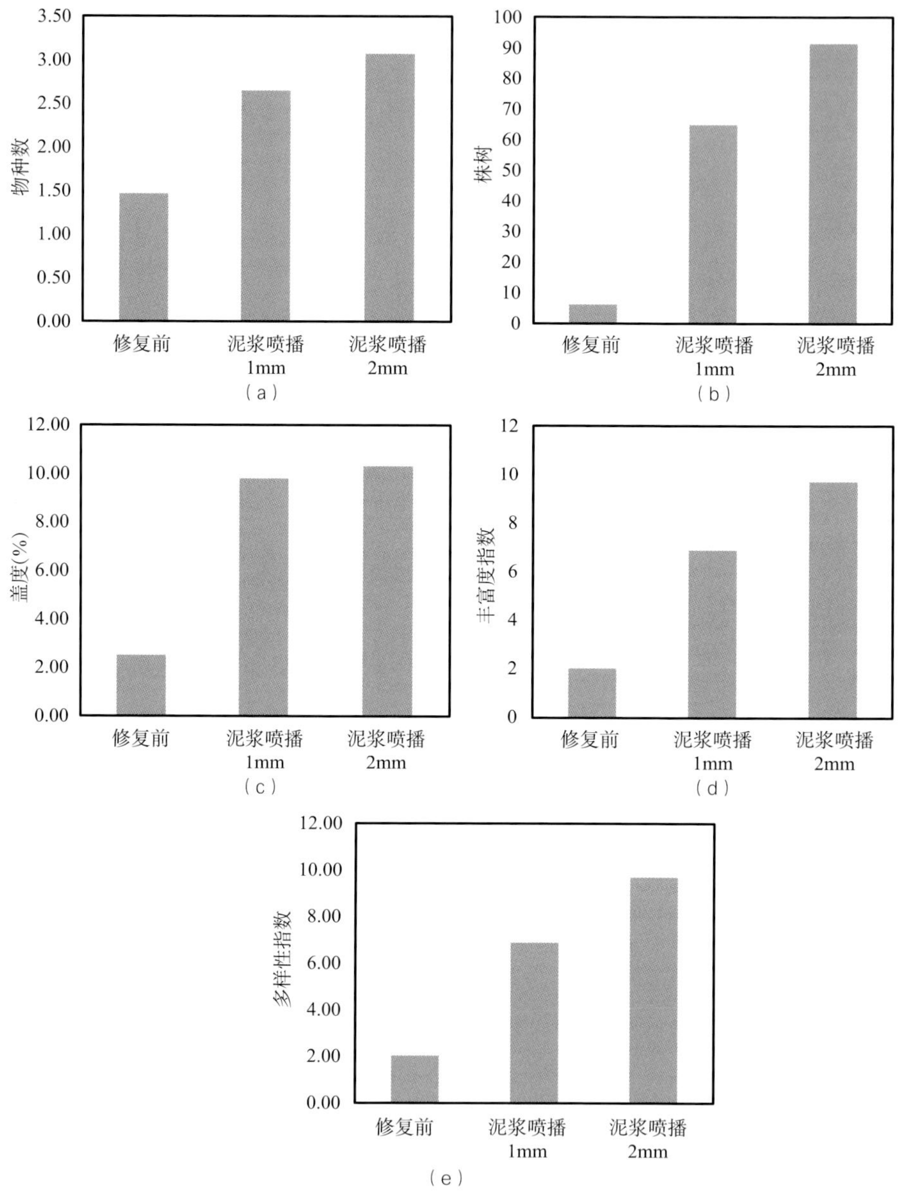

图9-18 不同泥浆修复措施前后对比

通过对比不同泥浆配比内添加种子数量的多少，分析可以发现：随着泥浆拌种喷播泥浆内补种数量的增加，生长的植物无论是盖度、株数都随着用种量的多少增加明显。增加的植物物种与补种植物物种的多少密切相关（图9-19）。

通过统计萌发的物种个数可以发现，种子添加后萌发最大量物种为紫花苜蓿和柳树，紫花苜蓿在研究区虽然存在，但不是周边未破坏区域的建群种，其长期修

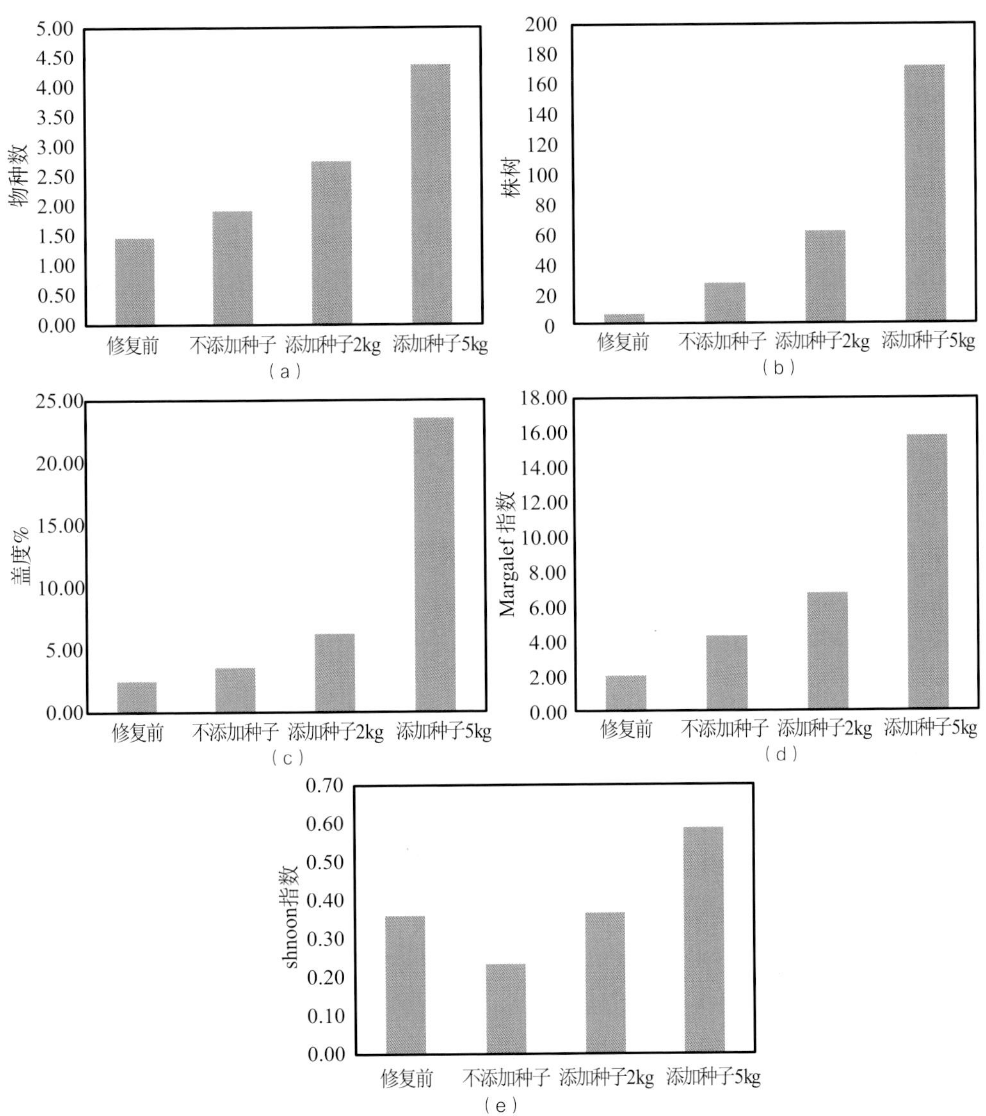

图9-19 泥浆中添加种子修复前后对比

复效果还需要进一步验证。

羊粪中不仅含有丰富的有机质，还有一定数量的乡土植物种子，因此，泥浆配比中添加羊粪对比试验进行泥浆添加羊粪的种子试验。在一半的修复面积中添加羊粪，另一半修复面积中不添加羊粪。通过对比分析，修复试验效果如图9-20所示。

从结果可以看出，泥浆中添加的羊粪对修复后的物种个数、植被盖度和植物株数有明显的促进作用，且羊粪补充了大量的土壤肥力，使喷播后补充的种子大量萌

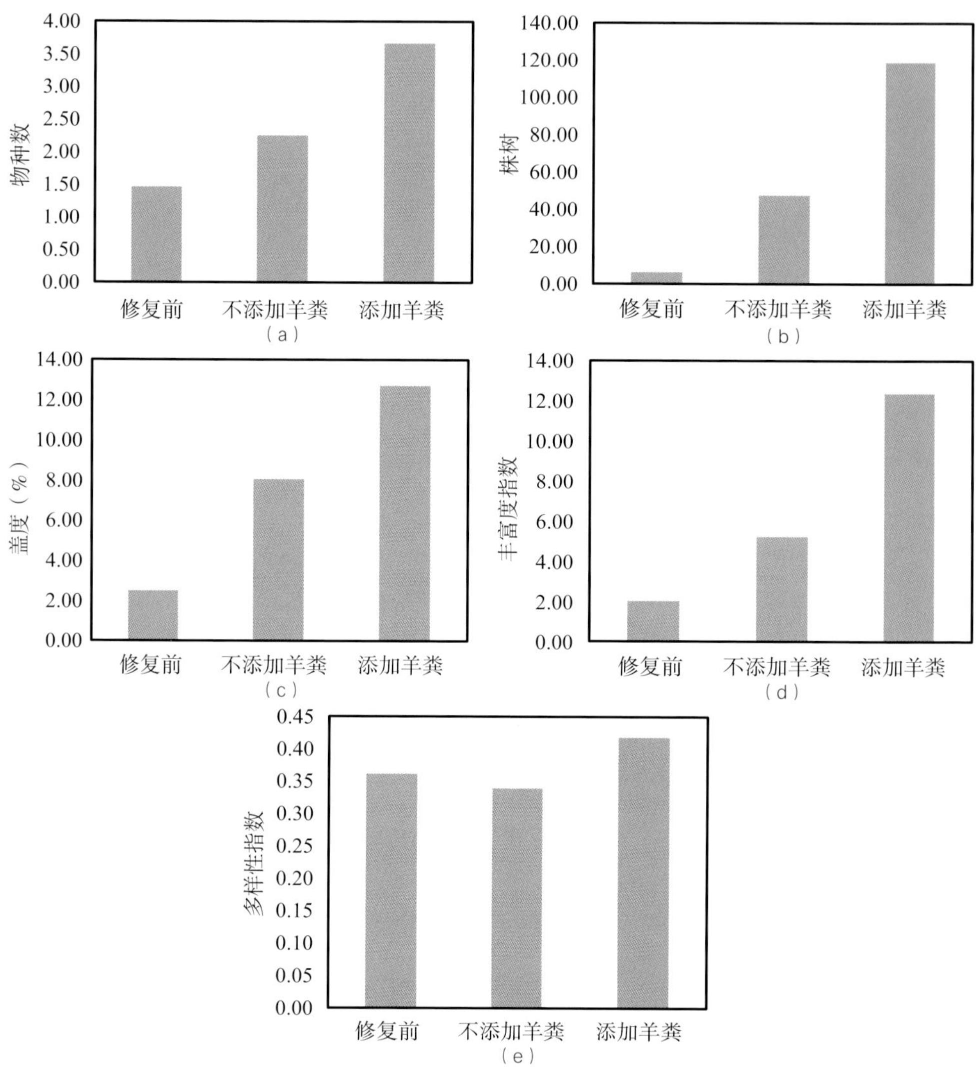

图9-20 泥浆中添加羊粪修复前后的情况对比

发生长。

9.3.5.2 土壤修复效果分析

洪水造成生态破坏的关键是土地的退化，而土壤的退化是植被退化的必然结果，本章选择土壤含量（土石比）这一指标作为矿区生态恢复研究的重要组成部分。

土壤是植被生长发育的物质基础，尤其是在矿区，土壤不仅为植被提供着床的基础环境，而且为其提供生长发育所需的养分。在研究区特定的环境条件下，土壤含量的多少可能对植被长势有一定的影响，最直观的反映是植被地上生物量的大小。本章节研究基于土石比和地上生物量的拟合关系（图9-21），探究改良土壤含

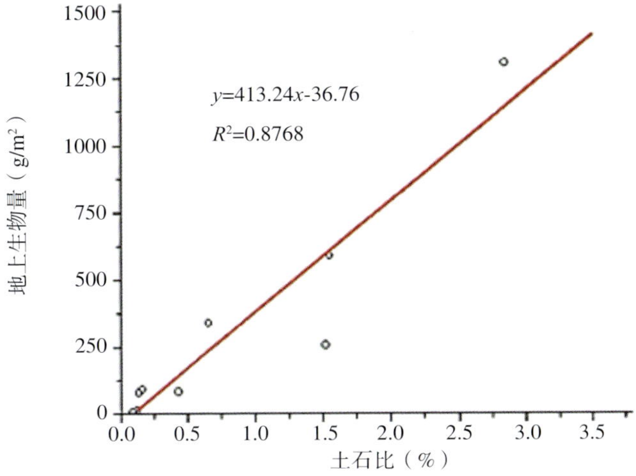

图9-21 土石比和地上生物量拟合关系模型

量来恢复废弃矿区草地植被的可行性与有效性。

对各恢复措施样地内的土石比值和地上生物量进行回归分析，并进行显著性检验。结果显示：二者为线性正相关关系，即草地地上生物量随着土石比的增大呈增加趋势，满足方程y=413.24x–36.76（R^2=0.8905, P<0.05）。

随着泥浆拌种喷播厚度的增加，土壤细颗粒物质增加明显，0.2mm以下土壤细颗粒物质由修复前的35.79%增加到1mm厚度泥浆拌种喷播后的42.53%和2mm厚度泥浆拌种喷播后的48.40%，增加明显，土壤改良效果显著。

如图9-22所示，随着泥浆拌种喷播厚度的增加，有机质增加明显，有机质平

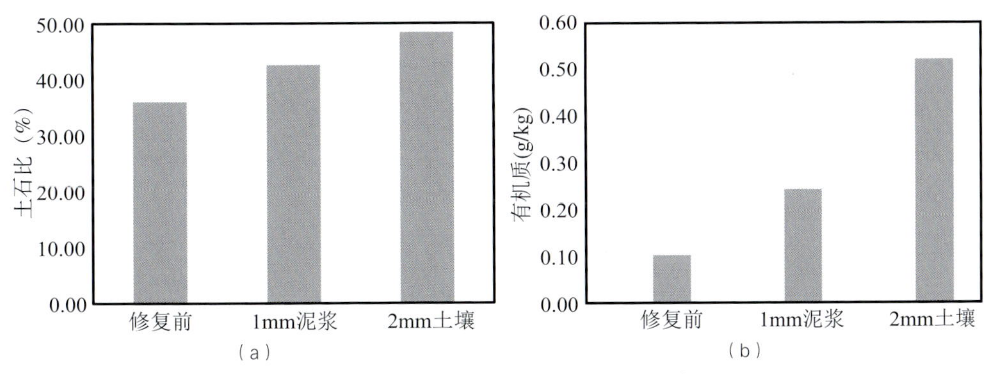

图9-22 生态修复前后土石比变化情况

均含量由修复前的0.102g/kg增加到1mm厚度泥浆拌种喷播后的138.24%，2mm厚度泥浆拌种喷播后的411.76%，土壤改良效果明显。

在本章研究中，我们选择新疆北部区域内典型的3个矿区废弃地生态修复案例，作为该区域内废弃矿山生态修复工程所采取的关键技术的实践验证结果。在案例中，详细描述不同的废弃矿区内存在的生态问题，根据不同的生态问题提出相应的修复技术、措施，并用现场调查所获取的实际数据资料对矿区废弃地地形地貌、土壤、植被修复成效进行探讨，可知不同废弃矿区的生态恢复成效显著。

在阿尔泰山两河源自然保护区废弃矿山生态修复工程过程中，针对修复区长期矿产开采导致的地形地貌与周边环境的协调性破坏、土壤结构破坏以及植被完全丧失功能等生态问题，重点关注如何开展地形地貌修复、土壤修复、补种植物等工程。针对地形地貌破坏的生态问题，采取粗推措施和精推措施；针对土壤破坏的生态问题，采取推平之后覆土措施；针对植被破坏的生态问题，采取种植适合当地自然地理环境的经济作物和药用植物的措施，并且通过地形地貌、土壤、植被修复措施叠加、混合使用，达到更好的恢复效果。从矿山废弃地受损生态修复前、后的各种指标变化情况可知，修复后的坡度、地表起伏度变小，土石比增大，植物群落的物种种类增多，植物多样性愈来愈丰富，矿区内生态恢复成效显著，对促进当地人与自然和谐共处、生态与经济协调发展作出了贡献。

卡拉麦里有蹄类自然保护区矿区遗留地内，在矿产开采过程中导致地表起伏加大，形成陡坡，破坏原来平坦的地形地貌的同时，破坏了土壤结构，使植被丧失功能。因此，修复过程中，先采取推平、填埋等措施，然后采取覆土措施，恢复成与原始地形地貌相似的地表景观，为植被生长提供立地条件。由于该修复区地势较平坦，加之其气候干旱、水资源有限，采用微地形营造技术达到集水之效果，促进修复区植被的自然恢复。从自然保护区矿区遗留地现场调查结果可知，修复后的地形地貌与周边原始景观相协调，微地形营造技术对矿区植被、土壤各项指标的恢复成效显著。

在青河县东布哈林废弃矿区生态修复过程中，针对地表草场冲毁、天然植被完全损毁的生态问题，采取泥浆拌种喷播的修复技术措施，实现水、土、种子局部富集，达到废弃矿区土壤、植被的恢复效果。从现场调查过程中获取的土壤、植被各项指标的变化情况可知，采取泥浆拌种喷播修复技术措施之后，植物物种数、植被盖度和植物多样性指数等指标均增大，说明采取泥浆拌种喷播修复技术措施对废弃矿区生态恢复的成效显著。

第 10 章
矿区生态修复标准的选取及评估

矿区生态的修复是一门应用科学，应用的结果需要实践来检验，而要评判检验成效就必须有一个标准，为此自然资源部出台了山水林田湖草沙生态保护修复的标准，它分了3个尺度，其中，生态工程尺度与矿山生态修复的标准最为接近，但是作为针对全国的标准，很多内容与新疆矿山生态修复实际不太符合，因此，必须结合新疆北部区域的实际提出一个具有针对性的、可操作性强的干旱地区矿山生态修复标准，而这个过程需要选取合适的指标，确定合理的计算方式，并在实际过程中进行检验。基于这一思路，本章研究讨论了干旱区矿山生态修复标准的选取及评估，结合新疆北部区域不同类型矿山存在的生态问题、开展的生态修复方法、关键技术以及其间产生的生态效果等实际情况，提出构建矿山生态修复验收评估标准指标体系，为新疆相关矿山受损生态修复工程生态恢复措施的实施与调整提供技术指南和科学参考。

10.1 研究目的和意义

10.1.1 研究目的

在国内，近几年来，关于矿区生态保护修复成效评估标准开展了诸多研究，并取得了一些成就（罗康生 等，2022）。2022年12月24日，生态环境部批准《生态保护修复成效评估技术指南（试行）》为国家生态环境标准，并予以发布。废弃矿山生态修复作为应用型研究，具有现实性和紧迫性，需要从不同矿区存在的生态问题、修复治理措施及其生态效果出发，制定相应的评价指标体系。然而，由于新疆北部区域的矿山受损生态系统类型多样，区域性、典型性突出，加之基础监测数据匮乏，相关国家与行业技术方法与评估标准等，应用在新疆北部区域矿山受损生态修复工程时存在指标多与技术方法多，但关键指标不突出，缺乏适用于区域、工程尺度的方法等诸多问题。因此，在开展新疆北部区域矿山受损生态修复工作中，亟须构建整体化、系统化的新疆矿山生态修复评估标准体系。

在实际的矿区受损生态修复工程实施过程中发现，不同区域由于地形地貌、气候条件、土壤条件等自然地理环境存在明显的区域差异，加之不同矿区的矿产类型、开采方式和破坏方式不同，导致存在的生态问题和修复措施也不同。为此，每一个小尺度的生态修复工程验收时，按照项目的开展目标、修复方式、修复成本以及矿区地质环境、土壤环境和植被环境条件，以地质环境修复、土壤修复和植被修复成效评估作为重点评估对象，提出具有针对性的、实际操作性强的评估标准与数据指标及其计算方法，为新疆相关矿山受损生态修复工程实施提供技术指南与参考标准。为加大新疆矿山生态保护与修复力度，构建新疆矿区生态修复标准体系，修改、调整和完善新疆生态保护修复评估体系奠定基础。

10.1.2 研究意义

新疆矿产资源丰富、种类全、数量多，随着人口的不断增长，以获取资源和提高经济收入为目标的人类活动不断加剧，矿产资源的不断开采已对自然资源和矿区生态环境的可持续发展构成了巨大威胁，加之新疆作为干旱地区，本身就处于生态环境极其脆弱的状态，造成了生态环境质量下降和生态系统退化等不良影响。为此，新疆尤其新疆北部区域开展了一系列矿山受损生态修复工程，以尽可能低的修复成本，使矿山受损生态系统恢复健康状态，并为人类提供更好的生活环境。

但是，实际项目工程实施完成以后，如何衡量矿区生态修复已经达到了修复目标？选用哪些指标来评估矿区生态修复成效？成了新疆矿山受损生态修复以及成效评估工作的迫切需求，也成了当前干旱区生态学研究的重点，更成了推进新疆经济社会高质量发展和生态与环境保护工作的重要决策参考。

10.2 矿区生态修复标准的选取

为了研究适合新疆矿区生态修复成效评估的指标体系，参考不同领域生态修复工程使用的项目验收标准和技术规范，最终筛选出具体的评估数据指标，为开展矿区受损生态环境修复成效评估工作提供科学依据。

10.2.1 标准选取依据

10.2.1.1 行业标准

矿区生态修复是与自然资源、林业、草业、水利、农业、经济等多方面的内容相互有关的。为此，多年来根据各部门项目验收实际情况实施了不同的评估标准，包括森林草原生态系统修复、水生态环境修复治理、退化污染土地生态修复和矿山受损生态系统修复治理等，并围绕工程实施标准化目标开展了相关的国家标准、行业标准和地方标准的制定。

（1）《山水林田湖草沙生态保护修复工程指南（试行）》

本章节研究矿区生态修复标准的选取和评估时，就是依据《山水林田湖草沙生态保护修复工程指南（试行）》（自然资办发〔2020〕38 号）中针对受损生态系统存在的问题，建立评估制度，对工程实施对自然资源保护利用、生态环境治理改善、生态系统服务功能提升等方面的成效进行综合评估。因此，该指南和本章的研究内容最为贴合，在考虑指标可操作性和数据获取性的基础上可参考其推荐指标。

（2）《生态保护红线监管技术规范保护成效评估（试行）》（HJ/1143—2020）：

该技术规范评估对象限于生态保护红线区域，指标和阈值的参考具有一定的选择性。

（3）《国土空间生态保护修复工程验收规范》（TD/T 1069—2022）：

该文件规定了国土空间生态保护修复工程验收的组织、条件、依据、内容、成果以及子项目验收、生态保护修复单元评估、工程整体验收的有关程序和要求等。其中，评估生态保护修复效果作为验收成果的一部分，依据实施前后的生态状况（参照生态系统）及相关监测数据，综合评估工程单元内生态胁迫消除或减缓、生态格局优化、生态系统功能提升等情况。

（4）《生态保护修复工程实施生态环境成效评估技术指南（试行）》

该指南规定了生态保护修复工程实施后的生态环境成效评估的技术流程，确定了生态保护修复工程实施后的生态环境成效评估从确定评估内容到准备资料数据，再到评估计算分级，以及最后的编写技术报告等环节的具体工作内容。该指南根据不同阶段来确定评估内容，满足了不同阶段评估需求。其结构条理清晰，以指标评分、权重的方式判断生态修复工程措施所取得的成效，结果较为直观、易理解，在本章的“矿区生态修复标准的选取及评估”研究中，我们参考了此技术指南。

（5）由北京铭鸿森景矿山技术研究院、中煤地生态环境科技有限公司、中科巨能国土空间生态修复有限公司、北京嘉宇圣铭矿山技术研究院起草了《矿山生态修复示范工程评定标准》T/CCPEF 067—2020

影响等均列入了评估指标中，但对于单个工程的验收来说针对性不强。因此，具体的单个工程在确定验收指标体系时，应在国家所列的指标体系的基础上，选取跟废弃矿山生态修复相关的工程尺度的评估指标，例如，景观多样性与稳定性变化情况、自然植被面积比例变化情况、土壤保持服务变化情况等，有针对性地进行细化与完善。

根据上述新疆矿区存在的生态问题识别与诊断、修复成效评估需要和实际的矿区修复工作中面临的生态问题，参考了国家以及相关省市区的技术标准，再对新疆北部区域内的将近10个矿区进行调研，基于相关专家（安沙舟 等）讨论，推荐以下指标为构建指标体系作为参考。

10.2.2.1 生物多样性指标

生物多样性是生物（动物、植物、微生物）与环境形成的生态复合体以及与此相关的各种生态过程的总和，包括3个层次的指标：遗传多样性评价、物种多样性评价和生态系统多样性评价等，而在本章对“矿区生态修复标准的选取及评估”的研究中，多采用物种多样性评估方法和生态系统多样性评估方法，其中，物种多样性属于群落组织水平结构，具体指标包括群落中的物种数、总体个数、物种多度、物种均有度等评价指标；生态系统多样性是生物群落多样性甚至整个生物多样性形成的基本条件，包括群落的组成、结构和动态等3个方面，具体计算指标包括生态类型多样性、生态稀有性、生态自然性和面积适宜性、生态系统稳定性、人类威胁等多个动态指标，常用生态系统类型多样性和生态稳定性指标来评估生态系统多样性，平常通过丰富度指数、多样性指数、均匀度指数等3种方法来计算群落多样性指数。

根据植物物种树木、所有植物种的个体数各重要值，利用以下公式计算群落多样性指数：

丰富度指数：

Patric指数（R）：$R=S$ （10-1）

Marglef指数（Ma）：$Ma=（S-1）/\ln N$ （10-2）

多样性指数：

Shannon-Wienner多样性指数：（H'）：$H'=-\sum P_i \ln（P_i）$ （10-3）

Simpson多样性指数：$D=1-\sum（P_i）2$ （10-4）

均匀度指数：

Pielou均匀度指数（Jsw）：$JSW=H'/\ln S$ （10-5）

Alatalo指数：（Ea）：$Ea=[（\sum P_i^2）-1-1]/[\exp(H')-1]$ （10-6）

式中，S为物种总数；P_i为物种i的重要值，$P_i=N_i/N$；N_i为第i种物种的个体数；

N为所在群落的物种总个体数。

例如，阿尔泰山东部两河源自然保护区于2010年开始对废弃矿区进行恢复试验，随着恢复年限的增加，废弃矿区物种多样性恢复效果显著（$P<0.01$），如图10-1所示。

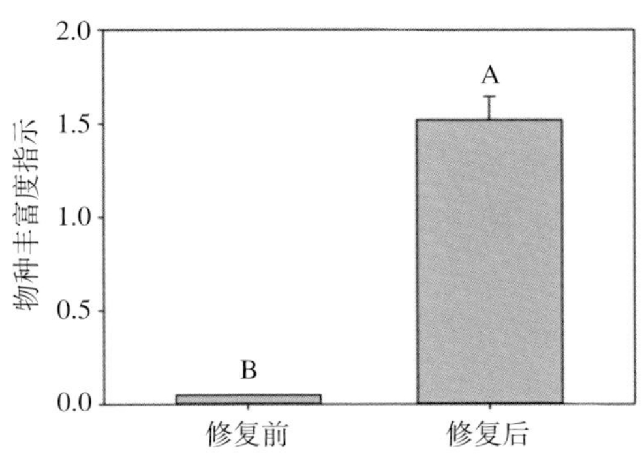

图10-1 修复前、后物种丰富度变化情况

10.2.2.2 地形地貌指标

景观异质性是指在一个区域里对一个生物种类或更高级的生物组织的存在起决定作用的资源或某种性状在空间或时间上的变异程度或强度，包括3种类型：空间异质性（spatial heterogeneity）、时间异质性（temporal heterogeneity）和功能异质性（functional heterogeneity）。目前景观异质性研究还是以空间异质性为主，时间异质性和功能异质性研究还有待深入。其计算常用两种统计方法：第一，进行样地调查；第二，从景观斑块入手，对景观的各类斑块及其特征进行分析。第二种方法需要用到一些景观生态学指数，从不同的侧面来描述景观的异质性程度。

景观指数包括景观单元特征指数和景观整体特征指数2个部分，前者用于描述斑块面积、数量、周长等基本特征，后者则包括反映景观整体特征的构型指数及多样性指数等。进行景观指数计算时，选取斑块密度（*PD*），选取香农多样性指数（*SHDI*）表示景观的多样性反映景观异质性。整个计算过程可用Fragstats及Arcgis软件中完成。具体计算公式如下：

（1）斑块密度（*PD*）：

$$PD=\frac{NP}{A} \tag{10-7}$$

式中，PD为景观水平上的斑块密度（个/hm^2），表示单位面积的景观区域内所有类型景观斑块的个数；NP为斑块个数；A为景观总面积。PD值越大，景观越破碎。该指数可以用于不同时期或者不同景观之间景观总体破碎化程度的对比。

（2）景观异质性指数（香农多样性指数$SHDI$）：

$$HT=-\sum P_i \ln P_i \tag{10-8}$$

式中，HT为景观异质性指数，p_i为某一种景观单元类型占景观总面积的比例（值域0～1）。

此外，在矿区生态修复评估中，为了对比分析修复后的地形地貌环境与周边环境的一致性，可选择海拔、坡度、凹凸度和坡向等地形异质性指标来进行评估。

在矿区生态修复区可通过样方调查的方式，地形异质性通过海拔、坡度、地表起伏度和坡向4个地形因子进行度量。其中，海拔为每个20m×20m样方4个角的海拔平均值；坡度选择任意3个角形成4个三角形平面偏离水平面角度的平均值（Harms *et al*., 2001）；地表起伏度为某个样方的海拔减去相邻8个样方的海拔平均值，处于大样地边缘的样地凹凸度为样地中心的海拔减去4个顶点海拔的平均值（Lan *et al*., 2011），地表起伏度为正值，则说明目标样方比周围样方高；地表起伏度为负值，则说明目标样方比周围样方低，地表起伏度为0，则说明目标样方与周围样方高度相等（Harms *et al*., 2001）；在坡向分析中，对坡向值的规定是按顺时针方向计算，正北方向为0°，取值范围为0～360°。

10.2.2.3 植被长势变化指标

植被长势变化指标选取植被密度或植被盖度。植被密度（density）是指单位面积上的植物个体数，由某种植物的个体数与样方面积之比求得；植被盖度（coverage）是指植物在地面上覆盖的面积比例，表示植物实际所占据的水平空间的面积。

例如，植被盖度对于研究植被恢复效果评价来说，是必不可少的定量指标。阿尔泰山东部两河源自然保护区采金活动后，原始草地上的近百种物种均消失殆尽，植被盖度几乎为零。显然，开展废弃矿区生态修复后，植被盖度恢复效果显著，如图10-2所示，即从修复前的2%增加到修复后的53%，与恢复前植被盖度存在极显著差异（$P<0.01$）。

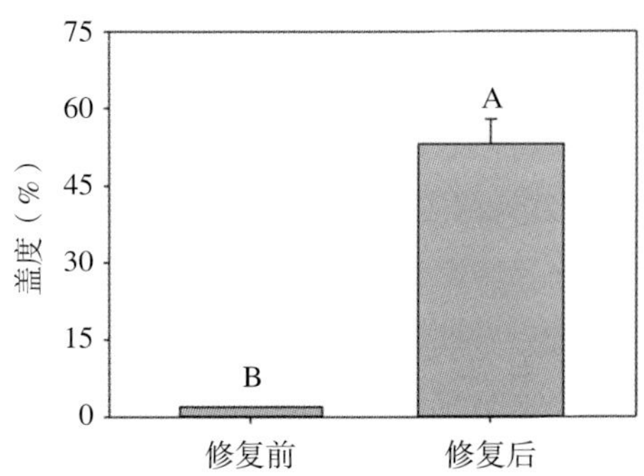

图10-2 阿尔泰山两河源自然保护区废弃矿区生态修复前后植被盖度变化情况

10.2.2.4 土壤有机碳指标

土壤有机碳含量是土壤管理、气候、植被覆盖等各种因素综合影响下有机碳输入与输出之间动态平衡的结果。在宏观尺度上，土壤的有机碳含量依赖于气候、土壤深度、时间、母质、黏粒含量、植被、地形等因子，通常采用高温外热重铬酸钾氧化-容量法测定。

土壤样品取样：

（1）在干旱区荒漠草地选择一个典型的自然沟槽（沟宽和沟深根据实际情况确定），在这个自然沟槽中选择5个位置进行处理。如图10-3所示，沟底、沟下、沟中、沟上、沟顶。

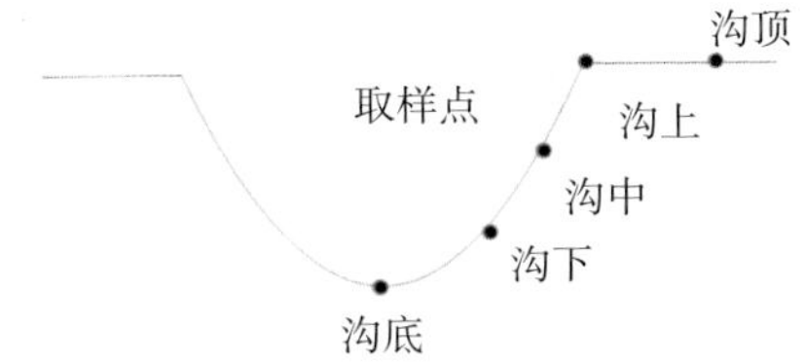

图10-3 荒漠草地自然沟槽取样设计

（2）每个处理，土壤取样深度钻到100cm，0～10cm、10～20cm、20～30cm、30～40cm、40～50cm、50～60cm、60～70cm、70～80cm、80～90cm、90～100cm，取10层（每个处理10个1m×1m样方，根据实际土壤情况确定）。

（3）每个样方，首先去掉地上生物量和枯落物，然后用细土钻进行土壤取样，每个区取3钻（按照1m×1m样方的对角线取），将获得的样品混合均匀后，取500g左右装入封口袋内代表本样方的土壤；如果3钻不够500g，按照四角取4钻混合。如图10-4所示。

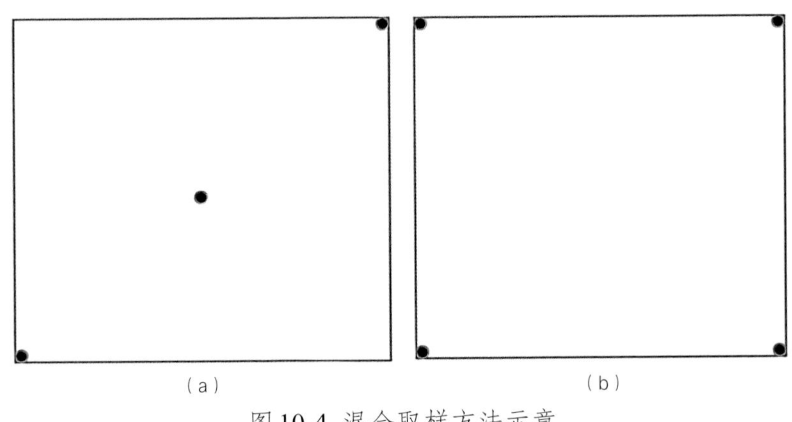

图10-4 混合取样方法示意

完成上述3个步骤，即完成一个对照，每个处理做4组对照，对照区间距大于20m（图10-5）。样品取回后，阴干，并用0.25mm的土壤筛进行过筛处理。处理好的土壤样品装回原袋内备用。

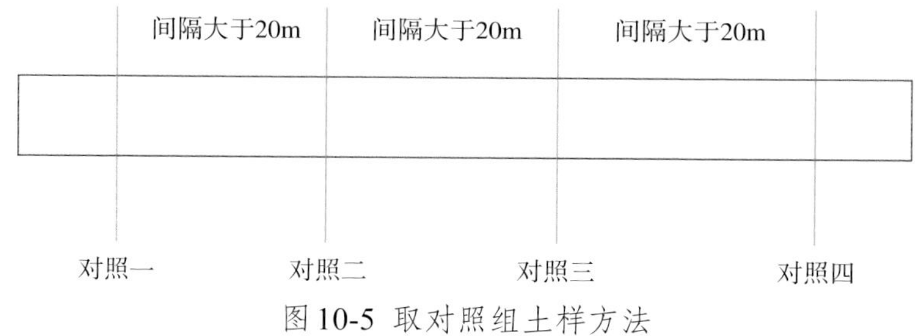

图10-5 取对照组土样方法

10.2.2.5 经济成本指标

正在矿区生态恢复中将亩均工程成本，即1亩地需要的修复成本作为经济成本指标，单位为“元/亩”。例如，表10-3为泥浆拌种喷播技术成本预算情况。

表10-3 泥浆拌种喷播技术成本预算情况

工作内容：清理边坡、拌料、现场喷播、清理场地、初期养护（单位：100m²）					
序号	项目名称	单位	数量	单价	小计
（一）	人工费（元）				48.55
1	甲类工	工日	0.00	0.00	0.00
2	乙类工	工日	1.00	48.55	48.55
（二）	材料费（元）				170.97
1	有机肥	m^3	0.015	156.84	2.35
2	水	m^3	10.00	7.34	73.42
3	草籽	kg	2.00	46.08	92.17
4	其他材料	%	4.00	75.77	3.03
（三）	机械费（元）				387.81
2	载重汽车载重量5.0t	台班	0.24	1020.61	244.95
3	洒水车容量4.0m^3	台班	0.00	239.15	0.00
4	泥沙泵12.5m^3/h 20m	台班	1.28	111.61	142.86
（四）	其他费用（元）	%	1.50	607.33	9.11
合计					616.44

10.3 矿区生态修复效果评估

基于上述矿区生态修复评估标准指标，选择能够反映生态恢复效果的具体数据指标，确定相关的计算方法，算出矿区生态效益和生态—经济综合效益，最终根据计算结果来评定矿区生态修复成效。

10.3.1 计算指标的选取

从上述生物多样性、地形地貌、植被长势变化、土壤有机碳和经济成本5种指标入手，选取矿区生态修复区能够获取及操作性强的计算指标来进行评估。其中，生物多样性指标重点关注Simpson多样性指数或物种丰富度指数；地形地貌异质性评估选取坡度和地表起伏度指标；植被长势变化评估选择植被密度或植被盖度；经济成本指标选择1亩地所需的治理成本（元/亩）。

10.3.2 计算方法

废弃矿区生态修复最核心的两个问题是恢复效果和治理成本。本章的研究过程中，我们选择生物多样性、地形地貌、植被长势变化、土壤有机碳等生态效益指标和经济成本指标，计算生态—经济综合效益指标（EQI）。其中，生态效益（EO）基于专家打分法，确定出生物多样性、地形地貌异质性、地表植被盖度和土壤有机碳的权重，模型由各单因子指标以及对应权重乘之相加。生态效益指标值越高，表示废弃矿区的生态恢复效果越好。

下面，选取地表起伏度、坡度、土壤有机碳、植被盖度、物种多样性指数等指标计算矿区存在的生态问题诊断数据指标值，首先将这5个指标进行归一化处理，即：地表起伏度的归一化值为某单措施对应的地貌环境地表起伏度除以所有措施中最大的地表起伏度，即：地表起伏度归一化=地表起伏度/地表起伏度最大值；其余坡度、土壤有机碳、植被盖度、物种多样性指数按照同样的方法进行计算，其计算公式如下：

$$RF_{归一化}=\frac{RF_i}{RF_{\max}} \tag{10-9}$$

$$slope_{归一化}=\frac{slope_i}{slope_{\max}} \tag{10-10}$$

$$SOC_{归一化}=\frac{SOC_i}{SOC_{\max}} \tag{10-11}$$

$$CO_{归一化}=\frac{CO_i}{CO_{\max}} \tag{10-12}$$

$$S_{归一化}=\frac{S_i}{S_{\max}} \tag{10-13}$$

$$EO=\sum_{i=1}^{n}\partial R\ \frac{H_R}{H_{R\max}} \quad (R=1,2,\ldots,n) \tag{10-14}$$

式中，H_R为第H个恢复措施第R个指标；∂R为第R个指标的权重。参照APH

层次分析法和综合指标法，生态—经济综合效益指标计算公式如下：

$$(EQI)=\partial_g EO-\partial_p \frac{C_P}{C_{P\max}} \quad (10\text{-}15)$$

式中，$\partial_g EO$是生态效益与权重乘积；C_p是个C成本第p个指标；∂_p为第p指标的权重。

10.4 矿区生态修复评估案例

根据上述矿区受损生态环境修复效果评估方法，选择卡拉麦里有蹄类自然保护区和阿勒泰地区两河源自然保护区遗留矿区作为实际应用案例，筛选出矿区生物多样性、地形地貌异质性、植被长势变化、土壤有机碳和经济成本等评价指标相应的数据指标，通过计算不同矿区生态修复的生态—经济综合效益指数，得出卡拉麦里有蹄类自然保护区和阿勒泰地区两河源自然保护区遗留矿山生态恢复指数，并对此进行对比分析。

10.4.1 卡拉麦里有蹄类自然保护区遗留废弃矿区生态恢复工程

位于准噶尔盆地，于2005年升级为国家级自然保护区。保护区内工业开发有锡矿、石材矿、金矿、煤矿，这些采矿活动占用了大量土地资源，扰动地表，使得地形起伏加剧，造成土地表层土壤剥离、深层土壤流失，矿区土石比显著降低，给当地植被、地貌等带来了一系列毁灭性的破坏，造成诸如植被退化、水土流失、生物多样性丧失等严重的生态环境问题。本章的研究针对石材矿的基本情况、破坏程度、修复前后的情况对比及生态恢复效果，以石材矿和露天矿生态—经济综合效益指标，进行对比分析，评价卡拉麦里有蹄类自然保护区矿山受损生态恢复综合效益。

10.4.1.1 矿山基本情况

欧骆石材矿区位于阿勒泰地区富蕴县境内的卡拉麦里有蹄类自然保护区内，矿山基本情况和采矿前后的土壤情况在9.2.1里已描述，这里不再赘述。值得一提的是，采矿前，石材矿范围内的土壤主要为灰棕漠土，缺少细颗粒物质，为砾质荒漠景观。采矿后，土壤表层为粉土、砂砾石，土层薄，土石比低。由于各种破坏因素的相互作用，造成土壤被破坏，有活力的种子数量减少。采矿前，植被为蒿属，盖度约为5%，主要植物有：镰芒针茅（*Stipa caucasica*）、驼绒藜（*Ceratoides latens*）、麻黄（*Ephedra sinica*）、木蓼（*Atraphaxis frutescens*）、刺旋花（*Convolvulus tragacanthoides*）、无叶假木贼（*Anabasis aphylla*）、小甘菊（*Cancrinia dicoidea*）、四齿芥（*Tetracme quadricornis*）、盐生草（*Halogetonglome ratus*）。采矿后，地表植被消失殆尽。

10.4.1.2 矿山破坏情况

采石厂水分条件较差，地表石材暴露，覆土厚度不够，大块石材的填埋导致地表下层镂空，如果不进行人工恢复，自然恢复时间漫长，同时沟有石隙，容易损坏器械不便于机械施工，恢复难度较大，欧骆石材矿区具体破坏情况见9.2.3所描述，这里不再赘述。

10.4.1.3 矿山生态修复措施及生态恢复的效果

（1）生态修复技术措施

针对该矿存在的生态环境问题，采取的技术措施包括微地形集水技术和土壤种子库快速收集和野外激活技术，生态恢复效果显著。具体如下：

微地形集水技术：自然保护区降水稀少，蒸发强烈，风大，冬天降雪被吹散，水分极易流失。如何对水资源进行有效收集，充分利用卡拉麦里山的地形和积雪保证卡拉麦里山矿区植物的存活与生长，是卡拉麦里废弃矿区开展生态恢复工程的研究重点。采用微地形集水技术，在风力作用下，将雪吹到沟槽中，易于冬季雪的积存。在春季，利用冬季沟槽收集的雪水，从而提高植被的可用水量，实现卡拉麦里废弃矿区的生态恢复。

土壤种子库快速收集和野外激活技术：土壤种子库是土壤及其表面凋落物中所有具生命活力的种子，可反映区域特有的生物多样性特征，其多数存在于表层土壤。充分的利用土壤种子库快速收集技术，对于卡拉麦里有蹄类自然保护区废弃矿区生态恢复工程具有重要的理论价值和实践意义。土壤种子库中的种子萌发所形成的植被，接近原有的草地植被，有利于向着原有植被方向演替，而且成本较低。

（2）生态修复效果

微地形营造：采用微地形集水技术，在风力作用下，将雪吹到沟槽中，易于冬季雪的积存。在春季，利用冬季沟槽收集的雪水，从而提高植被的可用水量，实现卡拉麦里有蹄类自然保护区废弃矿区的生态恢复。

土壤种子库快速收集及补充：用垃圾吸尘车对当地原生草地的表土层进行快速收集，均匀散播在废弃矿区内，利用春季化雪过程，快速促进种子生长。

修复前后的情况对比及生态恢复效果对比：卡拉麦里石材矿开采前的植被的盖度约为5%，开采之后，各种影响因素的综合作用下植被几乎完全丧失，植被的盖度约为0.6%。2017年生态修复工程完成后，2018年在植被最大生物量的时间段内进行调查。调查结果表明，整体植被的覆盖度与未修复前的覆盖度相比平均提高了20%以上；群落结构组成接近原始植被的群落结构组成，修复后植被的覆盖度超过原始植被的覆盖度，大大缩短植被演替速率。修复前后的对比效果如图10-6所示。

10.4.1.4 生态-经济综合效益计算

综合考虑生态恢复的基本目标，选出卡拉麦里废弃矿区的石材矿和露天矿，结合这两种矿的实际情况及常见的生态问题，为了对比分析卡拉麦里废弃矿区不同类型矿区生态恢复工程的综合效益，用上述矿区生态修复的生态—经济综合效益指标法，分别计算出卡拉麦里石材矿和露天矿的生态效益（EO）和生态—经济综合效益（EQI），结果如图10-6所示。

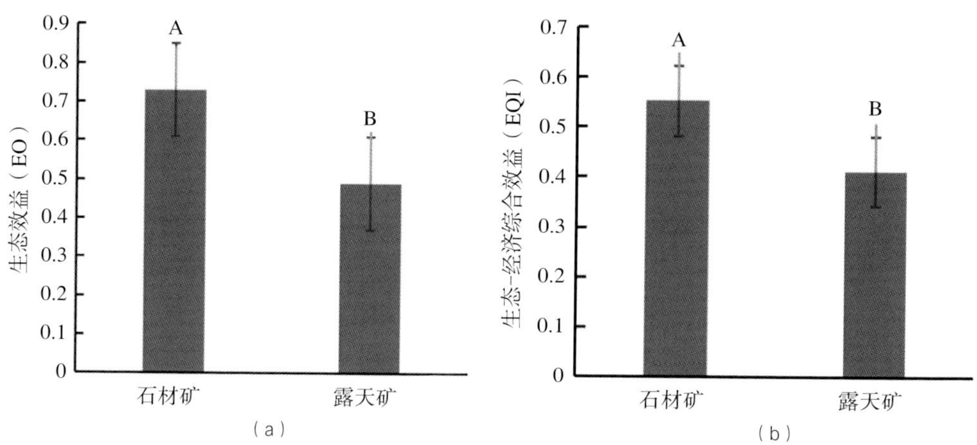

图10-6 卡拉麦里废弃矿区石材矿与露天矿的生态效益和生态—经济综合效益对比

根据计算结果，卡拉麦里废弃矿区石材矿的生态效益平均指数为0.73，露天矿的生态效益平均指数为0.49，石材矿的生态—经济综合效益平均指数为0.55，露天矿的生态—经济综合效益平均指数为0.40，石材矿的生态效益约为露天矿生态效益的1.48倍，石材矿的生态—经济综合效益约为露天矿的生态—经济综合效益的1.375倍。

10.4.1.5 矿山生态修复效果综合评估

通过野外长期观测卡拉麦里废弃矿区修复前后的基本情况，利用生物多样性、地形地貌、植被长势、土壤有机碳等指标计算出同一个区域两种矿山受损生态修复的生态效益，同时根据每亩地支出的实际治理成本，得到最后的生态—经济综合效益。以卡拉麦里废弃矿区的石材矿和露天矿的生态—经济综合效益指数，通过专家打分法，评价两种矿区生态修复后的综合情况。根据打分结果，卡拉麦里石材矿的平均得分数为55.25，露天矿的平均得分数为40.13。由此可知，卡拉麦里石材矿生态修复后的综合效益比露天矿生态修复后的综合效益好（图10-7）。

（a）　　（b）

图10-7 卡拉麦里石材矿（a）和露天矿（b）生态修复后的植被恢复状况

10.4.2 阿尔泰山两河源自然保护区废弃矿区生态恢复工程

阿尔泰山两河源自然保护区位于阿尔泰山中段的额尔齐斯河与乌伦古河干支流的水源地（杨海乐 等, 2016）。区域上来讲主要集中在阿尔泰山中段青河县、富蕴县和福海县境内的山区林场管理范围内，属新疆维吾尔自治区阿尔泰山两河源自然保护区。基于废弃矿区土地功能严重退化，生态结构缺损、功能失调等问题，结合当地实际情况，坚持就地取材的原则，布置生态恢复工程试验，试图以最小的治理成本获得最大的生态恢复效果。在修复区范围内，通过布置地形恢复、土壤恢复、水分补给、生物恢复及其他综合措施，逐步实现矿区生态的恢复与稳定，并取得了一定的开创性成果。本章研究针对阿克萨拉上坡样地的基本情况、破坏程度、修复前后的情况对比及生态恢复效果对比，以石材矿生态—经济综合效益指标，分析计算及评价阿尔泰山两河源区阿克萨拉上坡样地生态—经济综合恢复效益。

10.4.2.1 矿山基本情况

阿克萨拉上坡样地位于两河源区自然保护区，处于E 89° 23′ 39″，N47° 55′ 43″地理坐标范围，总面积111.9hm^2。气候为典型的大陆性温带寒冷气候，年平均气温在-2℃以下，最热月（7月）平均气温16℃以下，年降水量在400mm以上，海拔900 ~ 1400m为干旱、半干旱地带，年平均气温在-2 ~ 2℃。土壤垂直带谱自下而上依次为山地棕钙土、山地栗钙土、山地灰色森林土、亚高山草甸土和高山草甸土（徐华君 等，2008）。植被分布具有鲜明的垂直地带性特征，温带成分的属和种占绝对优势，植物物种以被子植物为主，裸子植物物种数量虽较少，但占据了重要的群落地位，如西伯利亚云杉、西伯利亚落叶松（陈晓亚 等，1989）。生态恢复工程试验点恢复模式共有4块恢复试验样地，分别采取推平模式（111.9hm²）、推平+覆土模式（7.5hm²）、推平+补种模式（0.7hm²）、推平+草皮护坡模式（0.7hm²）。

10.4.2.2 矿山破坏情况

长期的矿区开采活动使地形起伏加大，破坏了植被生长的立地条件；矿区内基本无植被覆盖，这是因为采金活动后的土质往往不适合很多植物种的生存，主要表现在群落结构及组成单一，多处于次生演替的前期阶段，生态系统不稳定且功能不完善，土壤结构被破坏，植被无法生存；矿区渣坡主要由砾石堆积，严重破坏矿区地形地貌环境。矿区大片植被消失殆尽的原因是，采矿活动使原生土壤流失，植被失去了生存条件。对于废弃矿区这一极端环境下，土壤是影响植被生长的重要因素，土壤含量影响土壤水分、养分的存储能力以及植被承载能力，进一步影响到植被盖度、高度、生物量以及植被的生长状况。

10.4.2.3 废弃矿山生态修复前后的情况对比及生态恢复的效果对比

（1）推平模式样地

恢复后矿区地面被压实、平整，消除了地质灾害隐患；压实度在85% ~ 90%，碎石粒径小于8cm，坡度小于25°；土壤恢复效果一般，土层厚度平均2cm，样地内主要植物有：三叶草、野火球，物种丰富度平均为7种/m²，植被盖度为6%，生物量鲜重达30g/m²；采取该措施后，废弃矿区的土壤和植被恢复周期较漫长。采矿活动后废弃矿区地表无植被覆盖，生态效益基本为零，采取地形粗推模式后（图10-8），生态效益虽然较废弃矿区有了较大的提高，但是显著性分析表明二者相差不大（$P>0.05$），与原始草地相比仍存在较大差距（$P<0.01$）；调查结果表明，采

（a）样地原貌

（b）推平样地

图10-8 废弃矿区修复前后对比（一）

取此模式后，为云杉、落叶松和小灌木的生长创造了有利的环境。

（2）推平＋覆土样地

恢复后矿区地面被压实、平整，消除了地质灾害隐患；压实度在85% ~ 90%，碎石粒径小于8cm，坡度小于25° 。根据调查，矿区土壤含量增多，土壤结构明显改善，土层厚度平均5cm（图10-9），样地内主要植物有：三叶草、野火球，物种丰富度平均为4种/m^2，植被盖度为5%，生物量鲜重达18g/m^2；采取该措施后，废弃矿区的土壤和植被恢复周期较漫长。

（a）样地原貌

（b）2015 年拍摄推平 + 覆土模式样地

图 10-9 废弃矿区修复前后对比（二）

（3）推平＋补种模式样地

恢复后矿区地面被压实、平整，消除了地质灾害隐患；压实度在85% ~ 90%，碎石粒径小于8cm，坡度小于25°。矿区土壤含量增多，土壤结构明显改善，土层厚度平均5cm，样地内主要植物有：三叶草、野火球，物种丰富度平均为4种/m^2，植被盖度为5%，生物量鲜重达18g/m^2（图10-10）；采取该措施后，废弃矿区的土壤和植被恢复周期较漫长。

（a）废弃矿区原貌

（b）2017 年拍摄人工补种模式

图 10-10 废弃矿区修复前后对比（三）

（4）推平+草皮护坡模式样地

恢复后矿区地面被压实、平整，消除了地质灾害隐患；压实度在85% ~ 90%，碎石粒径小于8cm，坡度小于25°。矿区土壤含量增多，土壤结构明显改善，土层厚度平均2cm，样地内主要植物有：草地早熟禾、野火球、森林勿忘草、蒲公英、报春花，物种丰富度平均为8种/m^2，植被盖度为18%；调查结果表明（图10-11），草皮在矿区渣坡中存活下来，即使当年地上草本植被死掉，地下草根强大的生命力也没有完全死亡，试验进行一年后，植物生长良好，尤其草种根系纵横交错，草皮周围矿区土壤含量增加，稳定渣坡砾石；采取此模式后，为云杉、落叶松和小灌木的生长创造了有利的环境，矿区获得的生态效益值明显高于投入的经济成本效益值，预期随着恢复年限的增加，矿区渣坡植被逐渐连成一片，演变为稳定的植被群落。

（a）2017年草皮护坡模式

（b）2018年草皮护坡模式

图10-11 矿区修复和草皮护坡修复前后情况对比

10.4.2.4 生态—经济综合效益计算

综合考虑生态恢复的基本目标和阿尔泰山两河源自然保护区废弃矿区的特征及常见的退化问题，用上述矿区受损生态修复的生态—经济综合效益指标法计算出阿克萨拉上坡样地和大南沟上坡样地的生态—经济综合效益，结果如图10-12所示。

矿产开采活动破坏了当地原有的地形，直接摧毁了表层土壤和植被，引起区域内生态环境的退化。为了治理矿区采矿活动所导致的生物多样性丧失、地形地貌破坏、植被完全丧失功能和土壤有机碳流失等生态环境问题，不同试验地采取了不同的恢复措施。因此，在运用生态—经济综合效益法评价废弃矿山生态恢复效果

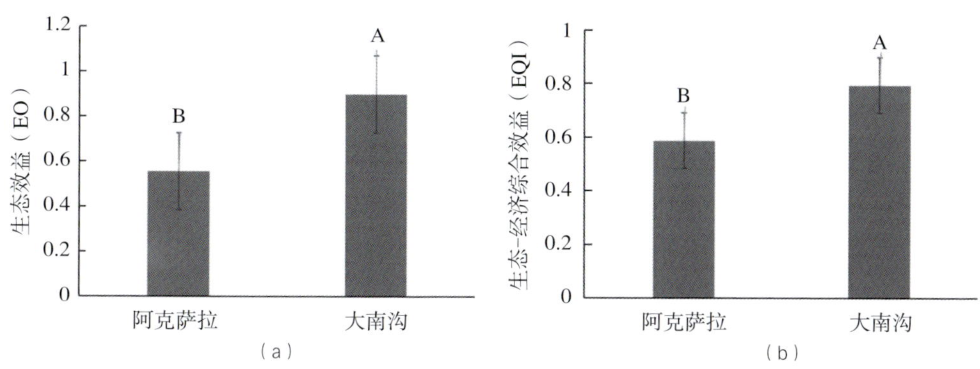

图 10-12 不同样地生态效益和生态—经济效益对比

时，应选择同一区域不同矿山来进行对比分析，最后选出最佳生态恢复模式。

例如，阿尔泰山两河源自然保护区大南沟上坡样地和阿克萨拉上坡样地生态恢复效果存在显著差异（图 10-13、图 10-14）。阿克萨拉上坡样地生态效益值为

（a）（b）

图 10-13 大南沟上坡样地原样地貌（a）与修复后的生态恢复（b）效果对比

（a）（b）

图 10-14 阿克萨拉上坡样地原貌（a）与修复后的生态恢复（b）效果对比

0.56，经济成本值为0.62，经济效益值大于生态效益值，差值为0.6，生态—经济综合效益值为0.59；大南沟上坡样地生态效益值为0.9，经济成本效益值为0.35，两者差值为0.55，生态效益值大于经济成本效益值，生态—经济综合效益指数为0.79。

10.4.2.5 矿山生态修复效果综合评估

从阿尔泰山两河源自然保护区阿克萨拉上坡样地和大南沟上坡样地生态—经济综合效益评估计算结果可知，阿克萨拉上坡样地生态恢复效益值为0.59，大南沟上坡样地生态恢复效益值为0.79，即生态恢复的效果评估打分结果分别为59分与79分，说明大南沟上坡样地生态恢复效果明显比阿克萨拉上坡样地生态恢复效果好。

本章研究讨论了矿区生态修复标准的选取及评估，通过参考与合集国内现有的废弃矿山生态修复标准与规范，并参考相关文献，从新疆北部区域不同类型矿山存在的生态问题、开展的生态修复方法与关键技术以及产生的生态效果等出发，最后构建矿山生态修复验收评估标准指标体系，为新疆矿山受损生态修复工程实施提供技术指南和实际参考标准。

首先，本章在设立废弃矿山生态修复评价指标时，根据新疆北部区域矿山实际破坏情况和生态修复模式选取了生物多样性、地形地貌、植被长势变化、土壤有机碳和经济成本等5个方面的指标，并选取其中一个获取度高与具有代表性的计算指标进行细化；其次，在筛选的过程中，综合考虑生态效益与经济成本效益，使得该推荐指标的选取更具系统性和科学性；最后，选择物种多样性、坡度（或地表起伏度）、植被密度（或植被盖度）、土壤有机碳和1亩地所需要的工程成本等具体数据指标，计算出同一区域不同矿山生态—经济恢复效益值，因此，该指标方法可操作性强，且便于对新疆矿山生态保护修复工程的生态恢复效果进行对比分析。

矿区生态恢复成效评估内容丰富，加之新疆自然地理环境特殊，具有区域性和典型性，因此评价指标的选择具有多样性，这决定了在设立新疆北部区域生态恢复成效评估指标时，应着重考虑矿区本地实际情况，进而推进评价指标的修改、调整和完善，为新疆相关矿山受损生态修复工程生态恢复措施的实施与调整提供技术指南与科学参考。

第 11 章 矿区生态修复的思考及展望

随着我国生态文明建设实践不断深入推进，矿山生态修复的重要性日益突显，解决历史遗留矿山、在建矿山和目前处于生产状态的矿山所存在的生态问题关乎美丽中国建设目标的实现。新疆矿产资源丰富，境内的天山山脉、阿尔泰山山脉和准噶尔西部山地是主要固体矿产资源分布区，对我国未来经济发展中资源和能源的供给具有重要的战略意义。然而，新疆自然条件相对恶劣，气候干旱，水资源缺乏，如何平衡矿产资源的开发利用和生态环境保护之间的关系是矿山生态修复中的难点之一。因此，作为我国矿产资源开发重点区域，新疆矿山的生态修复工作面临着巨大的挑战，对新技术及新方法的需求日益强烈。本书重点系统总结和梳理多年来新疆北部区域矿山生态修复工作取得的成功经验和科研成果。从生态、地貌、土壤、植物等不同学科，多角度探析不同地貌类型矿山存在的生态问题和生态修复的不利条件和限制因素，通过现场调查与科学观察、典型案例分析，明确新疆矿山生态修复的方向和目标，首次尝试在干旱区唯有创造局部的水、土和种子的富集区才能实现生态修复，探索并提出“有取有舍”的修复思路和适合新疆北部矿区特点的生态修复技术，本着“师法自然”的原则原创性地集成了微地形营造、泥浆拌种喷播、乡土草本植物选择的关键技术，并对此技术的恢复机理给出了相应的科学解释，最终提出了适宜的生态修复成效评估、验收指标，为设计一套适合新疆自然环境和全疆矿区破坏属性的技术措施提供了科学参考与实践支撑。

11.1 矿区生态修复的思考

新疆矿山生态修复的关键，是如何利用技术措施研发和实现高水平、低成本、易复制、可推广的修复模式和修复技术，集成具有地域特色的矿区生态修复的关键技术，特别是如何利用技术手段实现水、土、生物局部富集，如何选用乡土草种实现矿山的植被修复。从总体上来讲，新疆矿山生态修复应该遵循一定的原则和理念，才能事半功倍，实现预期效果，要坚持因地制宜、分别治理原则；坚持自然恢复为主、人工促进为辅原则；要注重与周边环境的景观协调；规范采矿活动，开采和恢复生态同时进行；尊重自然、善于向自然学习；采矿点矿区受损生态修复应有系统、科学、合理的修复理念；采矿点矿区受损生态修复需要抓住主要矛盾；采矿点矿区受损生态修复目标要具有长期性；恢复模式坚持低成本、易操作、高收益原则。目前，新疆北部区域矿山受损生态修复工作正在经历一个不断完善的过程，不断完善区域内矿山的生态修复制度任重道远。必须全面加强包括矿山生态修复在内的美丽新疆建设，把生态文明建设放在突出位置，将自然与文明结合起来，让自然生态在现代化人类社会治理体系下更加宁静、和谐、美丽，让各族人民在优美自然生态环境中享受极大丰富的物质文明和精神文明，筑牢中华民族伟大复兴的生态根基和新疆高质量发展的生态基础势在必行。本章就新疆北部区域矿山生态修复这一长期的综合性系统工程进行以下四点思考：

11.1.1 矿区生态修复的目标制定

新疆矿山生态修复的目标制定首先应考虑环境条件的限制。例如，在山区，土壤缺失是主要的限制因子，需重点考虑取土的可行性，阿尔泰山由于气候阴冷土壤发育不完全，部分区域土壤厚度薄，甚至无土壤覆盖，因此，矿山生态修复目标应考虑覆土需求；在荒漠区，水分是主要的限制因素，在北疆年均降水量50～100mm的区域，可充分利用冬季降雪和春季集中融雪开展矿山生态修复工作。目标制定也应考虑当地地形地貌，应与周边景观保持一致为最佳。新疆风大、风频的基本气候特点使得精准推平再压实的生态修复方法并不合适，植物种子无法在平坦地形中留驻，也不益于形成局部土壤的富集，因此，在矿山生态修复过程中，强调尊重自然、顺应自然、保护自然，注重同步推进物质文明建设和生态文明建设的基础上，因地制宜，明确矿山生态修复的重点任务，坚持目标导向和问题导向，重点识别和诊断影响或阻碍受损生态系统自然恢复进程的限制性因子，如坡度、土壤水等，构建一定的起伏地形地貌，既可与周边地形地貌形成一致，也有助于局部水、土、种子等的富集，可以为植被自然恢复创造适宜的环境条件。

因此，矿山生态修复目标必须和环境条件一致，否则目标过高完成不了，目标过低达不到修复目的。具体可以通过两方面制定目标：①根据温度和降水等净初级生产力公式提出植被生物量的修复目标；②在实际工作中，矿区生态修复必须找到一种与当地自然条件相匹配的方略，实践中要以周边区域植被密度、盖度、生物量等自然条件实测值为参照目标，将矿山生态修复与周边自然条件和生态结构保持基本一致，实现矿山生态保护修复与其周边水土流失、环境退化等问题的协同治理。

11.1.2 乡土植物的选择

矿山生态修复效果的评判标准是能否形成适宜植被恢复的自然条件，故选取在当地起源或在当地长期驯化，从而适应当地气候、土壤等环境特点的乡土植物是非常重要的。根据新疆北部区域矿山生态修复的长期实践经验，最简单有效的物种选择是选取当地优生乡土植物，主要原因是：

乡土植物具有其他区域植物无法比拟的适应性优势。乡土草本植物的选择是矿山生态修复的一个至关重要的内容，它相对于商品草种有很多优势。乡土植物是经过长期自然选择，形成的最适应当地生态环境的群落结构、种群数量，以及物种选择的生态系统演替结果，具有较强的适应能力和抵御能力；种植后不仅成活率明显高于商品化物种，且可有效形成群落进行生态系统演替，避免“当年生，来年死”的一年绿化工程效果。

乡土植物不会造成外来物种入侵等问题，是保证矿区生态修复获取最佳生态效益的重要前提。而商品草种的缺点之一是有引起外来物种入侵的风险。在单一矿区进行生态修复时，基于生态学中物种多样性原理，需要选取不低于4～5种植物的补种方式，才能避免气候变化和物种休眠导致的矿山生态修复失败的风险。

乡土植物能体现独具特色的乡土文化。新疆气候独特，在垂直海拔地带上，从沙漠到雪山植被类型多样，使得乡土植物的地域性十分显著；荒漠地区的低矮灌木、高山地带的针叶林和阔叶林，不同生境内选择符合当地特点的乡土植物，可体现不同区域的风景文化。

因此，乡土草种应作为新疆今后矿山受损生态系统修复的主要植物选择的来源，从保护和修复的角度出发，以乡土草种的选择作为突破口，新疆北部区域矿山生态修复工作要从理论的完善和修复措施以及设备更新等方面寻求全面进步。

11.1.3 水、土、种子局部富集关键技术的应用

新疆北部区域矿区分布范围广、种类多，不同类型的矿区生态修复会遇到不

同的生态问题。例如，阿尔泰山采金矿区的不合理的开采，使得土层严重流失，土壤有机质等细颗粒物质几乎全部丧失，但气候条件适宜植被生长，即水、种子资源丰富；卡拉麦里等荒漠区域砂石矿较多，表土层保留较为完整，但区域极度干旱缺水，是限制植被恢复最重要的因素；青格里河等平原区域砂铁矿较多，因翻砂取矿等原因，不仅表土层被破坏，且形成陡峭地势，植被综合修复条件匮乏。

矿区生态修复的关键是植被恢复，植被生长的基本条件是水、土、光照和空气，创造适宜植被生长的条件是植被恢复的前提。因此，在光照和空气恒定的情况下，如何根据修复现状，获得植物种源，创造植物生长所需的水、土条件，即实现修复矿区局部区域水、土、种子的富集是决定矿山生态修复成败的关键。在矿山生态修复工作开展前，首先要找到核心修复问题，针对问题用新思维和新技术分别给予补水、补种和补土的关键技术手段。

11.1.4 成本和效益的双重考虑

节约资源是建设生态文明建设的根本之策，用较低成本实现效益最大化也是新疆矿山生态修复事业考虑的关键问题之一。鉴于新疆早期矿采方式相对粗放，对生态环境破坏较大，加之矿采区域气候条件相对恶劣，不利于植被的恢复和演替，故无法完全借助其他省市、地区成熟做法开展生态修复工作。要牢固树立和践行绿水青山就是金山银山的理念，站在人与自然和谐共生的高度谋划发展，坚定不移走生态优先、绿色发展之路。在遵循“自然恢复为主、人工干预为辅”的原则下，新疆参考各地区、各类型矿区生态修复的技术和措施，结合本地矿区、矿种的实际情况，通过现场调查、科学观察，总结不同矿区生态修复的关键因素，因地制宜地探索可推广、低成本、易复制的技术模式。工程设计和材料可结合当地实际情况，就地取材以减少成本，将生态效益发挥到最大，以保证修复后的矿区向金山银山转化。

11.2 矿区生态修复的展望

回顾过去，是为了思索现在，思索现在是为了更好地展望未来。

改革开放后，中国用30年的时间走完了发达国家200年的工业化进程，工业化进程创造了前所未有的物质财富，也产生了难以弥补的生态创伤，新疆的工农业发展进程，尤其是新疆北部区域的工业发展和矿产资源的开发利用过程也不例外，在如何处理经济发展与环境保护问题上，有过迷茫困惑，有过思索反省，也在不断调整修正着认知和实践，保护好我们的资源，我们行动起来了，尊重和顺应自然，保护自然，给大自然休养生息足够的时间和空间，从某种程度上依靠自然的力量恢复了生态系统平衡。

矿区生态环境修复涉及环境科学与技术、矿业工程、生态学、植物学等多个学科，需要多学科领域专家的联合攻关。尤其需要指出的是矿区生态修复研究作为生态学的一个热点，在理论体系的构建和技术方法的创新上还有很多工作需要完善。中国科学院新疆生态与地理研究所多年来与新疆维吾尔自治区地质环境监测院、新疆维吾尔自治区国土综合整治中心、阿尔泰山国有林管理局等单位联手合作，共同承担完成了“新疆典型地区（天山北坡—西线）矿山生态修复方法标准研究（2021年）”新疆维吾尔自治区自然资源厅委托项目“新疆典型地区矿山生态修复方法标准研究”“新疆维吾尔自治区阿尔泰山国有林管理局阿勒泰分局苏木达依列克河受损矿区地质环境恢复与修复治理项目（2022年）”“新疆维吾尔自治区阿尔泰山国有林管理局青河分局天保二期河道边坡生态修复等应用研究项目（2022年）”。还完成了新疆维吾尔自治区“山水林田湖草沙冰生态保护修复工程生态问题识别、诊断技术与生态系统评估标准”等研究项目，为统筹推进新疆自然系统的协调发展，统筹治山、治水、治林、治田、治湖、治草、治沙等工作，重点推进美丽新疆建设发挥了积极的作用。本书的研究成果是建立在上述研究基础上完成的，其中，在干旱区矿区生态修复必须坚持水、土、种子局部富集的理念以及通过微地形营造、泥浆拌种喷播等关键技术实现生态修复均作为原创成果首次提出，研究的部分成果也发表在《*ECOLOGICAL INDICATORS*》等刊物上，编制新疆维吾尔自治区地方标准《矿区泥浆拌种喷播生态修复技术实施规程》和《干旱区矿山生态修复工程水、土、种子富集技术规范》。

由于自然条件的相对恶劣，新疆北部区域废弃矿山的生态修复工作面临着巨大的挑战，因此废弃矿山的生态修复对新技术及新方法的需求日益强烈。我们作为中国科学院新疆生态与地理研究所的科研团队，着重以露天草地废弃矿山为研究靶区，选择局部水分富集、局部土壤和种子的富集以及选择适宜的乡土植物为三个主要研究内容，通过大量的矿区实践、数值模拟分析以及现场实效对比等，探明生态修复的方向和目标，探索适宜新疆草地露天矿区废弃地的生态修复技术，提出验收的适宜指标，力争构建出一套适合于新疆干旱区露天草地废弃矿山生态修复的技术措施，并对这些措施的恢复机理给予科学解释。

在多年来的矿山受损生态系统综合治理过程中，我们深感新疆矿区生态修复和综合治理是一项十分艰巨的系统工程，任重而道远，尤其与国内其他省份矿区生态修复工作相比，新疆北部区域的矿山受损生态系统修复工作更是面临着更多的困难和诸多的现实问题。如在新疆北部区域的山区，矿区受损生态修复工作面临的最大限制因子是成土过程慢，矿区土壤破坏后缺乏可用的土壤，失去土壤后的废弃矿山遗留地首先水土涵养功能丧失，其次天然植被也完全消失，这种条件下开展矿区受损生态恢复势必面临缺土和少种的严峻局面。

俄国著名的土壤学和土壤地理学家，近代土壤发生学的奠基人道库恰耶夫（1846—1903）曾经表述：自然界是解决科学难题的最好的和最客观的老师。他强调自然界作为解决科学问题的来源，具有客观性和优越性，并号召科研工作者必须深入到大自然中去观察、研究、发现。他的这一观点对我们科研团队理解自然界的规律和解决科学难题提供了重要的研究视角和方法。从可持续发展的角度来看，新疆矿区生态修复必须坚持以自然恢复为主、人工促进为辅的原则，从利用自然的方式上探寻在非灌溉条件下依靠自然降水来维系植被的生存和繁衍的最好利用途径是十分必要的，也就是说，在不依赖灌溉条件的背景下争取实现恢复目标生态系统的生境改善和植被群落结构和功能的自我恢复是必要的，而要实现这一点则需要创造这个能实现植被自我恢复的外部环境条件，在自然条件下实现水分能够满足植被发育、生长和繁殖的最低需求是矿区受损生态系统修复的前提，如何在年降水量只有几十毫米的条件下实现植被的自然恢复困难重重。为着力破解新疆北部区域发展的这一瓶颈制约提供科学依据和理论基础，我们科研团队通过构建微地形营造的数学模型，试图将微地形集水过程定量化，基于此，挖掘和发挥自然界作为教师角色的重要性，即通过观察和理解自然现象，学习和应用自然知识争取解决面临的科学难题和实际问题，在分析微地形营造机理的基础上，人为地创造水分局部富集的条件，然后就如何解决缺土、少种和无法保水等生态修复的关键问题进行了针对性的研究，最终提出了适合新疆北部区域矿山生态修复的几种关键技术。求真务实地讲，通过系统的观察、试验和分析，我们在解决废弃矿山生态修复的关键技术问题上，仅仅做了一些科研与实践尝试，明确了新疆矿区生态修复的方向和目标，探索了适合新疆矿区特点和生态修复需求的修复技术，通过现场调查与科学观察、典型案例分析，集成提出废弃矿山生态修复工作的高水平、低成本、可推广、易复制的几个关键技术以及验收适宜指标，也为我国矿区生态环境修复理论与技术在国际上全面实现领先奠定了应有的基础。实践证明，在水、土、种子局部富集、草地废弃矿区乡土植物选择等科学方法以及矿区生态恢复效果评判指标，仅为新疆乃至全国干旱、半干旱环境下的矿区生态修复整体工作提供了一定的科学参考依据与实践支撑，展示了自然界作为科学研究的对象和实验场所的价值，体现了通过自然现象研究科学难题的重要性和有效性，但离促进矿区生态环境修复事业的发展要求来讲还相差很远，作为废弃矿山生态修复的一种新的技术，在矿山生态修复成熟经验、理论研究、制度规范和技术标准等方面迫切需要开展大量的、更有深度的野外和室内研究工作，解决废弃矿山生态修复更多的关键技术和现实问题，更需要从理论上进行突破，制定新的修复方法、技术、手段和措施等。

但是无论在理论的构建还是在技术关键参数的研究上还存在非常多的不足，例如微地形集水过程中，它的富集涉及坡面的径流下渗，受不同土壤质地的影响，雨水的下渗方式不同，沙土下渗快而黏土更易形成坡面径流，由此形成局部富集的区域不同，结果也更为复杂，所以需要更深入地研究。另外，在乡土草种选择这一问题上，作为当今国内外草地恢复的一个热点和争议点，虽然用土壤种子库做了多年的试验研究，但是这种修复措施中如何采集种子，如何保证种子的活力还有很多亟待研究的内容；再如，涉及土壤种子库的内容，在几亩几十亩范围容易实现，而现实中新疆很多矿山范围巨大，在几百亩、几千亩甚至上万亩的矿山生态修复实践上，原材料的用量是非常大的，怎么样形成一种机械化、规模化的应用来满足现实的需求，需要研究的内容还非常多。《新疆北部区域矿区生态修复关键技术及实践》提出的一些关键技术，比如微地形营造、泥浆拌种喷播目前已经编制技术规范，同时评价指标现在选取了5种，还在几十个矿区受损生态修复工作中进行了试验，但是这5种指标的评价效果是否能满足要求还需要一个时间的检验。从整体来讲，包括新疆北部区域在内的整个新疆的矿山生态修复模式需要转型升级，必须以自然恢复为主，以人工干预为辅，两者有机结合，只有通过适度地人工干预来消除和改善矿山生态系统的限制条件，引导矿区受损生态系统进入自我恢复和自我维持状态，恢复良好的生态关系与生态功能，才能实现科学地、系统地修复矿山受损生态系统。

此外，矿山生态修复不应该局限于采后末端的修复治理，还要加强矿产资源开发过程中的生态环境保护修复，在深刻认识和精准处理好经济发展与生态环境保护之间的关系基础上，实行保护优先、源头减损、过程控制、末端修复全过程协同修复。同时，倡导“在发展中保护、在保护中发展”。大力推进绿色开发与开采技术，推广优选开采方法，最大限度地减轻地面损伤。

2023年11月16日出版的第22期《求是》杂志，发表习近平总书记的重要文章《推进生态文明建设需要处理好几个重大关系》，文章强调，随着新时代生态文明建设实践的深入推进，我们对生态文明建设的规律性认识不断深化。总结新时代10年的实践经验，分析当前面临的新情况、新问题，继续推进生态文明建设，必须以新时代中国特色社会主义生态文明思想为指导，正确处理几个重大关系：一是高质量发展和高水平保护的关系，高水平保护是高质量发展的重要支撑，要站在人与自然和谐共生的高度谋划发展，通过高水平环境保护，不断塑造发展的新动能、新优势，持续增强发展的潜力和后劲。二是重点攻坚和协同治理的关系，要坚持系统观念，抓住主要矛盾和矛盾的主要方面，对突出生态环境问题采取有力措施，同时强化目标协同、多污染物控制协同、部门协同、区域协同、政策协同，不断增强各项工作的系统性、整体性、协同性。三是自然恢复和人工修复的关系，要把自然恢复和人工修复有机统一起来，因地因时制宜、分区分类施策，努力找到生态保护修复的最佳解决方案，综合运用自然恢复和人工修复两种手段，持之以恒推进生态建设。四是外部约束和内生动力的关系，要激发起全社会共同呵护生态环境的内生动力，同时始终坚持用最严格制度最严密法治保护生态环境，保持常态化外部压力。五是“双碳”承诺和自主行动的关系，我们承诺的“双碳”目标是确定不移的，但达到这一目标的路径和方式、节奏和力度则应该而且必须由我们自己作主，决不受他人左右。总书记的这段话为我们推进生态文明建设指明了明确的方向和任务。

新疆北部区域在矿山生态保护修复上，要始终坚持全疆乃至全国“一盘棋”治理理念，保持生态文明建设战略定力，把包括矿山受损生态修复在内的生态环境保护贯穿经济社会发展各方面和全过程，厚植高质量发展的绿色底色，以高品质生态环境支撑高质量发展，加快推进人与自然和谐共生的现代化。保护生态环境就是保护生产力，改善生态环境就是发展生产力。生态环境的保护、修复和改善，是一个需要付出长期艰苦努力的过程，不可能一蹴而就，必须坚持不懈，奋发努力。我们应该像保护眼睛一样保护包括新疆北部区域在内的整个新疆的自然和生态环境，让生态系统休养生息焕发生机，让青山常绿、绿水长流、空气常新，努力建设人与自然和谐共生的美丽家园，建设天蓝、地绿、水清的美丽新疆。总之，“顺应自然、保护生态的绿色发展昭示着未来。”尊重自然、顺应自然、保护自然，是全面建设社会主义现代化国家的内在要求。新疆矿山生态修复方面的研究工作，会随着现实需求变化要求我们不断探索，这也将是我们科研团队今后研究的方向之一。

新疆北部区域的矿山生态保护修复，功在当代，利在千秋！

参考文献

阿尔泰,徐福军,徐海量,等,2019. 阿勒泰地区矿区修复技术集成与模式研究[M]. 北京:中国林业出版社:26-45.

安如意,王辉,李晟洲,等,2022."双碳"背景下铁尾矿库生态修复技术方向与策略[J]. 有色金属:矿山部分,74(6):82-91.

巴贺夹依娜尔·铁木尔克,2012. 新疆巴尔克鲁山植物区系[D]. 乌鲁木齐:新疆大学硕士论文.

白雨诗,刘目兴,易军,等,2020. 三峡山地沟谷不同坡位土壤水分特征及对降雨过程的响应[J]. 长江流域资源与环境,29(10):2261-2273.

毕如田,白中科,李华,等,2007. 基于3S技术的大型露天矿区复垦地景观变化分析[J]. 煤炭学报,32(11):1157-1161.

曹鹏举,程三友,林海星,等,2021. DEM在构造地貌定量分析中的应用与展望[J]. 地质力学学报,27(6):55-68.

曹秋梅,2015. 新疆阿尔泰山植物多样性全球突出普遍价值[D]. 乌鲁木齐:新疆农业大学硕士论文.

陈贵廷,成国坤,何伟,等,2023. 贵州煤矸石堆存区周边农用地土壤重金属污染及健康风险评价[J]. 山东化工,52(16):256-259.

陈晓亚,阎顺,1989. 新疆阿尔泰山前平原河谷林植被类型[J]. 植物生态学报,13(1):66-72.

陈亚男,庄媛,闫瑞瑞,等,2023. 南方长期不同土地利用方式下土壤肥力变化特征——以湖北省长阳县火烧坪乡为例[J]. 植物营养与肥料学报,29(1):188-200.

程积民,井赵斌,金晶炜,等,2014. 黄土高原半干旱区退化草地恢复与利用过程研究[J]. 中国科学:生命科学,44(3):267-279.

程纪元,白中科,杨博宇,等,2021. 土地复垦美学视觉评价:以黄土高原矿区为例[J]. 地学前缘,28(4):171-180.

丁军章,2024. 不同管理措施下内蒙古草原土壤固碳潜力研究[D]. 呼和浩特:内蒙古农业大学.

董世魁,崔保山,丁宗凯,等,2008. 大保高速公路老营段路域植被生态恢复[J]. 生态学报,28(4):1483-1490.

董云中,王永亮,张建杰,等,2014. 晋西北黄土高原丘陵区不同土地利用方式下土壤碳氮储量[J]. 应用生态学报,25(4):955-960.

董正武,李生宇,毛东雷,等,2021. 古尔班通古特沙漠西南缘柽柳沙包土壤粒度分布特征[J]. 水土保持学报,35(4):64-72.

杜建平,邵景安,周春蓉,等,2018. 煤矿临时建设用地凹凸地貌重塑技术研究——以重庆市木朗煤矿为例[J]. 西南大学学报(自然科学版),40(6):140-148.

杜敏晴,伍仁军,杨民烽,等,2018. 烘干称重法与TDR法观测土壤湿度的比较研究[J]. 水土保持应用技术,38(4):7-9.

范燕敏,武红旗,孙宗玖,等,2014. 围封对天山北坡荒漠草地土壤有机碳的影响[J]. 草地学报,

22(1): 65-69.
冯昶栋，郭小平，罗超，等，2021. 干旱矿区不同干扰强度下土壤种子库特征[J]. 草业科学，38(3): 50-59.
冯缨，2005. 天山北坡中段草地多样性研究[D]. 乌鲁木齐：新疆农业大学博士论文.
傅荩仪，徐海量，赵新风，等，2013. 塔里木河下游漫溢干扰频次和持续时间对河岸植被和土壤的影响差异[J]. 草业学报，22(6): 11-22.
高甲荣，1999. 近自然治理——以景观生态学为基础的荒溪治理工程[J]. 北京林业大学学报，21(1): 80-95.
郭艳菊，马晓静，许爱云，等，2022. 宁夏东部风沙区沙化草地土壤水分和植被的空间特征[J]. 生态学报，42(4): 1571-1581.
郭宇箫，吕文琪，2021. 浅谈废弃矿山地质环境综合治理[J]. 中文科技期刊数据库(全文版)工程技术，7(10): 490-491.
韩勇，姜凯升，杜华栋，等，2023. 干旱砾漠区露天采煤对草地植物群落特征及其稳定性影响[J]. 西北植物学报，43(6): 1035-1043.
汉斯-约阿希姆·马德尔，孔洞一，崔庆伟，2017. 修复地球表面肌肤——德国矿区生态修复再利用理论与实践[J]. 风景园林，24(8): 32-42.
贺文君，韩广轩，颜坤，等，2021. 微地形对滨海盐碱地土壤水盐分布和植物生物量的影响[J]. 生态学杂志，40(11): 3585-3597.
贺瑶，2021. 黑土长缓坡微地形对土壤颗粒空间异质性和有机碳矿化的影响[D]. 杨凌：西北农林科技大学.
侯凤兰，赵雪辉，2015. 新疆煤炭开采主要生态环境问题及治理对策[J]. 环境与可持续发展，40(4): 160-161.
侯晓瑞，2012. 黄土丘陵区土壤有机碳氮空间分布与储量研究[D]. 杨凌：西北农林科技大学.
胡丹丹，李浩，宋惠洁，等，2022. 长期施肥条件下红壤有机碳化学结构与团聚体稳定性的关系[J]. 土壤通报，53 (1): 152-159.
胡汝骥，2004. 中国天山自然地理[M]. 北京：中国环境科学出版社.
黄建明，2010. 新疆霍城县水定镇煤矿地质环境治理工作方法和措施[J]. 中国西部科技，9(15): 1-3.
姬红英，2011. 煤矿区生态环境影响评价方法研究[D]. 西安：西安科技大学.
贾风勤，任娟娟，张元明，2018. 古尔班通古特沙漠沙丘微地形变化对草本植物多样性影响[J]. 生态学杂志，37(1): 26-34.
贾慎修，贾志海，史德宽，1989. 补播是改良退化草地的有效途径[J]. 草业科学，6(6): 8-10.
姜文婷，高翔菲，宋锦浩，等，2023. 不同土地利用方式土壤有机碳组分及微生物群落对植物残体输入的响应[J]. 土壤通报，54(4): 831-839.
金玲，陆颖，马红彬，等，2022. 内蒙古鄂托克前旗荒漠草原植物群落的数量分类与排序[J]. 草业学报，31(4): 12-21.
孔令伟，薛春晓，苏凤，等，2017. 不同建植技术对露天煤矿排土场生态修复效果的影响及评价[J]. 水土保持研究，24(1): 187-193.
邝高明，朱清科，刘中奇，等，2012. 黄土丘陵沟壑区微地形对土壤水分及生物量的影响[J]. 水土保持研究，19(3): 74-77.
黎运红，2015. 畜禽粪便资源化利用潜力研究[D]. 武汉：华中农业大学.
李凤明，丁鑫品，白国良，等，2021. 高原高寒露井联合矿区生态地质环境综合治理模式[J]. 煤炭学报，46(12): 4033-4044.
李海东，胡国长，燕守广，2022. 矿区生态修复目标与模式研究[J]. 生态与农村环境学报，38(8): 963-971.
李红举，李少帅，赵玉领，2019. 澳大利亚矿山土地复垦与生态修复经验[J]. 中国土地，9(4):

48-60.
李虹辰, 赵西宁, 高晓东, 等, 2014. 鱼鳞坑与覆盖组合措施对陕北旱作枣园土壤水分的影响[J]. 应用生态学报, 25(8): 2297-2303.
李鹏, 李占斌, 郑良勇, 2004. 植被恢复演替初期对模拟降雨产流特征的影响[J]. 水土保持学报, 18(1): 54-57.
李文渊, 2019. 新疆北部晚古生代大规模岩浆作用与成矿耦合关系研究[M]. 北京: 科学出版社.
李艳梅, 王克勤, 陈奇伯, 等, 2008. 金沙江干热河谷微地形改造对土壤水分运动参数的影响研究[J]. 水土保持研究, 15(4): 19-23.
李以康, 冉飞, 韩发, 等, 2010. 绿色植物生长调节剂(GGR)对高寒草甸矮嵩草抗氧化生理指标的影响[J]. 草地学报, 18(1): 56-60.
梁道省, 牟长城, 高旭, 等, 2023. 松嫩平原湿地植物群落多样性的环境梯度分布格局及控制因子[J]. 生态学报, 43(1): 339-351.
梁敏, 2023. 地下煤矿开采和矿山土地复垦综合规划研究[J]. 中国煤炭地质, 35(5): 75-80.
梁潇丹, 2020. 新疆阿勒泰铜金多金属资源基地矿山地质环境综合评价与治理恢复研究[D]. 西安: 长安大学.
刘超, 2016. 习近平生态治理理论与实践研究[D]. 武汉: 华中师范大学.
刘满强, 胡锋, 陈小云, 2007. 土壤有机碳稳定机制研究进展[J]. 生态学报, 26(6): 2642-2650.
刘伟, 2014. 浅谈新疆天山北坡煤炭开采引起地表沉陷的生态环境保护——以新疆玛纳斯涝坝湾煤矿为例[J]. 化工管理, 21(8): 275-276.
刘秀珍, 2012. 山西中条山铜矿废弃地植被生态研究[D]. 太原: 山西大学.
刘岩, 李宝林, 袁烨城, 等, 2021. 基于三江源高寒草甸群落结构变化评估围栏封育对草地恢复的影响[J]. 生态学报, 41(18):7125-7137.
刘英, 雷少刚, 李心慧, 等, 2023. 干旱矿区植被引导型修复中干旱阈值的生态机制[J]. 煤炭学报, 48(6): 2550-2563.
刘永光, 2012. 北京山区关停废弃矿山人工恢复效果及评价研究[D]. 北京: 北京林业大学.
陆志星, 王智慧, 韦铄星, 等, 2022. 桂西北喀斯特地区不同植被恢复模式植物群落结构与多样性特征[J]. 中南林业科技大学学报, 42(9): 115-126.
栾军伟, 刘世荣, 2012. 土壤呼吸的温度敏感性——全球变暖正负反馈的不确定因素[J]. 生态学报, 32(15): 4902-4913.
罗康生, 李仁启, 代胜, 等, 2022. 矿山地质环境生态修复工程单元划分[J]. 西部探矿工程, 34(7): 19-21.
骆祥君, 熊嘉育, 张辉旭, 等, 2012. 国内外典型矿山生态修复调研报告[C]. proceedings of the 2012 (中国 · 北京) 重金属污染土壤治理与生态修复论坛.
马子元, 钱志豪, 马红彬, 等, 2022. 宁夏荒漠草原5种乡土植物适应性评价[J]. 草业科学, 39(5): 1006-1014.
毛喆, 杨涛涛, 黄丽颖, 等, 2023. "双碳" 目标下的矿山生态修复技术研究进展[J]. 能源与节能, 28(6): 119-122.
潘竟虎, 魏宏庆, 2008. 区域水土保持生态修复模式及效果评价——以长江流域两当河上游为例[J]. 中国生态农业学报, 16(1): 192-195.
彭佳佳, 胡玉福, 蒋双龙, 等, 2014. 生态恢复对川西北沙化草地土壤活性有机碳的影响[J]. 水土保持学报, 28(6): 251-255.
彭香琴, 沈于凯, 蔡彬, 等, 2023. 废弃矿区重金属污染负荷核算方法及其应用研究——以广东某废弃铅锌矿区为例[J]. 环境保护科学, 49(5): 18-23.
齐丹卉, 刘文胜, 李世友, 等, 2013. 兰坪铅锌矿区植被恢复初期土壤种子库与地上植被关系的研究[J]. 西北植物学报, 33(11): 2317-2325.
乔千洛, 杨文权, 赵帅, 等, 2022. 种草基质对木里矿区植被恢复效果的影响[J]. 草业科学,

39(9): 1782-1792.
任玉芬, 王效科, 韩冰, 等, 2005. 城市不同下垫面的降雨径流污染[J]. 生态学报, 25(12): 3225-3230.
汝海丽, 张海东, 焦峰, 等, 2016. 黄土丘陵区微地形梯度下草地群落植物与土壤碳、氮、磷化学计量学特征[J]. 自然资源学报, 31(10): 1752-1763.
商素云, 姜培坤, 宋照亮, 等, 2013. 亚热带不同林分土壤表层有机碳组成及其稳定性[J]. 生态学报, 33(2): 416-424.
申萍, 潘鸿迪, 周涛发, 等, 2017. 新疆西准噶尔金铜钼成矿作用[M]. 北京: 科学出版社.
沈征涛, 施斌, 王宝军, 等, 2013. 土壤有机质转化及CO_2释放的温度效应研究进展[J]. 生态学报, 33(10): 3011-3019.
孙永秀, 严成, 徐海量, 等, 2017. 受损矿区草原群落物种多样性和地上生物量对覆土厚度的响应[J]. 草业学报, 26(1): 54-62.
谭晓东, 张紫昭, 张利飞, 等, 2021. 新疆哈巴河县某金属矿山地质环境保护与土地复垦治理措施[J]. 世界有色金属, 17(5): 186-187.
谭学玲, 闫庆武, 王瑾, 等, 2018. 榆神府矿区植被覆盖的动态变化及其影响因素[J]. 生态学杂志, 37(6): 1645-1653.
田超, 曾凡勇, 谢水波, 等, 2012. 煤矿矿区生态恢复研究实践——以耒阳石界煤矿为例[J]. 南华大学学报: 自然科学版, 26(4): 25-30.
田秀民, 马春霞, 鲁旭东, 等, 2021. 微地形重塑对大型排土场平台水沙及植被的影响[J]. 水土保持研究, 28(3): 74-82.
田野, 郭新安, 陈学栋, 2023. 新疆天池能源南露天煤矿地面生产系统煤尘综合治理方案[J]. 露天采矿技术, 38(5): 93-95.
涂光炽, 1993. 新疆北部固体地球科学新进展[M]. 北京: 科学出版社.
王楚含, 徐海量, 赵新风, 等, 2016. 补水对采金废弃矿区恢复效益的影响[J]. 草业科学, 33(10): 2126-2135.
王东旭, 张紫昭, 2018. 新疆非金属露天开采矿山地质环境评价指标体系与模型建立[J]. 中国矿业, 27(3): 93-99.
王金马, 2016. 秦岭北麓圭峰山典型地段破损山体修复策略及治理途径研究[D]. 西安: 西安建筑科技大学.
王军广, 王鹏, 赵志忠, 等, 2023. 海南岛东部地区土地利用方式对土壤有机碳含量的影响[J]. 广西师范大学学报(自然科学版), 41(5): 171-179.
王灵艳, 杜岩功, 许庆民, 等, 2023. 放牧对青藏高原高寒草地土壤有机碳含量的影响[J]. 草原与草坪, 2023, 43(03): 21-27.
王美仙, 贺然, 董丽, 等, 2015. 美国矿山废弃地生态修复案例研究[J]. 建筑与文化, 12(12): 99-101.
王宁, 2022. 液压喷播技术在湿陷性黄土地区山体绿化护坡中的应用[J]. 乡村科技, 13(9): 102-104.
王佟, 蔡杏兰, 李飞, 等, 2022. 高原高寒矿区生态地质层修复中的土壤层构建与成分变化差异[J]. 煤炭学报, 47(6): 2407-2419.
王佟, 杜斌, 李聪聪, 等, 2021. 高原高寒煤矿区生态环境修复治理模式与关键技术[J]. 煤炭学报, 46(1): 230-244.
王兴, 宋乃平, 杨新国, 等, 2016. 荒漠草原植物多样性分布格局对微地形尺度环境变化的响应[J]. 水土保持学报, 30(4): 274-280, 328.
王岩, 李玉灵, 石娟华, 等, 2012. 不同植被恢复模式对铁尾矿物种多样性及土壤理化性质的影响[J]. 水土保持学报, 26(3): 112-117, 183.
王英宇, 2018. 公路石质边坡喷播绿化植被的降雨、灌溉水分分配特征[J]. 水土保持学报,

32(4): 128-132.
王增如，徐海量，尹林克，等，2009. 土壤种子库萌发实验在野外与室内的对比分析[J]. 中国沙漠，29(2): 264-269.
王子婷，杨磊，李广，等，2021. 半干旱黄土丘陵区微地形变化对人工柠条林草本分布的影响[J]. 草地学报，29(2): 364-373.
魏斌，2019. 废弃食用油对碱激发混凝土收缩及耐久性能影响试验研究[D]. 哈尔滨：哈尔滨工业大学.
魏宇宸，赵美芳，朱昌达，等，2022. 基于景观及微地形特征的丘陵区土壤属性预测[J]. 应用生态学报，33(2): 467-476.
魏早强，罗珠珠，牛伊宁，等，2022. 土壤有机碳组分对土地利用方式响应的Meta分析[J]. 草业科学，39(6): 1115-1128.
邬建红，潘剑君，葛序娟，等，2015. 不同土地利用方式下土壤有机碳矿化及其温度敏感性[J]. 水土保持学报，29(3): 130-135.
吴秦豫，张绍良，杨永均，等，2021. 基于恢复力的半干旱矿区生态系统退化风险空间评估[J]. 煤炭学报，46(5): 1587-1598.
夏嘉南，李根生，卞正富，等，2022. 露天矿内排土场近自然地貌重塑研究——以新疆黑山露天矿为例[J]. 煤炭科学技术，50(11): 213-221.
肖胜生，房焕英，徐佳文，等，2022. 侵蚀区植被恢复过程中土壤有机碳稳定性的研究进展[J]. 水土保持学报，36(5): 1-8.
新疆百科全书编纂委员会，2002. 新疆百科全书[M]. 北京：中国大百科全书出版社.
新疆维吾尔自治区地方志编纂委员会，2022. 新疆年鉴2021[M]. 乌鲁木齐：新疆年鉴社.
新疆维吾尔自治区农业厅，新疆维吾尔自治区土壤普查办公室，1996. 新疆土壤[M]. 北京：科学出版社.
新疆维吾尔自治区统计局，国家统计局新疆调查总队，2022. 新疆统计年鉴. 2021[M]. 北京：中国统计出版社.
徐海量，2018. 矿区恢复典型案例分析——以卡拉麦里自然保护区为例[J]. 新疆林业，260(4): 35-38.
徐海量，李吉玫，叶茂，等，2008. 塔里木河下游不同地下水埋深下的土壤种子库特征[J]. 草业学报，17(3): 111-118.
徐海量，苑塏烨，徐俏，2020. 干旱区生态修复的实践——以古尔班通古特沙漠为例[J]. 科学，72(6): 14-18, 4.
徐华君，韩宝平，2008. 阿尔泰山南坡主要土壤类型及分布[J]. 土壤通报，39(3): 465-470.
徐明岗，于荣，王伯仁，2000. 土壤活性有机质的研究进展[J]. 土壤肥料，21(6): 3-7.
徐俏，徐海量，夏国柱，等，2022. 新疆矿山生态修复的认识及思考[J]. 新疆师范大学学报：自然科学版，41(3): 29-34.
徐俏，赵万羽，魏岩，等，2022. 阿尔泰山东部林区森林种群结构和空间分布格局[J]. 干旱区研究，39(6): 1885-1895.
徐俏，叶茂，徐海量，等，2018. 塔里木河下游生态输水对植物群落组成、多样性和稳定性的影响[J]. 生态学杂志，37(9): 2603-2610.
许佳，祝晓曈，苑塏烨，2019. 额河源流采金矿区不同恢复措施对矿区物种多样性和地上生物量的影响[J]. 干旱区地理，42(3): 581-589.
薛东明，郭小平，张晓霞，2021. 干旱矿区排土场不同边坡生态修复模式下减流减沙效益[J]. 水土保持学报，35(6): 15-21.
杨博宇，白中科，2019. 露天煤矿区低碳土地利用途径研究[J]. 中国矿业，28(6): 89-93.
杨春华，2004. 扁穗牛鞭草与混生种互作的生理生态机理研究[D]. 成都：四川农业大学.
杨翠霞，赵廷宁，谢宝元，等，2014. 基于小流域自然形态的废弃矿区地形重塑模拟[J]. 农业工程学报, 30(1): 236-244.
杨富全, 刘德权, 赵财胜, 等, 2010. 中国新疆北部与西部邻区地质矿产对比研究[M]. 北京: 地质出版社: 56-77.
杨海乐, 徐福军, 叶勒波拉提·托流汉, 等, 2016. 构建新疆阿尔泰两河流域生态保护体系: 特殊性、重要性与已建保护地的空间格局[J]. 中国人口·资源与环境, 26(5): 256-258.
杨浩. 2014. 新疆金属矿采掘项目环境影响评价要点及应关注的问题探讨[J]. 环境与生活, 7(14): 208-209.
杨桦, 彭小瑜, 杨淑琪, 等, 2022. 滇南喀斯特断陷盆地土地利用方式对土壤有机碳及其活性组分的影响[J]. 生态学报, 42(17): 7105-7117.
杨建杰, 郑文美, 郭江, 2013. 矿山植被恢复工程应注意的问题[J]. 中国水土保持, 33(11): 33-34.
杨建军, 莫爱, 刘巍, 等, 2015. 乌鲁木齐松树头煤田火区植被恢复的物种筛选[J]. 生态学杂志, 34(6): 1499-1506.
杨利普, 1987. 新疆综合自然区划概要[M]. 北京: 科学出版社: 21-22.
杨明元, 1996. 对地表粗糙度测定的分析与研究[J]. 中国沙漠, 16(4): 5-10.
杨鹏, 赵锦梅, 雷隆举, 等, 2018. 微地形对高寒草地土壤有机碳及氮含量的影响[J]. 水土保持通报, 38(3): 94-98.
杨增增, 2021. 改良措施对退化高寒草甸植被与土壤的影响[D]. 西宁: 青海大学.
姚艳丽, 严成, 徐海量, 2015. 库尔木图矿区植被恢复研究[J]. 新疆林业, 41(3): 9-10.
姚艳丽, 严成, 杨更强, 2016. 两种旱生植物的生长特征及其成活率对底水灌溉量的响应[J]. 干旱区研究, 33(6): 1249-1253.
叶鲁青, 胥孝川, 顾晓薇, 等, 2023. 新疆半干旱生态脆弱区露天煤矿生态成本[J]. 东北大学学报(自然科学版), 44(9): 1318-1327.
尹卫, 2016. 冷胁迫下紫花苜蓿越冬芽组织结构观察与抗寒基因的研究[D]. 西宁: 青海大学.
宇万太, 马强, 赵鑫, 等, 2007. 不同土地利用类型下土壤活性有机碳库的变化[J]. 生态学杂志, 26(12): 2013-2016.
袁方策, 达吾勒, 1991. 阿尔泰山采金史略[J]. 干旱区地理, 14(3): 46-50.
原野, 赵中秋, 白中科, 等, 2016. 露天煤矿复垦生态系统碳库研究进展[J]. 生态环境学报, 25(5): 903-910.
苑塏烨, 白玉锋, 徐海量, 等, 2016. 阿尔泰山采金矿区植被恢复效果初探[J]. 土壤通报, 47(4): 966-972.
翟朝阳, 邱娟, 司洪章, 等, 2019. 微地形对大西沟新疆野杏萌发层土壤因子的影响[J]. 生态学报, 39(6): 295-306.
张国伟, 李三忠, 刘俊霞, 等, 1999. 新疆伊犁盆地的构造特征与形成演化[J]. 地学前缘, 6(4): 203-210.
张丽娟, 于永奇, 高凯, 2015. 沙地植物功能群及其多样性对微地形变化的响应[J]. 草地学报, 23(1): 41-46.
张丽娜, 叶武威, 王俊娟, 等, 2010. 棉花耐盐相关种质资源遗传多样性分析[J]. 生物多样性, 18(2): 137-144.
张鸣, 高天鹏, 刘玲玲, 等, 2010. 麦秆和羊粪混合高温堆肥腐熟进程研究[J]. 中国生态农业学报, 18(3): 566-569.
张骞, 马丽, 张中华, 等, 2019. 青藏高寒区退化草地生态恢复: 退化现状、恢复措施、效应与展望[J]. 生态学报, 39(20): 7441-7451.
张松波, 2022. 完整准确全面贯彻新发展理念 加快推动升级版绿色矿山建设[J]. 冶金经济与管理, 38(2): 4-6.
张涛, 陈智平, 车克钧, 等, 2017. 干旱区矿区不同立地类型土壤种子库特征[J]. 干旱区研究,

34(1): 51-58.

张紫昭，2020. 新疆地区非金属矿山土地复垦适宜性评价及土壤物理性质演变规律[D]. 北京：中国矿业大学.

赵华，2019. 哈密红海矿区地表移动规律及土地破坏状况研究[J]. 现代矿业，35(1): 215-238.

赵晓蕾，2022. 加强煤矿环保工作构建和谐绿色矿山[J]. 矿业装备，12(2): 178-179.

赵晓英，宋建军，赵文智，2022. 美国生态修复和恢复国家种子战略及其对中国生态恢复的启示[J]. 地球科学进展，37(11): 1204-1210.

赵欣，王佟，李聪聪，等，2023. 露天矿区生态地质层修复中地形重塑层的构建技术及应用[J]. 煤田地质与勘探，51(7): 113-122.

赵新风，徐海量，王希义，等，2018. 人工措施对阿尔泰山采金矿区地表的恢复作用[J]. 生态学杂志，37(6): 1628-1635.

赵新风，徐海量，张鹏，等，2014. 养分与水分添加对荒漠草地群落结构与物种多样性的影响[J]. 植物生态学报，38(2): 167-177.

赵兴鸽，张世挺，牛克昌，2020. 青藏高原高寒草甸土壤真菌多样性与植物群落功能性状和土壤理化特性的关系[J]. 应用与环境生物学报，26(1): 1-9.

赵秀芳，张清，王振宇，2014. 微地形对天津滨海吹填土土壤理化性质和植被状况的影响[J]. 土壤通报，45(2): 281-285.

郑聚锋，潘根兴，吴新民，2011. 升金湖枯水期滩地土壤CO_2-C释放通量及有机碳稳定性研究[J]. 湿地科学，9(2): 132-139.

郑思光，赵志杰，2020. 露天矿山边坡治理的“喷砼飘台”技术试验及效果[J]. 探矿工程：岩土钻掘工程，47(3): 80-87.

郑喜玉，1995. 新疆盐湖[M]. 北京：科学出版社.

郑晓平，2022. 矿山地质灾害生态恢复治理探究[J]. 西部资源：19(3): 22-24.

郑子成，王永东，李廷轩，等，2011. 退耕对土壤团聚体稳定性及有机碳分布的影响[J]. 自然资源学报，26(1): 119-127.

中国科学院新疆综合考察队，中国科学院地理研究所，北京师范大学地理系，新疆综合考察队地貌组，1978. 新疆地貌[M]. 北京：科学出版社.

周连碧，王琼，杨越晴，2021. 典型金属矿区污染土壤生态修复研究与实践进展[J]. 有色金属(冶炼部分)，59(3): 10-18.

周巧林，汪吉东，尚昊林，等，2023. 聚氨酯微塑料和秸秆添加对滨海脱盐潮土有机碳矿化及其组分的影响[J]. 生态与农村环境学报，39(8): 1086-1095.

周正虎，刘琳，侯磊，2022. 土壤有机碳的稳定和形成：机制和模型[J]. 北京林业大学学报，44(10): 11-22.

邹学勇，张春来，程宏，等，2014. 土壤风蚀模型中的影响因子分类与表达[J]. 地球科学进展，29(8): 875-889.

左艳洁，戌国标，王崇云，等，2021. 澜沧江中上游河谷植被的群落数量分类和谱系结构[J]. 生态学杂志，40(9): 2665-2677.

ALBERT A J, JONGEPIEROVA O, FAJMON I, *et al*., 2019. Grassland restoration on ex-arable land by transfer of brush-harvested propagules and green hay[J]. Agriculture, Ecosystems & Environment: An International Journal for Scientific Research on the Relationship of Agriculture and Food Production to the Biosphere, 272(1): 74-82.

BEXEITOVA R, TAUKEBAYEV O, KOSHIM A, *et al*., 2021. geomorphological risks and assessment of ecological-geomorphological situations of mining regions of arid zone of kazakhstan[J]. Geodesy and Cartography, 6(3): 47-52.

BOYER S, WRATTEN S D, 2010. The potential of earthworms to restore ecosystem services after opencast mining - A review[J]. Basic & Applied Ecology, 11(3): 196-203.

BRENNER F J, 1984. Restoration of/Natural Ecosystems on Surface Coal Mine Lands in the Northeastern United States[J]. Studies in Environmental Science, 25(8): 211-225.

CARLSON C L, ADRIANO D C, 1993. Environmental Impacts of Coal Combustion Residues[J]. Journal of Environmental Quality, 22(2): 227-242.

CHAMRAN F, GESSLER P E, CHADWICK O A, 2002. Spatially explicit treatment of soil-water dynamics along a semiarid catena[J]. Soil Science Society of America Journal, 66(5): 1571-1581.

CHAO A, CHIU C H, JOST L, *et al.*, 2014. Unifying species diversity, phylogenetic diversity, functional diversity, and related similarity and differentiation measures through hill numbers[J]. Annual Review of Ecology Evolution and Systematics, 45(1): 297-324.

CHENG H, WANG S T, WU Y Q, *et al.*, 2006. Study on hole-ephemeral gullies erosion[J]. Journal of Soil and Water Conservation, 20(2): 39-41.

CHIUFFO M C, MACDOUGALL A S, HIERRO J L, 2015. Native and non-native ruderals experience similar plant-soil feedbacks and neighbor effects in a system where they coexist[J]. Oecologia, 179(3): 843-852.

CORNELISSEN H, WATSON I, E ADAM, *et al.*, 2019. Challenges and strategies of abandoned mine rehabilitation in South Africa: The case of asbestos mine rehabilitation[J]. JOURNAL OF GEOCHEMICAL EXPLORATION, 3(1): 205-206.

CUZZOCREA C, 2010. Study of the Geological, Geomorphological and Hydrogeological setting of Donori affected by mining and recovery assumptions of mining areas[D]. Italy: Università degli Studi di Cagliari.

DOLEY D, AUDET P, 2013. Adopting novel ecosystems as suitable rehabilitation alternatives for former mine sites[J]. Ecological Processes, 2(1): 11-22.

DOMINGUEZ-HAYDAR Y, VELASQUEZ E, J CARMONA, *et al.*, 2019. Evaluation of reclamation success in an open-pit coal mine using integrated soil physical, chemical and biological quality indicators[J]. Ecological Indicators, 103(8): 182-193.

DUOR A, 2013. Evolutionary responses of native plant species to invasive plants: a review[J]. New Phytologist, 200(4): 986-992.

GANN G D, MCDONALD T, WALDER B, *et al.*, 2019. International principles and standards for the practice of ecological restoration. Second edition[J]. Restoration Ecology, 27(1): 1-46.

GAO P, 2023. Research on coal mine goaf restoration based on stability of overlying rocks and numerical simulation analysis: a case study of Jingmen Garden Expo Park[J]. Sustainability, 15(2): 1-26.

GRUTTERS B M C, GROSS E M, DONK E V, *et al.*, 2017. Periphyton density is similar on native and non-native plant species[J]. Freshwater Biology, 62(5): 906-915.

HARMS K E, CONDIT R, HUBBELL S P, *et al.*, 2001. Habitat associations of trees and shrubs in a 50hm^2 neotropical forest plot[J]. Journal of Ecology, 89(6): 947-959.

HOU X Y, LIU S L, CHENG F Y, *et al.*, 2019. Variability of environmental factors and the effects on vegetation diversity with different restoration years in a large open-pit phosphorite mine[J]. Ecological Engineering, 127(1): 245-253.

JOSA R, JORBA M, VALLEJO V R, 2012. Opencast mine restoration in a Mediterranean semi-arid environment: Failure of some common practices[J]. Ecological engineering: The Journal of Ecotechnology, 42(3):183-191.

KERN R, HOTTER V, FROSSARD A, *et al.*, 2019. Comparative vegetation survey with focus on cryptogamic covers in the high Arctic along two differing catenas[J]. Polar Biology, 42(11): 2131-2145.

KUEBBING S E, NUNEZ M A, 2016. Invasive non-native plants have a greater effect on neighbouring natives than other non-natives[J]. Nature Plants, 2(10): 1-7.

KULMATISKI A, 2018. Community-level plant-soil feedbacks explain landscape distribution of native and non - native plants[J]. Ecology and Evolution, 8(1): 2041-2049.

KUMAR P, KUMAR A, PATIL M, *et al.*, 2022, Herbaceous vegetation under planted woody species on coal mine spoil acts as a source of organic matter[J]. Acta Oecologica, 114: 103809.

LAN G Y, HU Y H, CAO M, *et al.*, 2011. Topography related spatial distribution of dominant tree species in a tropical seasonal rain forest in China[J]. Forest Ecology and Man-agement, 262: 1507-1513.

LEFF J W, BARDGETT R D, WILKINSON A, *et al.*, 2018. Predicting the structure of soil communities from plant community taxonomy, phylogeny, and traits[J]. Isme Journal, 12(7): 1794-1805.

LI M S, 2006. Ecological restoration of mineland with particular reference to the metalliferous mine wasteland in China: A review of research and practice[J]. Science of The Total Environment, 357(1): 38-53.

LI T, WU M, DUAN C, *et al.*, 2022. The effect of different restoration approaches on vegetation development in metal mines[J]. Science of The Total Environment, 806(1): 33-36.

LI Y, LI M, BINGCHENG S, *et al.*, 2012. Relationship between volume-based and number-based fractal dimensions of soil particle size distributions[J]. Transactions of the Chinese Society of Agricultural Engineering, 28 (23): 82-90.

MCKENNA P B, LECHNER A, S PHINN, *et al.*, 2020. Remote Sensing of Mine Site Rehabilitation for Ecological Outcomes: A Global Systematic Review[J]. Remote Sensing, 12(21): 22-26.

MILGROM T, 2008. Environmental aspects of rehabilitating abandoned quarries: israel as a case study[J]. Landscape & Urban Planning, 87(3): 172-179.

MOSER K, AHN C, G NOE, 2007. Characterization of microtopography and its influence on vegetation patterns in created wetlands [J]. Wetlands, 27(4): 1081-1097.

ODUOR A, 2013. Evolutionary responses of native plant species to invasive plants: a review[J]. New Phytologist, 200(4): 986-992.

REN H, ZHAO Y, XIAO W, *et al.*, 2021. Influence of management on vegetation restoration in coal waste dump after reclamation in semi-arid mining areas: examining ShengLi coalfield in Inner Mongolia, China[J]. Environmental Science and Pollution Research, 28(48): 68460-68474.

RIVIERA F, RENTON M, DOBROWOLSKI M P, *et al.*, 2021. Patterns and drivers of structure, diversity, and composition in species-rich shrublands restored after mining[J]. Restoration Ecology, 29(6): e13360.

SCHLATTER D C, BAKKER M G, KINKEL L L, *et al.*, 2015. Plant community richness and microbial interactions structure bacterial communities in soil[J]. Ecology, 96(1): 134-142.

SHACKELFORD N, MILLER B P, ERICKSON T E, *et al.*, 2018. Restoration of open-cut mining in semi-arid systems: a synthesis of long-term monitoring data and implications for management[J]. Land Degradation & Development, 29 (1): 994-1004.

SINGH S K, THAWALE P R, *et al.*, 2014. Sustainable reclamation of coal mine spoil dump using microbe assisted phytoremediation technology[J]. International Journal of Environmental Science and Toxicology Research, 2(3): 43-54.

SRIVASTAVA N K, RAM L C, MASTO R E, 2014. Reclamation of overburden and lowland in coal mining area with fly ash and selective plantation: A sustainable ecological approach[J]. Ecological Engineering, 62(7):10-16.

STEFANOWICZ A M, KAPUSTA P, BŁOŃSKA A, *et al.*, 2015. Effects of Calamagrostis epigejos, Chamaenerion palustre and Tussilago farfara on nutrient availability and microbial activity in the surface layer of spoil heaps after hard coal mining[J]. Ecological Engineering, 86(10): 328-337.

SYSWERDA S P, CORBIN A T, MOKMA D L, *et al.*, 2015. Agricultural management and soil carbon storage in surface vs. deep layers[J]. Soil Science Society of America Journal, 78(4): 1489-1491.

TICH L, CHYTR M, 2019. Probabilistic key for identifying vegetation types in the field: a new method and Android application[J]. Journal of Vegetation Science, 30(5): 1035-1038.

WANG H H, XIE M M, LI H T, *et al.*, 2021. Monitoring ecosystem restoration of multiple surface coal mine sites in China via LANDSAT images using the Google Earth Engine[J]. Land Degradation and Development, 32(10): 2936-2950.

WHEELER M M, LARSON K L, BERGMAN D, *et al.*, 2022. Environmental attitudes predict native plant abundance in residential yards[J]. Landscape and Urban Planning, 224: 104443.

WILSEY B J, POLLEY H W, 2006. Aboveground productivity and root-shoot allocation differ between native and introduced grass species[J]. Oecologia, 150(2): 300-309.

WU G, GAO J, OU W, 2022. Effects of hill-depression micro-habitat on alpine swamp meadow plant community in the source region of the Yellow River[J]. Chinese Journal of Plant Ecology, 15(1): 111-128.

XU Q, XIA G Z, WEI Y, *et al.*, 2022. Responses of vegetation and soil to artificial restoration measures in abandoned gold mining areas in Altai Mountain, Northwest China[J]. Diversity, 14(6): 427.

XU Q, XU H L, WEI Y, *et al.*, 2023. Restoration Effects of Supplementary Planting Measures on the Abandoned Mining Areas in the Altay Mountain, Northwest China[J]. Sustainability. 15(20): 14974.

YANG Y Y, WU H N, SHEN S L, *et al.*, 2014. Environmental impacts caused by phosphate mining and ecological restoration: a case history in Kunming, China[J]. Natural Hazards, 74(2): 755-770.

YUAN M, OUYANG J, ZHENG S, *et al.*, 2022. Research on ecological effect assessment method of ecological restoration of open-pit coal mines in alpine regions[J]. International Journal of Environmental Research and Public Health, 19(13): 7682.

ZHAO F, MA Y, XI F, *et al.*, 2020. Evaluating the sustainability of mine rehabilitation programs in China[J]. Restoration Ecology, 28(5): 1061-1066.

ZHAO Q C, BOZHI R, QING X, *et al.*, 2023. Potential toxic heavy metals in village topsoil of antimony mining area: Pollution and distribution, environmental safety----A case study of Qilijiang village in xikuangshan mining area, central Hunan Province, China[J]. Ecological Indicators, 15(5): 27-33.

附 录

附录一

1. 新疆典型地区矿山生态修复方法标准研究项目
2. 新疆典型地区（天山北坡—西线）矿山生态修复方法标准研究项目
3. 天山南坡（乌恰县—和静县）矿山生态修复关键技术、标准研发项目
4. 新疆阿尔泰山两河源自然保护区管理局大青河河岸生态修复项目
5. 阿尔泰山国有林管理局阿勒泰分局哈勒玛依至加斯哈拉盖受损区域生态修复治理项目
6. 阿尔泰山国有林管理局阿勒泰分局阿祖拜至哈拉哈特受损区域生态修复治理项目
7. 泥浆喷播生态修复措施研究项目
8. 大南湖七号煤矿矿井水高含盐渍区荒漠造林服务项目
9. 矿区生态修复关键技术（高咸水利用）推广应用研究项目

附录二

附表1 矿山生态修复技术规范

标准号	矿山生态修复技术规范名称
TD/ T 1070.1—2022	矿山生态修复技术规范 第1部分：通则
TD/ T 1070.2—2022	矿山生态修复技术规范 第2部分：煤炭矿山
TD/ T 1070.4—2022	矿山生态修复技术规范 第4部分：建材矿山
TD/ T 1070.5—2022	矿山生态修复技术规范 第5部分：化工矿山
TD/ T 1070.6—2022	矿山生态修复技术规范 第6部分：稀土矿山
TD/ T 1070.7—2022	矿山生态修复技术规范 第7部分：油气矿山
DZ/ T 0204—2022	矿产地质勘查规范稀土（代替 DZ/ T 0204—2002）

附表2 土壤调查表

土壤调查表					
样方编号	处理方式	土石比		有机质含量	
		修复前	修复后	修复前	修复后
样方001					
样方002					
样方003					
样方004					
样方…					
样方029					
样方030					

附表3 植物调查表

样方编号：		调查时间：	
修复方式：		样方盖度：	
物种数：		植物株数：	
物种	数量	平均高度	平均盖度
物种1			
物种2			
物种3			
物种4			
物种…			
总生物量 g			

附表4 施工和用工情况调查表

用工情况调查表					
用工日期：		修复措施：		修复面积：	
用工情况：		大工：		小工：	
设备名称	型号（功率）	数量	使用时长	维护时长	油耗
设备1					
设备2					
设备3					
设备4					
设备5					
设备…					
材料	单位	数量	材料	单位	数量
材料1			材料6		
材料2			材料7		
材料3			材料8		
材料4			材料9		
材料5			材料10		

附表5　泥浆拌种喷播用工统计表

修复措施用工情况表					
修复措施：泥浆喷播修复措施					
用工情况：		大工：		小工：18	
设备名称	型号（功率）	数量	使用时长	维护时长	油耗
装载机	50	1	4天	4小时	柴油720L
泥浆机		1	39天	2天	汽油1500L
面包车	长安1.1排量	1	18天	无	300–330L
小货车	长安双排4002发动机	1	18天	无	360–500L
设备5					
设备….					
材料	单位	数量	材料	单位	数量
羊粪	方	85	材料6		
土壤	方	411.16	材料7		
混合种子	Kg	1029.66	材料8		
材料4			材料9		
材料5			材料10		

附表6　修复措施用工表

修复措施用工情况表					
修复措施：遮阳网修复措施					
用工情况：		大工：		小工：4	
设备名称	型号（功率）	数量	使用时长	维护时长	油耗
面包车	长安1.1排量	1	2天	无	34 ~ 36L
小货车	长安双排4002发动机	1	2天	无	50 ~ 60L
材料	单位	数量	材料	单位	数量
遮阳网（6m）	卷	50	遮阳网（10宽）	卷	50

附表7　中央针对工程范围提供的评估指标体系

一级指标	二级指标	三级指标	评估方法	评估阶段	指标类型
生态效益	景观格局改善	景观破碎度变化情况	模型测算	验收评估、后效评估	共性*、必选*
		景观多样性变化情况	模型测算	验收评估、后效评估	共性*、必选*
		景观稳定性变化情况	模型测算	验收评估、后效评估	共性*、必选*
		自然生境连通性变化情况	模型测算	验收评估、后效评估	共性*、必选*
		自然植被面积比例变化情况	统计计算	验收评估、后效评估	共性*、必选*
	生态系统服务提升	水源涵养服务变化情况	模型测算	验收评估、后效评估	共性*、必选*
		洪水调蓄服务变化情况	模型测算	验收评估、后效评估	共性*、必选*
		防风固沙服务变化情况	模型测算	验收评估、后效评估	共性*、必选*
		土壤保持服务变化情况	模型测算	验收评估、后效评估	共性*、必选*
		生态系统碳汇增情况	模型测算	验收评估、后效评估	共性*、必选*
	跟踪监测情况	监测点布设合理性	专家打分	验收评估、后效评估	共性*、必选*
		监测指标科学性	专家打分	验收评估、后效评估	共性*、必选*
		监测数据完整性	专家打分	验收评估、后效评估	共性*、必选*
	适应性管理情况	—	—	验收评估、后效评估	共性*、必选*
社会效益	新增就业岗位	—	统计计算	后效评估	共性*、必选*
	社会资本参与度	—	统计计算	后效评估	共性*、必选*
	本地居民参与度	—	统计计算	后效评估	共性*、必选*
	本地居民满意度	—	统计计算	后效评估	共性*、必选*
	后期管护	管护机制建立情况	—	后效评估	共性*、必选*
		管护措施落实情况	—	后效评估	共性*、必选*
	可持续影响	—	—	后效评估	共性*、必选*
经济效益	本地居民收入提升量	—	统计计算	后效评估	共性*、必选*
	生态衍生产业产值	—	统计计算	后效评估	共性*、必选*

*注：共性指共性指标；必选指必选指标。